航空职业教育“十三五”规划教材
机务维修专业定向士官培养系列

飞机结构铆接装配技术

文 韬 周密乐 主 编
吴 冬 张 鹏 宋 斌 吴 健 副主编

航空工业出版社
北 京

内 容 提 要

本书全面系统地介绍了飞机结构与铆接装配工艺方法的知识和技能，按照国家飞机铆装工职业技能标准和航空企业职业岗位的典型工作任务技能要求，以飞机结构装配基础知识为切入点，以飞机结构常见普通铆接、特种铆接、密封铆接、干涉配合铆接等工艺方法的应用为重点，结合飞机部件铆接装配检测方法，精心设计各模块的知识与技能点，主要涵盖飞机结构装配基础、普通铆接、特种铆接、干涉配合铆接、密封铆接以及飞机部件铆接装配检测等内容。作者在编排过程中充分考虑我国航空制造、维修企业岗位职业能力要求，同时结合国外民用航空器主流机型的结构修理手册（SRM 手册）内容，对比分析目前国内外在飞机结构铆接装配等方面的异同，从而具有很好的学习价值。

本书采用了新型立体化教材设计，与飞行器维修技术专业国家教学资源库丰富的数字化资源有机融合，将视频、动画、虚拟仿真实训等各类教学资源以二维码形式植入，实现资源易用、易得。本书主要面向高职及职教本科飞行器维修技术、飞行器维修工程、飞行器制造技术、飞机机电设备维修等航空类专业的定向培养士官和在校学生，同时也可作为航空企业员工培训与复训，民航、飞机机务部队维护人员专业培训以及对飞机结构铆接装配技术感兴趣的社会学习者使用的教材。

图书在版编目（CIP）数据

飞机结构铆接装配技术 / 文韬，周密乐主编．--北京：航空工业出版社，2021.6

航空机务维修专业系列教材

ISBN 978-7-5165-2720-7

Ⅰ.①飞… Ⅱ.①文… ②周… Ⅲ.①飞机构件-铆接-教材 Ⅳ.①V262.4

中国版本图书馆 CIP 数据核字(2021)第 147493 号

飞机结构铆接装配技术

Feiji Jiegou Maojie Zhuangpei Jishu

航空工业出版社出版发行

（北京市朝阳区京顺路 5 号曙光大厦 C 座四层　100028）

发行部电话：010-85672663　010-85672683

北京富泰印刷有限责任公司印刷　　全国各地新华书店经售

2021 年 6 月第 1 版　　2021 年 6 月第 1 次印刷

开本：787×1092　1/16　　字数：386 千字

印张：15.75　　定价：45.00 元

编写委员会

主　　编　文　韬　周密乐

副主编　吴　冬　张　鹏　宋　斌　吴　健

参　　编　章正伟　黄　杰　刘文刚　简剑芬　邹　倩

吕思超　王威风　邓　佳　宁　敏　黄学良

陆启成　何汉清

合作企业　中国人民解放军第五七〇二工厂

长沙五七一二飞机工业有限责任公司

顺丰航空有限公司

前言

航空机务士官队伍作为我军“五支队伍”“四个方面人才”的重要组成部分，承担着航空信息化武器装备的使用、维修和管理等任务。目前，航空机务士官已逐渐成为航空装备维护保障工作的主力军，是未来机务工作的核心骨干力量，在航空武器装备保障任务中有着重要地位，其战斗力的强弱直接关系到我军作战职能的发挥。因此，加强航空机务专业士官培养和任职培训是推动航空兵部队技术队伍正规化建设、提高部队保障力和战斗力的重要举措。

本书主要针对航空机务维修专业定向培养士官，以及航空维修类专业学生的实际需求，遵循“以应用为目的，以必须够用为度”的原则，注重飞机铆接装配的操作规范、技术标准和要求，追求理论和实践的有效结合，结合航空类高职院校专业教学特点编写，力求突出以下特色：

一、模块知识与技能点的设计全面、系统，编排方式合理，将理论知识与操作技能有机结合在一起。项目清晰，任务明确，内容简洁、精练、重点突出，能有效指导国内航空企业飞机铆接制造、装配、维修的实践操作。

二、本书利用飞行器维修技术专业国家专业教学资源库课程已经开发的课件、视频、动画、虚拟仿真等丰富的教学资源，通过在教材中植入二维码、AR 扫描技术，将视频、动画、仿真实训教学资源各类内容制作成立体化数字教材，为促进课堂教学模式改革提供帮助，满足学习者“线上线下”的学习需求。

三、内容融入国外民用航空器主流机型的结构修理手册（SRM 手册）的要求，适应民航维修企业员工职业能力培训要求。

四、针对职业院校航空类专业突出实训教学要求，将配套编写实训指导手册和工作任务单（工卡），辅助专业实训教学任务开展。

五、精选企业典型工作任务案例作为实训教学内容，实现与生产岗位的深度融合。各项实训教学任务均按相关航空器技术手册、相关维修工艺编写实训操作项目，实现教学实践与企业生产过程的有效对接，融入职业素养培育和工匠精神传承要求，提升

学习者的岗位职业能力。

本书邀请了国内航空类高职院校相关的专业骨干教师，以及具有丰富实践经验的航空制造、机务维修企业技术专家，共同组建了实力雄厚的编著团队，在教材的全面性、系统性、合理性等方面进行了大量的研讨。参与编写的人员有：长沙航空职业技术学院文韬、周密乐、刘文刚、简剑芬、邓佳，西安航空职业技术学院吴冬、焦旭东，南京工业职业技术大学黄杰，浙江交通职业技术学院章正伟，张家界航空工业职业技术学院宋斌，湖北交通职业技术学院张鹏，济南职业学院邹倩，日照职业技术学院吴健，潍坊工程职业学院吕思超，许昌职业技术学院王威风，长沙五七一二飞机工业有限责任公司宁敏、黄学良、陆启成，顺丰航空有限公司何汉清。本书参考了大量英文资料，由长沙航空职业技术学院简剑芬负责搜集、整理与翻译，图片资料由邓佳负责编辑，全书由文韬统稿和定稿。在本书编写过程中，西安航空职业技术学院石日昕、中国人民解放军第五七〇二工厂高级工程师朱有富，提供了大量资料和文献，在此对提供帮助的各位老师一并表示诚挚的谢意！

由于编写时间过于仓促，资料有限，编者水平也有限，教材难免会存在不足之处，敬请使用者批评指正。

国家职业教育飞行器维修技术专业教学资源库《飞机铆装与机体结构修理技术》课程网址：http：//zyk. cavtc. cn/？ q = node/118，湖南省级精品在线开设的课程网址（中国大学 MOOC）：https：//www. icourse163. org/course/CAVTC--1206998802？utm_campaign = share&utm_medium = androidShare&utm_source = #/info。

编　者

2021 年 3 月

目　录

项目 1　飞机铆接装配基础 …… 1

【项目简介】 …… 1
【学习目标】 …… 1
任务 1.1　飞机装配技术与职业安全管理 …… 2
【练习题】 …… 14
任务 1.2　航空产品质量控制 …… 14
【练习题】 …… 21
任务 1.3　飞机结构工艺的划分 …… 22
【练习题】 …… 25
任务 1.4　飞机结构装配定位 …… 26
【练习题】 …… 34

项目 2　飞机结构普通铆接 …… 35

【项目简介】 …… 35
【学习目标】 …… 35
任务 2.1　铆钉的识别与选择 …… 36
【练习题】 …… 43
任务 2.2　铆钉孔的制作 …… 43
【练习题】 …… 60
任务 2.3　沉头铆钉窝的制作 …… 61
【练习题】 …… 71
任务 2.4　普通铆接施工 …… 71

【练习题】 …… 95
任务 2.5　铆接质量的检查与控制 …… 95
【练习题】 …… 99
【知识拓展】2.6　钣金加工 …… 100
【练习题】 …… 105
【训练任务】 …… 106

项目 3　飞机结构特种铆接 …… 123

【项目简介】 …… 123
【学习目标】 …… 123
任务 3.1　环槽铆钉的铆接 …… 124
【练习题】 …… 130
任务 3.2　抽芯铆钉的铆接 …… 130
【练习题】 …… 136
任务 3.3　螺纹空心铆钉的铆接 …… 136
【练习题】 …… 139
任务 3.4　高抗剪铆钉的铆接 …… 140
【练习题】 …… 147
【训练任务】 …… 148

项目 4　飞机结构密封铆接 …… 152

【项目简介】 …… 152
【学习目标】 …… 152
任务 4.1　飞机结构密封剂 …… 152
【练习题】 …… 162
任务 4.2　密封剂的涂覆工艺 …… 162
【练习题】 …… 170
任务 4.3　密封铆接施工 …… 171
【练习题】 …… 174
任务 4.4　飞机结构腐蚀处理与防腐措施 …… 174
【练习题】 …… 183
【训练任务】 …… 184

项目 5 飞机结构干涉配合铆接 ······ 189

【项目简介】 ······ 189
【学习目标】 ······ 189
任务 5.1 干涉配合铆接的形式 ······ 189
任务 5.2 干涉配合铆接的工艺过程 ······ 192
【练习题】 ······ 197
【训练任务】 ······ 198

项目 6 飞机部件装配与检测 ······ 203

【项目简介】 ······ 203
【学习目标】 ······ 203
任务 6.1 部件装配工艺设计 ······ 203
【练习题】 ······ 208
任务 6.2 飞机结构铆接装配前检查 ······ 209
【练习题】 ······ 213
任务 6.3 飞机气动外缘偏差检查 ······ 213
【练习题】 ······ 220
任务 6.4 部件相对位置准确度检查方法 ······ 221
【练习题】 ······ 238
【训练任务】 ······ 240

参考文献 ······ 242

项目1 飞机铆接装配基础

【项目简介】

本项目通过企业典型案例简要介绍了飞机铆接装配的技术特征及航空维修等级分类、飞机维修企业文明生产、职业安全的要求；航空产品质量检验制度、关键重要件、飞机多余物的控制、不合格产品的管理，以及航空企业“6S”管理（产品质量控制）的相关规章制度和要求；飞机结构工艺划分、装配定位和定位后固定的基本方法。

【学习目标】

1. 素质目标

（1）树立“航空报国”理想信念和爱国情怀。

（2）培育航空产品质量意识和安全、文明生产职业素养。

（3）培育爱岗敬业、精益求精的航空工匠精神。

2. 知识目标

（1）了解飞机装配的特点、技术特征、工艺纪律和职业安全要求。

（2）掌握航空产品质量检验制度、不合格产品管理要求和航空企业“6S”管理方法。

（3）理解飞机结构、工艺分离面的划分要求和飞机装配件的组成。

（4）熟悉装配定位与固定的方法，了解航空企业“6S”管理方法的基本要求。

3. 能力目标

（1）能运用航空产品质量控制的规章制度分析飞机装配工艺纪律要求。

（2）能区分飞机结构的设计分离面、工艺分离面和飞机装配件的组成部分。

（3）能选用合适的定位方法进行飞机结构件定位。

（4）在铆接装配中能使用固定铆钉、螺栓和穿心夹进行装配件固定。

飞机装配具有明显的特点和技术特征，航空企业在文明生产、职业安全、工艺纪律

及产品质量控制等方面有相关规章制度和要求。飞机结构有设计分离面和工艺分离面，在飞机装配时应正确选择装配基准和定位方法，以保证飞机装配时的定位准确。

任务 1.1　飞机装配技术与职业安全管理

【知识点】1.1.1　飞机装配的特点

飞机制造（aircraft manufacturing）是指按设计要求制造飞机的过程。飞机制造过程可分为毛坯制造、零件加工、装配安装和试验 4 个阶段。通常，飞机制造仅指飞机机体零构件制造、部件装配和整机总装等；飞机的其他部分，如航空发动机、仪表、机载设备、液压系统和附件等由专门工厂制造，不列入飞机制造范围，但是它们作为成品在飞机上的安装和整个系统的联结、电缆和导管的敷设，以及各系统的功能调试都是总装的工作，是飞机制造的组成部分。飞机机体制造要经过工艺准备、工艺装备的制造、毛坯的制备、零件的加工、装配和检测等过程，如图 1-1 所示。

图 1-1　飞机机尾翼段加工制造

飞机装配（aircraft assembly）是飞机制造环节中最为重要的环节，具有与一般机械产品装配不同的特点。飞机装配是将大量的飞机零件、标准件和成品按设计图或全三维模型、技术条件在专用的工艺装备上，以一定组合和顺序逐步装配成组合件、板件、段件和部件，最后将各部件进行机体结构铆接装配、系统安装、调试和试飞的过程。在装配时，要准确地确定零件和装配件之间的相互位置，用一定的连接方法（铆接、螺接、胶接或焊接等）进行连接。在装配过程中或装配以后，还要进行安装工作，即将各专门工厂提供的发动机、各种仪表、设备和附件等安装在飞机上，用各种导管、电缆、拉杆等联结成系统，如图 1-2 所示。

飞机的装配和安装工作在飞机制造中占有重要的地位。在一般的机械制造中，装配和安装工作的劳动量占产品制造总劳动量的 20%左右，而在飞机制造中，装配和安装工作的劳动量占飞机制造总劳动量的 50%~60%。首先，飞机构造复杂，零件和连接件的数量大；其次，飞机装配和安装工作的机械化和自动化程度比较低，手工劳动量占

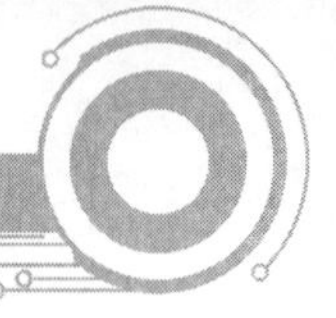

图 1-2　飞机脉动生产装配线

很大比例，劳动生产率低。飞机的装配和安装不仅劳动量大，而且质量要求高、技术难度大，因此，提高飞机装配和安装的技术水平在飞机制造中具有重要意义。

受结构特点和结构刚性等因素影响，在飞机装配中大量采用铆接和螺接等连接手段，同时，为了保证装配协调及外形准确度要求，并保证装配过程中组件、部件具有一定的结构刚度，飞机装配中采用了大量的结构复杂、准确度高的装配型架等，如图 1-3所示。飞机装配过程与一般机械产品的装配过程相比，具有非常显著的特点。

图 1-3　飞机高精度装配型架

1.1.1.1　产品几何定义与协调方法

由于飞机零件形状复杂，难以在二维图样上用尺寸描述飞机零件的尺寸和形状，因此长期以来人们一直用模线样板的方式进行飞机产品的几何定义。随着计算机技术的发展，20 世纪 70 年代产生了计算机辅助设计与制造技术，飞机的几何尺寸与形状定义采用了等函数构建的三维线架结构，使飞机模线由人工绘制变为由绘图机自动绘制。复杂的机械加工可以利用零件的数模进行编程，实现数控加工。直到 20 世纪 90 年代，以波音、空客为代表的三维数字化设计制造技术应用，彻底改变了飞机设计制造模式，如图 1-4 所示。

1.1.1.2　装配工艺装备的特点与作用

飞机不同于一般机械产品，在它的装配过程中，不能仅仅依靠零件自身形状与尺寸的加工精度来保证装配出合格的组、部件，因此，除了采用各种通用机床、常用工具和试验设备以外，还需针对不同机型的组件及部件，制定专门的装配工艺装备，如装配型架、对合型架、精加工型架、壁板装配夹具等。这些专用的生产装备用于完成飞机产品从零组件到部件的装配以及总装配过程，一般尺寸较大的装备称为装配型架，而尺寸较小的装备称为装配夹具，两者不存在严格、明确的界限。装配工装的主要功用有如下几点：

图 1-4　数字化虚拟仿真飞机总装对接

①定位夹紧，保证产品的尺寸、形状和零件间相对位置的准确性。

②确保产品满足准确度和协调互换的要求，在一般机械制造中，保证产品互换性主要是通过公差、配合制度和通用量具来实现，而飞机制造中则是通过相互协调的装配工装来实现。

③保证尺寸、形状稳定性，飞机结构中存在大量钣金件，其尺寸大而刚性小，所以无论采用的是铆接还是焊接，在连接时都会产生不同程度的变形，而装配工装能够确保钣金件及其组合件的形状，控制装配过程的变形。

④改善装配过程的劳动条件，提高劳动生产率，降低成本。

在批量生产中，一个部件的装配往往需要用一套具有多种功能的工装完成全部的装配工作，如骨架装配夹具、总装型架、架外补铆型架等，在这种情况下，每个工装必须与装配过程前后相关的工装相互协调，同时还需要与相关的零件工装协调。

1.1.1.3　装配连接方式

飞机的机体结构由上万个零件组成，连接方式以铆接为主。铆接的优点是连接强度稳定、可靠，易于检查和排除故障，能适应较复杂的结构和不同材料之间的连接且操作技术简便、易行；但是铆接也存在自身的缺点，主要表现在：铆缝应力分布不均匀；手工劳动量大，生产效率低；铆接质量受人为因素影响较大，不易控制。

为了解决人工钻铆出现的问题，能够完成定孔位、制孔、送钉、施铆全过程的自动钻铆设备开始出现。随着数控技术的发展，自动钻铆技术日益成熟，出现了不同结构形式的自动制孔设备和与其配套的自动调平托架。自动钻铆设备本身比较庞大，与人工铆接相比，其灵活性较差，因此适合铆接工作面开敞的部、组件，常用于大型飞机铆接装配；对于空间狭小且铆接部位形状复杂的装配件而言，其应用受到了一定的限制。为此，目前又出现了各种类型的自动制孔设备，如机器人自动制孔设备、五坐标自动制孔设备等，如图 1-5 所示。

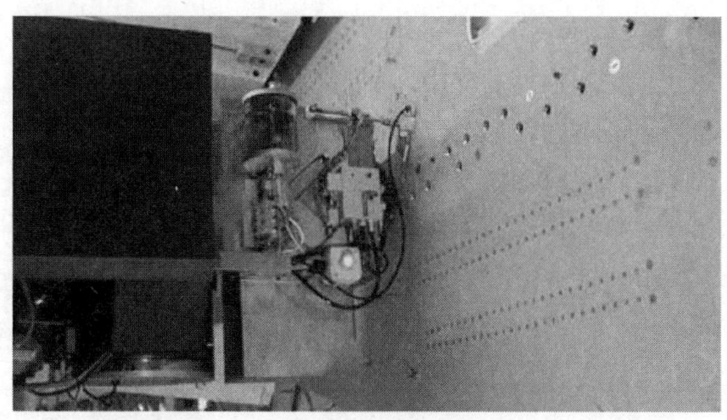

图 1-5　机翼壁板自动钻孔设备

【知识点】1.1.2　现代飞机装配技术特征

现代飞机设计与工艺采用的是并行设计工作方式，同时又采用整体化、模块化的设计理念和全三维的设计方法及仿真技术，整体上优化了结构工艺性和装配工艺方案，这些变化带来了装配工艺方法、生产管理等一系列的变化。现代飞机装配技术是融合数字化装配和测量技术、信息化管理技术及自动化设备的精准、高效的装配技术。现代飞机装配技术具有以下特征：

1.1.2.1　装配工艺简单化、设备化

采用数字化的装配协调技术，大量应用装配孔定位装配方法，简化了工装形式。为适应不同型号的飞机装配，采用以数控程序驱动定位夹紧单元可自动调整系列部件装配的柔性工装，控制系统与激光跟踪仪等测量系统集成可实现调整的闭环控制，故此类柔性工装也是一台数控设备，如图 1-6 所示。

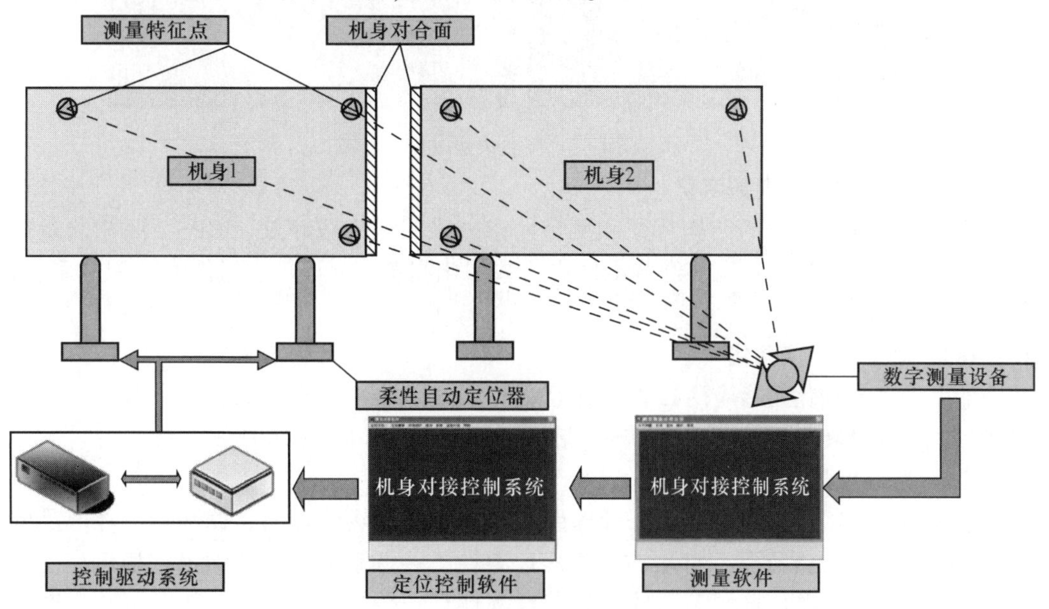

图 1-6　飞机装配柔性工装系统

1.1.2.2 钻铆自动化

在生产线上，针对不同结构特征的部、组件采用不同形式的自动钻铆设备和自动制孔等柔性化技术装备，能完成飞机机翼或机身的定位、压紧、制孔、锪窝、真空吸屑、自动涂胶、自动供钉、自动铆接等，具有高度柔性和兼容性，能够自动、高效、高质量地完成飞机机身、机翼等部件自动化钻铆一体的加工过程，如图 1-7、图 1-8 所示。

图 1-7　爬行自动制孔设备

图 1-8　自动钻铆设备

1.1.2.3 装配过程检测数字化

针对不同部、组件的结构特征和测量需求，采用激光跟踪仪、iGPS、照相测量等测量系统在装配过程中对工装和装配件进行数字化测量，保证部、组件的装配准确度，如图 1-9 所示。

1.1.2.4 辅助装置自动化

辅助装置自动化是指应用自动导引运输车（automated guided vehicle，AGV）、自动升降台、可控翻转吊具等自动化的辅助装置进行装配，如图 1-10 所示。

1.1.2.5 管理信息化

装配生产线由一个完善的装配管理系统作为生产现场管理的支撑平台，将产品的设计数据、装配仿真数据、自动钻铆程序、柔性工装调整程序、装配工艺信息、生产管理信息、动态资源信息、零部件质量信息等信息进行统一管理。操作者可在生产现场随时查看所需信息，调用所需加工程序，如图 1-11 所示。

图 1-9　激光雷达辅助飞机装配

图 1-10　自动导引运输车工作示意图

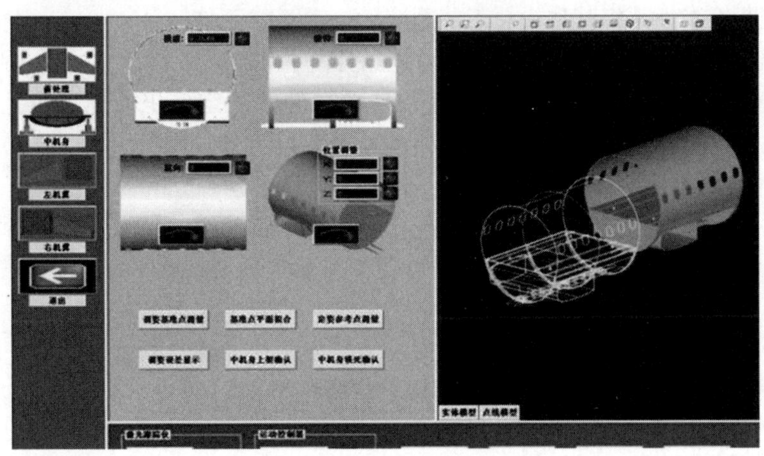

图 1-11　飞机大部件自动对接装配软件系统

1.1.2.6　生产线移动化

飞机装配技术从最初的传统装配方法，发展到模块化装配、自动化装配，最终形

成在装配过程中各工位按相同“节拍”移动、标准化操作的移动生产线。移动生产线可提高飞机装配生产效率，减少库存，降低飞机装配成本，提高飞机产品质量，适合大批量生产；移动生产线需要有严格、高效率的生产管理体系支撑，以保证物料的准时配送和现场问题的及时处理，如图 1-12 所示。

图 1-12　飞机移动装配生产线

【知识点】1.1.3　飞机装配工艺纪律

1.1.3.1　工艺纪律的要求

工艺纪律是企业在产品生产过程中，为维护工艺的严肃性、保证工艺贯彻执行、确保产品的质量和安全、文明生产而制定的某些有约束性的规定。飞机装配工艺纪律要求飞机产品在研制、生产过程中应严格遵守飞机装配工艺技术制度、技术规范、技术文件所规定的工作程序和要求。国内航空工业制造企业工艺纪律的一般要求如下：

①为了建立和维护企业正常的科研和生产秩序，必须对工艺纪律的执行进行定期检查和不定期检查，并将其作为总工艺系统的一项日常工作。

②负责工艺、质量保证、生产管理工作的部门和各类工作人员（包括操作工人）都应履行职责，遵守各项工艺技术制度和技术文件的规定，积极配合工艺纪律检查，认真做好工艺纪律检查和考核，并及时纠正不规范行为。

1.1.3.2　对飞机装配操作人员的要求

①必须严格按图样、工艺规程、装配指令、生产说明书、技术文件进行操作。

②遵守首件三检制度，按图样画线后提交检验、检查，经检验、检查合格后方可制孔，以防止孔位超差，制孔后要按规定去毛刺并清除夹层内的材料屑。

③铆接时要保护构件表面，修合蒙皮余量时要画线准确，勤试装，防止间隙超差。

④工作时，严禁将工具直接放在产品上，防止零件（蒙皮）划伤；严禁在砂轮上打磨零件或非金属材料。

⑤前道工序完毕后要及时交检，方可进行下一道工序。

1.1.3.3　工艺装备的使用与维护

工艺装备（craft equipm）简称工装，是指在产品加工生产前，根据工艺要求所进行的通用设备选型、通用工位器具的选型；专用设备设计、制造；专用刀具、专用夹具、专用辅具、专用模具、专用检具、专用量具等工位器具的设计、制造。工艺装备是航空企业不可缺少的一个重要组成部分，绝大多数企业设置有专门的工艺装备部门，或在技术部门、生产准备部门等设置有专职负责工艺装备的工程师。工装使用与维护的基本要求如下：

①工装使用前应验证其有效性。

②工装使用者应持工艺规程到工具室借用，借用库内保管的工装时，应在借用卡片上签字。

③安置在库外生产线上的专用工装应有专人负责，责任者的姓名应以标牌形式挂在工装上，并在工具室备案。

④要正确使用工装，不准违章操作，如用金属锤敲击、锉修、强烈颠簸，随意拆卸、改装、分解、挪作它用，抛投、拖和撬等。

⑤固定在生产线上的大型工装在每干完一架份产品生产后，应对工装进行一次维护；对于从工具库借出来的小型工装，在送还工具库前使用者要进行一次维护。

⑥工装维护时，需对工装进行一次彻底清扫，清点可卸件和松动件，擦去滑动面上的油污，重新涂上干净的润滑油。

1.1.3.4　设备的使用与维护

设备（capital items）是指购买者用在生产经营过程中的工业产品，包括固定设备和辅助设备等。设备有通用设备、专用设备。本书中所说的设备通常特指航空专用设备。设备的使用与维护要求如下：

①凡使用设备的操作者在使用前要认真检查设备是否完好。

②进行加工前要试车，看设备运转是否正常。

③在专用设备上不得加工其他不应加工的物件。

④严格按设备操作程序进行，不得随意拆卸、敲击、改装、分解设备上的零件。

⑤当设备发生故障时，应立即停止工作，找有关维修人员进行检查、排除故障。

⑥经常擦拭设备，每次使用完后必须认真清除设备上的金属屑、油污和杂物。

⑦擦拭后的设备应擦上干净的润滑油。

⑧某些部位应用防尘用品遮盖。

⑨要经常保持设备始终处于完好的状态。

1.1.3.5　测量设备的使用与维护

测量设备的使用要求如下：

①测量设备的使用者必须按有关技术文件正确选用测量设备，且应熟悉测量设备的构造、性能、操作方法及注意事项，严格按操作说明书操作，并掌握测量设备的校正方法。

②当没有文件规定的测量设备时，所选择的代用测量设备的测量特性、准确度应不低于规定的测量设备。

③使用者在使用测量设备前必须检查测量设备的质量标志，并确认其在有效期内，

方可使用；对于有限用证的测量设备，必须注意查看其限用范围后再使用，切忌超范围使用。

④不得测量正在运转、有磁性、温度高的零件，不得将测量设备当作其他工具使用。

测量设备的维护要求如下：

①测量设备必须按期送校，确保其处于合格状态。

②使用者本人保管的测量设备，应妥善保管，用后擦拭干净，放入盒内保存；严禁将测量设备与工具、刀具混放。

③封存的测量设备定期做好清洗、润滑、油封、除尘、除湿、清点等维护工作。

④禁止测量设备接触腐蚀性物质。

【知识点】1.1.4 航空职业安全管理

职业安全与健康（occupational safety and health，OSH）是企业安全管理制度的一个重要组成部分，是企业有计划地改善劳动条件和安全卫生设施，防止工伤事故和职业病的重要措施之一。这种制度对企业加强劳动保护、改善劳动条件、保障职工的安全和健康、促进企业生产经营的发展都起着积极作用。职业安全与健康管理是指识别、评价、预测和控制不良工作条件中存在的职业有害因素，以防止其对职业人群健康产生损害；是以职业人群作业环境为对象，通过识别、评价、预测和检测不良职业环境中的有害因素对职业人群健康的影响，早期诊断、治疗和康复处理职业性有害因素对职业人群所造成的健康损害或潜在健康危险，创造安全、卫生和高效的作业环境，从而达到保护职业人群的健康、提高职业生命质量的目的。下面以《民用航空器维修职业安全健康》（MH/T 3013.8—2008）为例说明航空企业开展职业安全与健康教育的重要性。

1.1.4.1 地面设备安全管理

航空企业生产活动中所使用的地面设备（ground equipment）是指用于飞机及其零部件维修、大修、校验和测试的设备和通用设备（如机械加工设备、飞机喷漆设备、除尘设备、吸尘设备、通风设备、梯架、升降平台等），如图 1-13 所示。特种设备（special equipment）是由国家认定的，因设备本身和外在因素的影响容易发生事故，并且一旦发生事故会造成人员伤亡及重大经济损失的危险性较大的设备，包括锅炉、压力容器、压力管道、电梯、起重机械及相关安全附件等。

涉及的基本概念如下。

安全性：避免发生人员伤亡和财产损失的能力。

可靠性：产品在规定的条件下和规定的时间内完成规定的功能的能力。

安全防护措施：为防止操作者工作时身体某部位误入危险区域或接触有害物质而采取的防护手段的总称。

危险区域：易发生事故或损害健康的机械内部或（和）周围某一特定空间。

图 1-13　飞机结构装配工作台

危险部位：设备和工具上能造成人体伤害的地方。

机械伤害：因设备或工具的机械运动所引起的绞、辗、戳、切和碰撞等对人体造成的伤害。

安全装置：能消除或减小危险的单一装置或与防护装置联用的装置（不是防护装置）。

防护装置：采用物体障碍方式阻止人体接近危险点、进入危险区域或触及危险部位的隔离装置，如防护罩、护栏等。

1.1.4.2　地面设备的设置要求

设备及其配套设施应适合工作场所条件、生产劳动特点、工作性质和实际需要，且布局合理；应对机械设备上有裸露的、具有机械伤害危险的各种运动部件设置防护装置和安全装置。

①防护装置应满足如下要求：结构简单，布局合理，便于安装和维修更换，并与设备匹配；在给定使用寿命内，确保具有足够强度、刚性、稳定性、耐腐蚀性、耐冲击性和抗疲劳性；应符合 GB/T 8196—2018 的规定。

②安全装置应满足如下要求：光电式、感应式等安全装置应灵敏、准确；紧急停车开关能保证瞬时动作时终止设备的一切运动，对有惯性运动的设备，紧急开关应与制动器连锁；机械设备上的限载、限位、报警、温控、泄压、溢流、排污、制动等安全装置应定期检查、校验和维护，不应带故障投入使用。

③机械设备周围应留有工作者从事生产活动的安全距离。

④设备设置或改造时，直线运动部件之间或直线运动部件与静止部件之间的安全距离应符合 GB 12265.3—1997 的规定。

⑤2m（含）以上具有坠落危险的工作场所，应设置永久性或临时性便于使用和维修的上下扶梯、工作平台、鞍桥以及相应护栏、护网、系挂装置等安全防护装置，如图 1-14 所示，并应满足下述要求：

这些安全防护装置应具有足够的强度、刚性和稳定性，并且配有平台地板、伸缩踏板、悬臂踏板、扶梯踏板等；满足工作者从事生产活动的需要，平台、踏板、护栏等的构造应符合 GB 4053.2—2009 和 GB 4053.3—2009 的规定；与航空器之间保持一定间隙或软接触；组装后应连接牢固，不应有虚接、松动等缺陷；可移动的维修梯架和升降工作平台应有锁定装置，放置机坪时应具有抗风载能力；升降结构应定期检查和

维护，保证处于安全使用状态；标示额定载荷、重心、自重及安全注意事项等铭牌，铭牌位置应明显。

图 1-14　飞机装配生产线安全防护装置

⑥工作位置离地面 20m（含）以上时，应配备载人、载物的升降设备，升降设备应满足运动平稳、限位准确和锁定可靠的技术条件。

⑦与设备配套的泄压、溢流、液位、温控、限位、制动、报警、节门和监视仪表等安全附件（随机附件除外）的设置，在满足设备技术要求的情况下，还应便于使用、观察、维修、调试和更换，附件动作时不应危及周围人员和损坏设备、设施。

⑧压延机、冲压机、剪板机、弯板机等机器设备的旋压部分或剪口应按国家相应的安全技术标准设置，防止人体任何部位误入。

⑨使用中存在物理性、化学性污染的设备、设施，应采取净化措施，做到不污染工作场所和达标排放。

⑩设置非属国家认定的特种设备，而又具备类似特种设备功能的设备，应参照国家有关特种设备安全监察规定自行管理。

1.1.4.3　地面设备的安装与使用

①遵循产品出厂技术文件的安装要求和劳动保护及环境保护法规的规定实施安装。对生产正常运行起重要作用的设备，应有完整的安装技术文件资料和竣工图。

②特种设备的安装应由得到政府行政主管部门许可的安装单位承担，安装过程中应随时检查安装质量。

③竣工后，经调试和监测达到产品给定性能技术参数和职业安全卫生标准，并验收合格，方可投入生产和使用。特种设备安装验收应有所在政府行政主管部门参加。

④地面设备应严格遵照产品出厂技术文件中有关安全使用的要求，制定安全操作规程，并培训操作者和维修人员。凡属国家规定取证上岗操作的设备，操作者应持证上岗，无证或未取得正式操作证的人员不应独立操作。

1.1.4.4　地面设备的管理

①在生产运行中起着重要作用的地面设备（含特种设备）和职业安全卫生设施应建立技术管理档案。档案内容主要包括生产厂家、出厂日期、安装投产日期、主要性能数据、使用寿命、检验周期、安全技术参数、维修记录、产品合格证等文件资料，随机图纸及其他随机文件也应载入档案。凡属国家规定取证使用的设备，应按规定报

装，办理登记建档手续，获准取证后方可投入生产和使用。

②建立健全设备和设施安全管理规章制度，包括安全操作规程、检查与检测制度、保养与维修制度等。设备及其配套设施经过维修或技术改造，达不到原技术性能、不能满足所在场所的职业安全卫生要求及不能保证安全运行状态的，应及时更新。

③设备及其配套设施降级使用或变更使用状态，应经过企业技术主管部门技术论证，经设备主管部门和职业安全健康主管部门认可方可实施。操作人员应经过职业安全卫生教育和专业培训，掌握设备、设施的基本结构、主要性能、操作方法和程序、安全操作规程和应急处理措施，并应建立考核制度。

④与设备配套或配置的各种安全附件、安全装置和防护装置，应定期校验和维修，保证其处于安全、可靠的使用状态。液体或气体的输送管道应按 GB 7231—2003 的规定涂饰基本识别色。管路总控制室应设置网络图，表明介质流向、节流、分流和控制点。

1.1.4.5　安全管理规章制度

企业规章制度是企业对生产技术经济活动所制定的各种规则、章程、程序和办法的总称，主要包括生产技术规程、管理工作制度和各种责任制度。企业规章制度根据国家的有关政策法令、本企业的实际情况和生产技术经济活动的需要进行制定，具有一定的权威性和强制性。航空企业的生产管理规章制度通常针对生产现场管理、生产过程控制、设备使用、产品质量管理及安全生产、文明生产等各方面。其中，安全生产管理制度是最为常见的企业规章制度，是一系列为了保障安全生产而制定的条文。它建立的目的主要是控制风险，加强企业生产的劳动保护、改善劳动条件，保护劳动者在生产过程中的安全和健康，将危害降到最小。现以《民用航空安全管理规定》（CCAR-398）为例说明航空企业的安全生产管理制度主要包含的内容：

①民航生产经营单位应当依法建立安全生产管理机构或者配备安全生产管理人员，满足安全生产管理的所有岗位要求。

②民航生产经营单位应当保证本单位安全生产投入的有效实施，具备国家有关法律、行政法规和规章规定的安全生产条件。安全生产投入至少应当包括以下内容：制定完备的安全生产规章制度和操作规程；从业人员安全教育和培训；安全设施、设备、工艺符合有关安全生产法律、行政法规、标准和规章的要求；安全生产检查与评价；重大危险源、重大安全隐患的评估、整改、监控；安全生产突发事件应急预案、应急组织、应急演练，配备必要的应急器材、设备；满足法律、行政法规和规章规定的与安全生产直接相关的其他要求。

③民航生产经营单位应当建立安全检查制度和程序，定期开展安全检查。

④民航生产经营单位应当建立安全隐患排查、治理制度和程序，及时发现、消除安全隐患。

⑤民航生产经营单位应当建立内部审核、内部评估制度和程序，定期对安全管理体系或者等效的安全管理机制的实施情况进行评审。

⑥民航生产经营单位应当建立安全培训和考核制度，培训和考核的内容应当与岗位安全职责相适应。

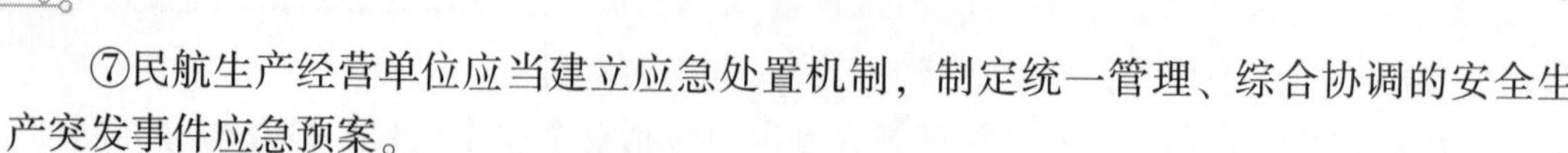

⑦民航生产经营单位应当建立应急处置机制，制定统一管理、综合协调的安全生产突发事件应急预案。

【练习题】

1. 飞机制造过程可划分为（　　）四个阶段。

A. 下料、精加工、装配安装、试验

B. 毛坯制造、零件加工、装配安装、试验

C. 毛坯制造、零件加工、调试、试验

D. 毛坯制造、零件加工、装配安装、运行

2. 飞机的机体结构连接方式以（　　）为主。

A. 铆接　　B. 螺接　　C. 胶接　　D. 焊接

3. 以下哪个是飞机装配过程检测数字化的重要设备（　　）。

A. 飞机装配型架　　B. 水准仪

C. 激光跟踪仪　　D. 经纬仪

4. 确保产品的质量和安全文明生产而制定的某些有约束性的规定是（　　）。

A. 工艺纪律　　B. 工艺文件　　C. 生产图纸　　D. 工装设备

5. （　　）以上具有坠落危险的工作场所，应设置安全防护装置。

A. 1m（含）　　B. 2m（含）　　C. 3m（含）　　D. 4m（含）

任务 1.2　航空产品质量控制

产品质量控制是企业为生产合格产品、提供顾客满意的服务和减少无效劳动而进行的控制工作。中国国家标准 GB/T19000—2000 中对于质量控制的定义是：质量管理的一部分，致力于满足质量要求。国际航空业通用的质量体系要求 AS 9100—2009 于 2009 年 1 月正式颁布。中国航空技术标准体系中有通用基础标准、零部件元器件标准、产品标准、质量管理与可靠性标准、工艺标准、材料标准、工艺装备标准、测试标准 8 大类，中国航空标准的标识为 HB。我国航空工业产品制造中关于产品质量控制方面有以下制度。

【知识点】1.2.1　检验制度

1.2.1.1　首件检验

首件检验是对一特定零件或装配件的首次生产项目进行完整的、有形的和功能性的检验过程，以考核、验证所规定的生产工装和工艺方法是否能够生产出并将持续生产出符合设计要求的产品。首件检验的目的是：

①防止产品出现成批超差、返修、报废，它是预先控制产品生产过程的一种手段，是产品工序质量控制的一种重要方法，是企业确保产品质量、提高经济效益的一种行之有效、必不可

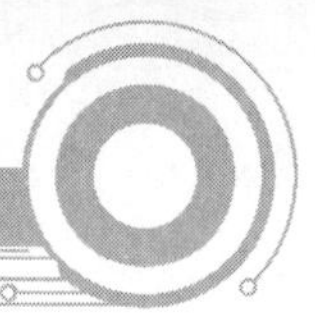

少的方法。

②尽早发现生产过程中影响产品质量的因素，预防批量性的不良或报废。

③防止批量不合格品的产生，首件检验合格后方可进入正式生产。

长期实践经验证明，首检制是一项尽早发现问题、防止产品成批报废的有效措施。通过首件检验，可以发现如工夹具严重磨损、安装定位错误、测量仪器精度变差、看错图纸、投料或配方错误等系统性原因，从而采取纠正或改进措施，以防止批次性不合格品产生。

首件检验的范围包括：①首次投产的零件、装配件。②当图样、规范、供应或制造过程更改导致产品尺寸、外形及理化参数更改后首次投产的零件、装配件。③装配指令（AO）、零件制造指令（FO）或工艺路线卡片重要更改（如涉及工艺方法、工装设备、检测方法或数控加工程序的更改）后首次投产的零件、装配件。④产品生产场所改变后，首次投产的零件、装配件。⑤按合同、订单或用户要求需进行首件检验的零件、装配件。⑥首件检验不合格时需要重新进行首件检验的零件、装配件。

首件检验的内容：①验证AO/FO或工艺路线卡片是否包括了有关图样规范和技术要求。②检查实际使用的工装是否与AO/FO或工艺路线卡片中所列出的工装一致，验证工装是否完全满足使用要求，并在定检合格的有效期内。③验证零件、装配件是否符合图样、规范和技术文件的要求，包括关键重要特性的要求。④验证AO/FO或工艺路线卡片中工艺、工装制造的合理性，是否能够生产出合格产品。

1.2.1.2　三检制度

三检制度是指送检的产品必须先由操作人员进行“自检”，再由班组长或同事进行“互检”，最后由检验员“专检”，确定合格后方可继续加工后续产品。

长期以来，我国许多航空企业实行“首件三检制”，即操作者自检、同班组或上下工序生产工人之间互检、专职检验员检验，三者对首件产品进行严格检验，共同负责。随着生产的不断发展，在总结多年质量管理实践经验的基础上，航空工业企业对“首件三检制”做出了修改，如：GJB 9001A—2001标准取消了对首件三检中的互检要求，不再把互检作为对企业检验工作的一条硬性规定，将首件三检变为首件两检，GJB 9001B—2009标准继续沿袭了这一规定。企业应从有利于加强质量管理、提高产品质量、增强企业效益的原则出发，结合企业的实际情况决定在首件检验中是否采用互检。

【知识点】1.2.2　关键件、重要件和关键工序的控制

关键工序，关键特性形成的工序，即产品生产过程中，对产品质量起决定性作用且需要严密控制的工序。一般包括关键、重要特性构成的工序，如加工难度大、质量不稳定、原材料昂贵、出废品、经济损失较大的工序和关键外购器材入厂验收工序等。

主要工序因素的质量控制，即关键工序、重要工序的质量控制。就航空产品而言，对这类工序的控制要求十分严格。航空企业都必须按照国家颁布的标准、产品质量管理条例要求，在生产中要加强工序的关键件、重要件制造过程的严审工作，以确保产

品质量。企业在生产制造过程中要进行严格的生产管理和周密的工序质量控制，尤其是关键工序、重要工序的质量控制。这类控制很适合于研制和批量生产军、民用品的工序控制。主要工序因素的质量控制方法有如下几种：

（1）工艺规程的编制

根据企业工艺管理特点，采用细化工艺堆积编制方法，把关键或重要图纸尺寸、技术要求写入工序名称栏内，对于工序图纸中的关键尺寸、重要尺寸或其他技术要求（如形状、位置公差标量），应在该尺寸旁加盖“关键”或“重要”印记；同时要明确工、夹、量、模具的使用及产品检测要求，必要时增定“内控标准”，纳入工艺规程。

（2）关键工序、重要工序工艺资料的更改

要求更改慎重，其审批比一般工序规定提高一级；采用新工艺、新技术时必须经过技术鉴定，其鉴定结论认为可行时方可纳入工艺规程。

（3）关键工序、重要工序必须实行“三定”

即定人员、定设备、定工序；实行“三定”前要对操作者进行应知应会上岗考核，只有取得上岗合格证时方可上岗。

（4）工、夹、量、模具技术状态

应处于良好工作状态，工位、器具配套齐全、适用，温度、湿度和环境符合生产规定。

（5）严格批次管理

批次管理是指产品从原材料投入到交付出厂的整个生产制造过程中，实行严格按批次进行的科学管理，它贯穿于产品生产制造的全过程。搞好批次管理，能确保产品从原材料进厂到出厂交付的每个环节做到“五清六分批”。五清指批次清、数量清、质量清、责任清、生产动态清；六分批指分批投料、分批加工、分批转工、分批入库、分批保管、分批装配。这样就能使在制品在周转过程中工序不漏、数量不差、零件不混，一旦发生质量问题，能够迅速准确地查出原因，把返修报废的数量和用户使用的影响限制在最低程度。

（6）检验人员必须执行企业质量管理的规定

严格执行首件检验、巡回检查和总检，监督操作者严格按工艺文件规定进行操作、测量和填写图表；对不执行者，有权拒绝检查和验收。

【技能点】1.2.3　飞机多余物的控制

多余物是指遗留在产品和零、组件中一切与组成产品无关的物件。对检查中发现有多余物的产品，应按不合格品规定处置。飞机在生产制造过程中产生多余物的环节很多，其中最有可能在零件制造加工、装配、总装、试车及工具使用等环节产生，应采取相应措施进行控制。

1.2.3.1　加工制造过程中多余物的控制

①对焊接过程应适当保护，防止残留飞溅物；焊接后应彻底清除焊剂及氧化皮。

②液体及气体管路加工后应清理内部可能残留的多余物；清理后及时密封。

③在连接生产操作中，对易受多余物损害的部件、组合件应安装工艺防护盖或罩。

④在组合件、整机喷漆或涂胶工序应采取保护措施，防止深孔、管道等部位残留多余物。

⑤工作台面要整洁，及时除去碎屑、余料等废弃物，并设置多余物回收箱。

⑥进入装配现场的工作人员必须按规定着装，不得携带任何与工作无关的物品。

⑦装配、试验、试飞现场应建立隔离区，无关人员不准进入该隔离区，非工作需要人员一律不许登机，非现场工作人员登机必须予以登记。

1.2.3.2　零部件装配过程中多余物检查要求

①每班工作结束后，操作人员应及时清除各种诸如余量、金属屑等，不得使用风管，以防止多余物“搬家”，并检查所携带的工具、配套件、标准件等是否齐全。

②装配结构封闭之前，检验人员必须在现场监督，并按制造计划要求检查封闭区域，确认无多余物后，才能允许封闭。

1.2.3.3　飞机总装、试车过程中多余物检查要求

①操作人员应按有关生产说明书要求，在完成装机工作离开飞机之前清理遗留在飞机上的多余物，检查自己携带的工具、夹具、仪器、仪表等是否遗留。

②在装配过程中，开封的导管应在一个工作班内安装完毕，如果未形成封闭回路，应安装工艺堵盖或重新包扎，再次安装时，应重新检查。

③对需要重新拆卸、分解或加以防止串件的零件和组合件必须重新提请检验。

④飞机试车之前应检查和清除进气道、发动机短舱和整流罩处的多余物；清扫飞机周围地面，保持无杂物。

⑤系统安装时一般不允许打开非本系统的、已包扎好的导管及封闭油箱；若因工作需要必须打开时，工作结束后必须重新检查其清洁度。

⑥所有未安装的导管都应处于封闭的状态。不能立即安装的导管和油箱或者已经安装未封闭的导管端头、油箱口和孔、电缆插头和插座等，应安装工艺堵盖后，重新包扎（严禁用包装纸、抹布、胶布等物堵塞），防止多余物带入。

⑦加注油液应采用专用的加油车，加油车的油滤和油箱应定期清洗，防止污染。燃油系统和滑油系统的油滤，在本架飞机试飞前应严格按照工艺规程的规定进行清洗、检查。

1.2.3.4　工具的控制

①生产现场操作人员的配套工具和借用工具应具有统一的编号。

②工具应有定期检查记录，发现问题应及时处理。

③上机工作时必须携带具有统一编号的工具。

【技能点】1.2.4　不合格产品管理

不合格产品是指企业生产的产品中不符合质量标准的产品，它包括废品、返修品和超差利用品三类产品。加强不合格产品管理，一方面能降低生产成本，提高企业的经济效益；另一方面，对保证产品质量，生产用户满意的产品，实现较好的社会效益也起着重要作用。因此，企业不合格产品管理不仅是产品质量保证体系的一个重要组

成部分，而且是现场生产管理的一项重要内容。

1.2.4.1 不合格产品的判别

①产品质量有两种判定方法，一种是符合性判定，判定产品是否符合技术标准，做出合格或不合格的结论；另一种是“处置方法”的判定，是判定产品是否还具有某种使用价值，对不合格产品做出返工、返修、让步、降级改作他用、拒收报废的处置过程。

②检验人员的职责是判定产品的符合性质量，正确做出合格与不合格的结论，一般不要求检验人员承担处置不合格产品的责任和拥有相应的权限。

③不合格产品的适应性判定是一项技术性很强的工作，应根据产品未满足规定的质量特性的重要性、质量特性偏离规定要求的程度和对产品质量影响的程度制定分级处置程序，规定有关评审和处置部门的职责及权限。

1.2.4.2 不合格产品的标识

（1）待处置不合格产品的标识

检验工对器材或零件判定为不合格后，立即填写拒收挂签并挂在不合格产品上；组合件、部件、整机可由检验工用不干胶纸带将拒收挂签粘贴在不合格部位附近；检验工负责监督工人停止不合格部位的工序操作，待处置后，按程序继续施工。

（2）处置结论为返工/返修的不合格产品标识

处置结论为返工/返修的不合格产品在工序周转过程中，由责任单位制作金属标牌，挂在不合格产品上，标牌保持到零件交付时，由检验工摘下，贴上 MRR 彩标。

（3）废品的标识

用红漆画出废品标记，并贴上废品标签；对于特小件，用包装纸将废品包装，并在包装纸表面用红漆画出废品标记；对于成品、漆料、胶料等，在其醒目处逐件贴上废品标签。

1.2.4.3 不合格产品的隔离

在产品的生产过程中，一旦出现不合格产品，除及时做出标识和决定处置外，对不合格产品还要及时隔离存放，以防误用或误安装不合格的产品。对不合格产品进行隔离存放，这也是质量检验工作的主要内容，同时还要做到以下几点：

①检验部门所属各检验站（组）应设有不合格产品隔离区（室）或隔离箱，一旦发现不合格产品及时做出标识后，应立即进行隔离存放，避免造成误用或误装，严禁个人或作业组织随意储存、移用、处理不合格产品。

②及时或定期组织有关人员对不合格产品进行评审和分析处理，对确认为拒收和判废的不合格产品，应严加隔离和管理，对私自动用废品者，检验人员有权制止、追查、上报。

③根据对不合格产品的分析处理意见，对可返工的不合格产品应填写返工单并交相应生产作业部门返工；对降级使用或改作他用的不合格产品，应做出明确标识并交有关部门处理；对拒收和报废的不合格产品应填拒收单和报废单交供应部门或废品库处理。

1.2.4.4 不合格产品的处置

根据 GB/T 19000—2016 的规定，对不合格产品的处置有以下三种方式：

①纠正。是指为消除已发现的不合格之处所采取的措施。主要包括返工，为使不合格产品符合要求而对其采取的措施；返修，为使不合格产品满足预期用途而对其采取的措施；降级，为使不合格产品符合不同于原有的要求而对其等级的改变。

②报废。是指为避免不合格产品原有的预期用途而对其采取的措施。不合格产品经确认无法返工和让步接收，或虽可返工但返工费用过大、不经济的均按废品处理。

③让步。是指对使用或放行不符合规定要求的产品的许可。

1.2.4.5　不合格产品的纠正措施

纠正措施是为消除已发现的不合格或其他不期望的情况所采取的措施。它是一系列积极更改或变更体系的行动，是一种程序改进的文件化方法，根据具体目标的不同，纠正措施可能是短期的或长期的。任何希望改进某一具体状况或程序的人都可以采取纠正措施。为了使纠正措施有效，必须产生预期结果并使结果长时间保持一致性和稳定性，并可测量。

纠正措施的制定是基于分析环境状况、使用的工装和设备、操作人员的培训状况、文件、程序及方法的符合性、材料选取的符合性等多个环节造成的影响，可通过逐步解决办法来进行纠正。

【知识点】1.2.5　航空企业“6S”管理

“6S”管理是现代企业的一种管理模式。航空维修企业是以规范维修、安全生产为首要任务，将“6S”管理机制良好地运用到航空维修企业，既可以提高生产效率、降低运营成本、加强维修质量、确保安全运营，又可以培养出高素质的员工团队，从而提升企业竞争力。

1.2.5.1　“6S”管理的定义

“6S”即整理（seiri）、整顿（seiton）、清扫（seiso）、清洁（seiketsu）、素养（shitsuke）、安全（security），因为内容中的英文单词都以“S”开头，所以简称“6S”现场管理。它是指在工作场所中，按制定管理要求，对作业环境、设备、工装、工具、材料、工件、人员等要素进行相应的整理、整顿、清扫、清洁、素养、安全管理活动，如图1-15所示。

图1-15　装配生产线“6S”现场管理

1.2.5.2 “6S”管理的主要内容与目的

（1）整理（seiri）

整理是将工作场所的物品区分为有必要的和没有必要的，除了有必要的物品留下来，其他的都消除掉。目的是腾出空间，空间活用，防止误用，塑造清爽的工作场所。

（2）整顿（seiton）

整顿是把留下来的必须用的物品依规定位置摆放，并放置整齐，加以标识。目的是工作场所一目了然，减少寻找物品的时间，营造整整齐齐的工作环境，消除过多的积压物品。

（3）清扫（seiso）

清扫是将工作场所内看得见与看不见的地方清扫干净，保持工作场所干净、亮丽。目的是稳定品质，减少工业伤害。

（4）清洁（seiketsu）

清洁是将整理、整顿、清扫进行到底，并且制度化，经常保持环境处在美观的状态。目的是创造明朗现场，维持上述“3S”成果。

（5）素养（shitsuke）

素养是每位成员养成良好的习惯，并遵守规则做事，培养积极主动的精神（也称习惯性）。目的是培养具有良好习惯、遵守规则的员工，营造团队精神。

（6）安全（security）

安全是重视成员安全教育，使员工每时每刻都有安全第一观念，防患于未然。目的是建立起安全生产的环境，所有的工作应建立在安全的前提下。

1.2.5.3 “6S”管理的作用

①提升企业形象。整齐、清洁的工作环境能够吸引客户，并且增强企业自信心。

②减少浪费。由于杂物乱放，致使其他东西无处堆放，这是一种空间的浪费。

③提高效率。良好的工作环境，可以使人心情愉悦；东西摆放有序，能够提高工作效率，减少搬运作业。

④质量保证。员工养成了做事认真、严谨的习惯，生产的产品返修率会大大降低，可以提高产品品质。

⑤安全保障。通道保持畅通，员工养成认真负责的习惯，会使生产及非生产事故减少。

⑥提高设备寿命。对设备及时进行清扫、点检、保养、维护，可以延长设备的寿命。

⑦降低成本。做好6个“S”可以减少跑、冒、滴、漏和来回搬运，从而降低成本。

1.2.5.4 “6S”管理的主要特点

（1）广泛性

“6S”管理活动对于加强和提高任何一个企业生产现场的环境管理、质量管理、设备管理、安全管理等都是十分有效的。

（2）潜隐性

“6S”管理活动与中国的文明生产相近，均以提高环境水平为主要目的，一般认为它是提高环境水平的手段，只要认真抓，生产现场面貌很快就能改观，而实际上它的潜隐作用，远远超过了环境管理范畴。目前，有许多企业在经济效益低的情况下就是从“6S”管理活动入手而实现转机的。

（3）持久性

推行“6S”管理活动，只要认真去抓，就容易收到成效，但一放松，就会出现“滑坡”和“回潮”等情况。这就要求企业必须有强烈的“6S”管理意识，要层层抓，反复抓，一抓到底，抓住不放，始终如一，最终抓出成效并成为全体员工的自觉行为。

（4）直观性

企业生产现场的好坏直接关系到企业素质的高低。企业素质的优劣，都要在企业生产现场逐个“曝光”，无论是厂容厂貌，还是企业生产现场的文明整洁程度，无一不与企业的产品质量和信誉紧密相连，而且人们的第一印象就是从这里开始，这是企业管理水平和企业形象的外在表现的“窗口”。

（5）全员性

“6S”管理活动的各项内容都要有人去执行落实，“6S”管理活动要求每个员工都是参与者并具有明确的责任。

1.2.5.5　“6S”管理的主要推行步骤

①成立推行组织。

②拟订“6S”管理工作实施方案。

③做好培训教育与宣传工作。

④按实施方案组织实施。

⑤持续改进、纳入管理轨道。

1.2.5.6　“6S”管理的实现工具

“6S”管理只是一种管理方式，要真正实现“6S”管理的目的，还必须借助工具来更好地达成。常用的“6S”管理工具有以下两个：

（1）看板管理

看板管理可以使工作现场人员都能一眼就知道何处有什么东西、有多少数量，同时亦可将整体管理的内容、流程以及订货、交货日程与工作安排制作成看板，使工作人员易于了解，以进行必要的作业。

（2）Andon 系统

安灯系统（Andon，也称暗灯），是一种现代企业的信息管理工具，Andon 系统能够收集生产线上有关设备和质量管理等与生产相关的信息，加以处理后，控制分布于车间各处的灯光和声音报警系统，从而实现生产信息的透明化。

【练习题】

1. 航空企业实行的“首件三检制”是（　　）。

A. 自检、互检、专检　　B. 个检、互检、专检

C. 个检、他检、专检　　D. 个检、他检、互检

2. 飞机多余物的来源有（　　）。

A. 加工制造过程中产生的　　B. 零部件装配过程中产生的

C. 飞机总装过程中产生的　　　　　　D. 飞机试车过程中产生的

3. 减少加工制造过程中多余物的方法有（　　）。

A. 液体及气体管路加工后应清理内部可能残留的多余物；清理后及时密封

B. 在连接生产操作中，对易受多余物损害的部件、组合件应安装工艺防护盖或罩

C. 工作台面要整洁，及时除去碎屑、余料等弃物，并设置多余物回收箱

D. 进入装配现场的工作人员可着便装，不得携带任何与工作无关的物品

4. 对不合格产品的处置方式有（　　）。

A. 废品、返修品和超差利用品

B. 返工、返修、让步、降级改作他用、拒收报废

C. 填写拒收挂签

D. 贴上 MRR 彩标

5. 企业“6S”管理的六项内容包括（　　）。

A. 整理、归档、清扫、清洁、素养、安全

B. 整理、整顿、卫生、清洁、素养、安全

C. 整理、整顿、清扫、清洁、素养、安全

D. 整理、整顿、清扫、清洁、素质、安全

任务 1.3　飞机结构工艺的划分

飞机装配（aircraft assembly）在飞机制造的所有环节中是最为重要的一个环节，装配特点与一般机械产品装配有很大区别。飞机装配是将大量的飞机零件、标准件和成品按设计图或全三维模型、技术条件在专用的工艺装备上，以一定组合和顺序逐步装配成组合件、板件、段件和部件，最后将各部件进行机体结构铆接装配、系统安装、调试和试飞的过程。按工艺组织划分的飞机装配过程一般由部件装配、总装装配和试飞三个阶段组成。

【知识点】1.3.1　飞机分离面

通常飞机一般是分解成单元部件进行组装、部装和总装的。这些相邻单元之间的对接处或结合面称为分离面。结构分离面分为两大类：设计分离面和工艺分离面。设计分离面由设计人员确定，工艺分离面由工艺人员确定。

1.3.1.1　设计分离面

飞机的机体由几万甚至几十万个零件组成。根据使用功能、维护修理、运输等方面的需要，设计人员将整架飞机在结构上划分为许多部件和组合件，例如，机身、机翼、垂直尾翼（简称垂尾）、发动机舱及各种舱门、口盖等。这些部件和组合件（简称组件）之间一般都采用可拆卸的连接，它们之间所形成的可拆卸分离面称为设计分离面，如图 1-16 所示。

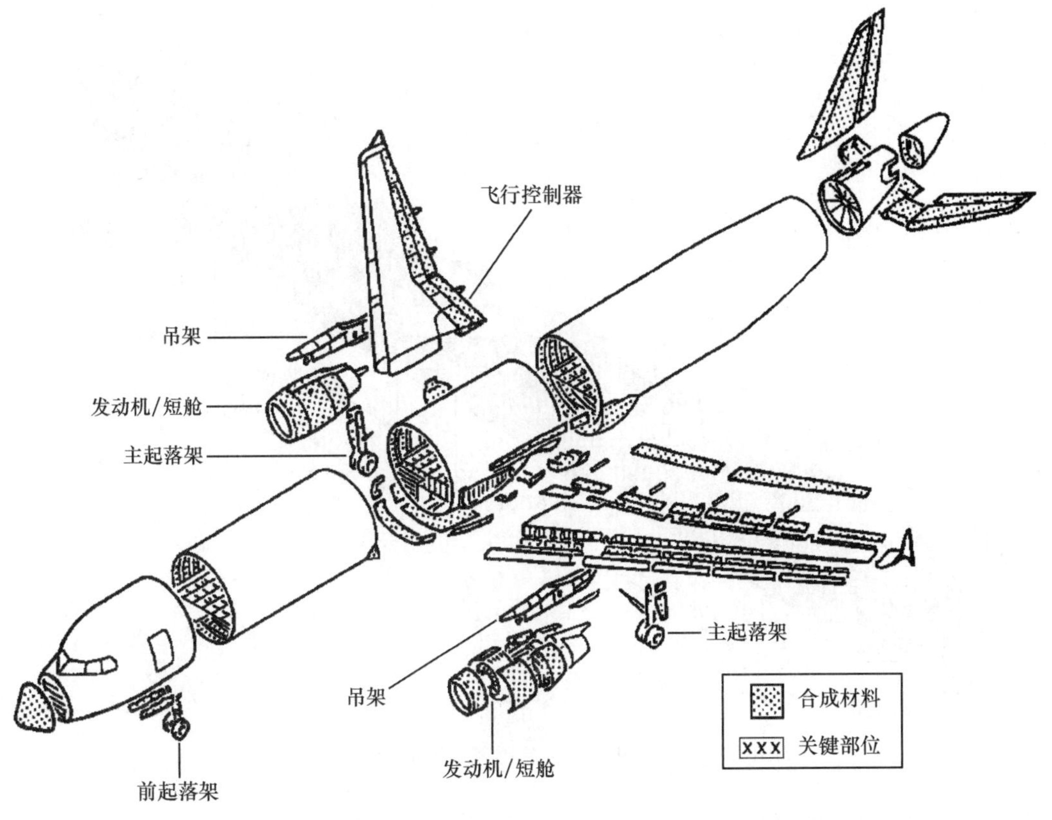

图 1-16　飞机设计分离面结构分解图

1.3.1.2　工艺分离面

在飞机制造中，由于飞机结构的特点，除了那些形状规则、刚性好的机械加工零件外，大多数的零件是那些形状复杂、尺寸大、刚性小的钣金零件，这些零件装配成形状和尺寸符合设计准确度要求的产品，不但需要采用体现产品尺寸和形状的专用装配型架对产品进行装配，而且为了生产和工艺上的需要，还要对设计的部、组件进行进一步的分解。例如，将机身划分为前机身、中机身、机身壁板、框等，机翼划分为前缘、翼尖、翼盒等。这些段件或组件之间一般均为不可拆卸连接，它们之间的分离面称为工艺分离面。工艺分离面是根据飞机装配需要由装配工艺人员确定，工艺分离面有时与设计分离面一致，有时与设计分离面不一致，如图 1-17 所示。

【知识点】1.3.2　工艺分离面的选取原则

选取工艺分离面时应结合生产性质（试制、小批生产或大批生产）、生产周期、成本等因素进行综合技术经济分析。

1.3.2.1　试制阶段

采用相对集中的装配方案，适当选取工艺分离面，主要满足生产准备周期和装配周期的要求，主要考虑以下原则：

①对于较小的部件或分部件，装配单元的划分除考虑工艺通路外，应使其总装周

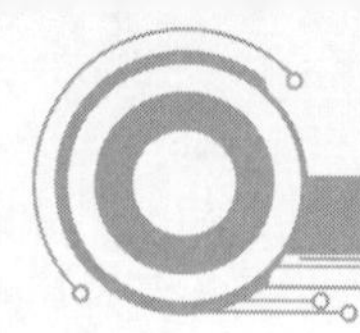

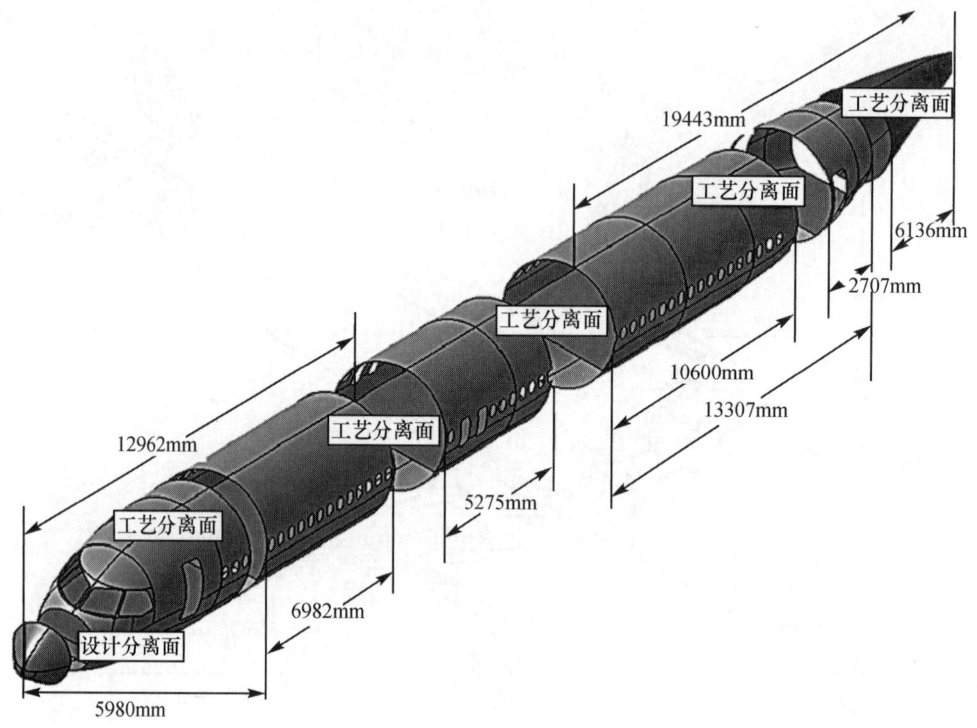

图 1-17 C919 飞机机身工艺分离面结构分解图

期不超过大型部件的总装周期。

②为了缩短大型部件或分部件总装的装配周期，应将装配单元尽量分出；壁板尽量能划分出来，单独进行装配。

③考虑型架的复杂程度。分散装配应在能使型架结构简化、制造费用和周期合适时，划分出来。

④划分出来的装配单元应具有必要的工艺刚性。具有特殊装配环境要求和特殊试验要求的装配单元应尽量划分出来。

1.3.2.2 批量生产阶段

采用分散的装配方案，分散程度取决于批量大小。工艺分离面的选取应考虑以下原则：

①工艺分离面划分若有利于提高劳动生产率或保证产品质量，应尽量采用分散装配。

②使部件总装架内的装配周期缩短到最低限度。

③便于提高钻孔、制窝、连接的机械化程度，便于建立装配流水线。

【知识点】1.3.3 飞机装配件的组成

1.3.3.1 飞机装配件的分类

装配件是由两个以上的零件装配成可拆或不可拆的飞机的组成部分。根据飞机结构特点和设计工艺等方面的要求，飞机装配件可分为组合件、部件。飞机装配件的分

类见表1-1。

表1-1 飞机装配件的分类

性质	分类	实例
按分解层次及功能分类	组件：由两个或两个以上零件组成的装配件	框、肋、壁板等
	分部件：构成部件的一部分，具有相对独立、完整及一定功能的装配件	机身的前段、中段、后段；机翼的中翼、中外翼、外翼、襟翼、副翼；尾翼中的水平安定面、垂直安定面、升降舵、方向舵等
	部件：具有独立的功能和完整的结构	机身、机翼、垂尾、平尾、起落架舱、发动机等
按结构工艺特点分类	平面类组件：由平面腹板及加强件组成	平面框、肋、梁、地板、隔框
	壁板类组件：由蒙皮及骨架零件组成。根据蒙皮的结构形状不同，又分为单曲度壁板和双曲度壁板	机身壁板、机翼壁板等
	立体类组件：除上述两类组件外，其他组件均属于立体类组件	翼面前缘、后缘、翼尖；各种门、盖；机头罩、尾罩、整流罩；内部成品支架等
	机身类部件或分部件	机身或机身各段；起落架舱、发动机舱
	翼面类部件或分部件	机翼或机翼各段；水平安定面、垂直安定面、襟翼、副翼、方向舵、升降舵
注：分部件有时也称部件或段件。		

1.3.3.2 装配单元

飞机结构分离面选定后，所确定的各个装配件称为装配单元。装配单元的划分应考虑以下几点：

①构造上的可能性与特殊要求。

②有良好的开敞性与工作条件。

③各装配单元应具有一定的刚度。

④易于保证装配单元之间的相互协调。

⑤减少部件总装工作量，以达到各装配阶段工作量的平衡，并简化型架结构。

【练习题】

1. 以下部件不属于设计分离面的是（　　）。

A. 机身　　B. 机翼　　C. 机翼前缘　　D. 发动机舱

2. （多选）工艺分离面在选取时应尽量做到（　　）。

A. 小部件装配周期小于大型部件的总装周期

B. 装配单元应尽量单独划分出来

C. 设计时应充分考虑型架的复杂程度

D. 装配单元有特殊装配环境要求的不需要单独考虑

3. 下列属于部件的有（　　）。

A. 平面框　　B. 肋　　C. 梁　　D. 垂尾

4. 翼面类部件不包括（　　）。

A. 水平安定面　　B. 升降舵　　C. 整流罩　　D. 副翼

5. 工艺分离面是根据飞机装配的需要由（　　）确定。

A. 设计人员　　B. 装配工艺人员　　C. 技术员　　D. 操作人员

任务 1.4　飞机结构装配定位

飞机装配过程一般是由零件先装配成比较简单的组合件和板件，然后逐渐地装配成比较复杂的段件和部件，最后将部件对接成整架飞机。在飞机装配过程中首要问题是要按图纸及设计要求确定零件、组合件之间的相对位置以进行装配定位。定位方法是完成在装配过程中定位零件、组合件的手段。

【知识点】1.4.1　装配基准的选择

基准就是确定结构之间相对位置的一些点、线、面。产品设计需要建立基准，如飞机水平基准线、对称轴线、弦线、长桁轴线、框轴线等，统称为设计基准。设计基准一般都是不存在于结构上的点、线、面，在生产中往往无法直接利用。因此，在装配过程中要建立装配工艺基准，它是存在于结构件上的点、线、面，可以用来确定结构件的装配位置。

飞机各个部件外形的准确度，关系到飞机的飞行性能，而选择不同的装配基准会出现不同的外形准确度。在飞机结构装配中为保证部件外形准确度常使用以下两种装配基准。

1.4.1.1　以骨架外形为基准

首先将骨架定位在型架上，然后将蒙皮装上，并对蒙皮施加压紧力 P，使蒙皮紧紧贴在骨架上，再将蒙皮与骨架进行铆接，其装配误差是“从内向外”积累的，故外形准确度差。一般多用于外形准确度要求较低的部件，或翼型高度较小、不便于采用结构件补偿的部件，如图 1-18 所示。

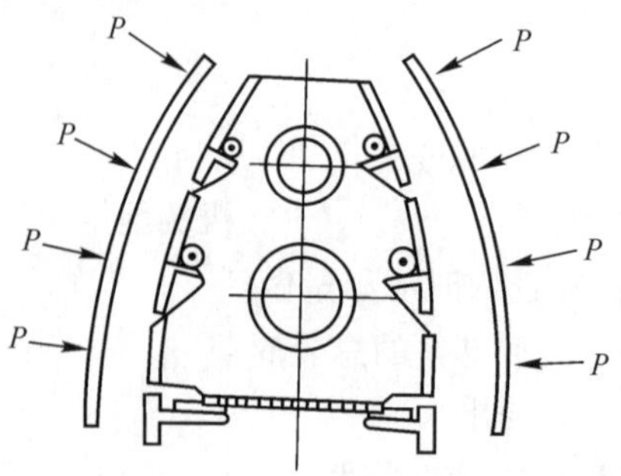

图 1-18　以骨架为基准的装配方法

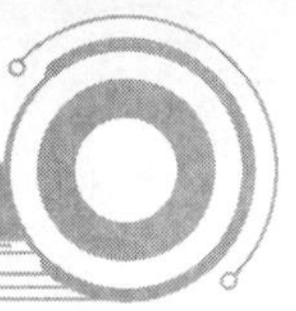

1.4.1.2　以蒙皮为基准

(1) 以蒙皮外形为基准

首先将蒙皮在型架（夹具）的外形卡板上定好位，再将骨架零件（或组件）贴靠到蒙皮上，并施加一定的压力使蒙皮紧贴于外形卡板上，之后将两半骨架连接起来。这种方法的误差是"由外向内"积累的，最终靠骨架的连接而消除，这种方法利用补偿能获得较高的外形准确度，一般适用于外形准确度要求高的部件，且结构布置和连接通路都能满足要求，如图 1-19 所示。

(2) 以蒙皮内形为基准

首先用压紧力将蒙皮压紧在型架（夹具）的内托板（以蒙皮内形为托板的外形）上，再将骨架零件（一般为补偿件）装到蒙皮上，最后将骨架零件与骨架（或骨架零件）相连接，其装配误差是"从外向内"积累，通过结构补偿件消除，如图 1-20 所示。

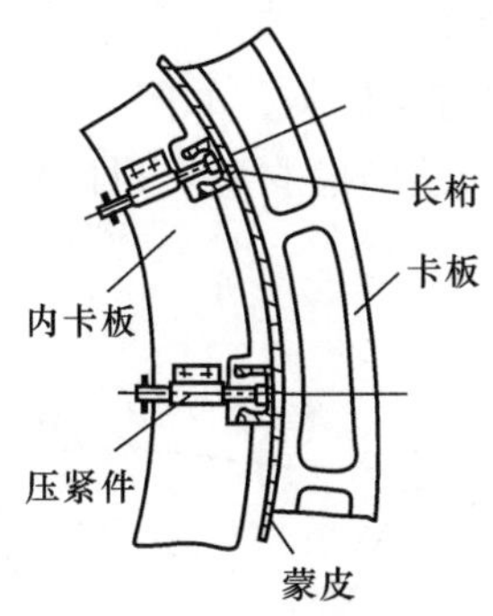

图 1-19　以蒙皮外形为基准的装配方法

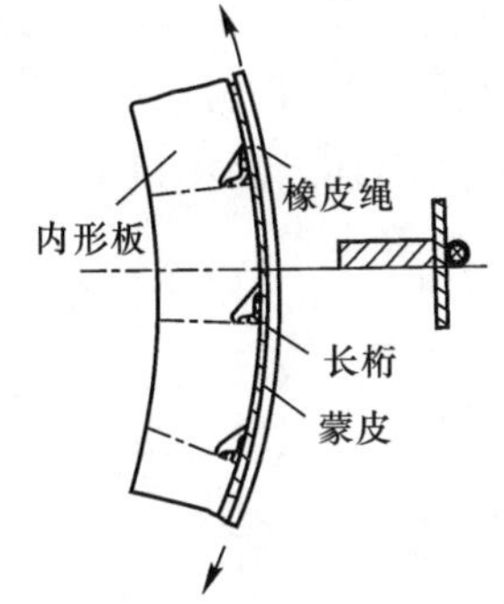

图 1-20　以蒙皮内形为基准的装配方法

这种方法与上一种方法基本相似，只是其外形比前者多了一道误差（蒙皮厚度公差）。国外广泛采用这种方法来装配大型飞机的机身等部件。

【知识点】1.4.2　装配定位方法

1.4.2.1　画线定位法

根据产品图样上给的尺寸，用通用量具进行度量和画线确定零件的安放位置，在选定的基体零件上，按图样尺寸画出待装零件的定位基准线（即位置线）。画线使用 B~4B 铅笔，如图 1-21 所示。这种方法因画线的误差较大（约 1mm 左右），而使其定位准确度较低，一般用于刚性较好的零件，且位置准确度要求不高的部位。

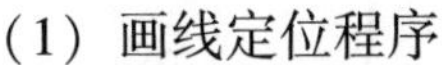
(1) 画线定位程序

①首先要看懂图样，确定航向和图样表示的是右件还是左件，以免将零件装错或装反。

②确定画线基准，根据产品图样给的尺寸基准进行画线，在飞机装配图中肋和框的位置是以轴线为基准，机身和发动机舱是以构造水平线和对称中心线为基准，有的

尺寸是间接尺寸，需要通过换算来确定。

③用画线工具进行画线，为了避免误差积累造成的不协调，对于尺寸链的各个环节都要按某一固定的基准为依据进行测量。

④检验画线工作质量，在画线工作完成后要按产品图样仔细地对照，检查画线有无差错、画线误差是否符合规定。

⑤按图样上铆钉的边距和节距画线，适当地钻制初孔，进行暂时固定。

（2）画线定位注意事项

①注意零件是铆接在腹板前面还是后面。

②认准零件是右件还是左件，哪个面与所画线对准，哪个面铆接，两端是否上下颠倒。

③画线用笔按技术文件选用，以免划伤和腐蚀零件。

④画线笔应削得细尖，以免线迹太粗，影响准确度。

⑤画线笔运动平面垂直于工作表面，尾部向前进方向倾斜，如图 1-22 所示。

⑥暂时固定用具，应在与工件的接触面上粘贴软质防磨材料，以防将产品表面划伤、碰伤和磕伤等。

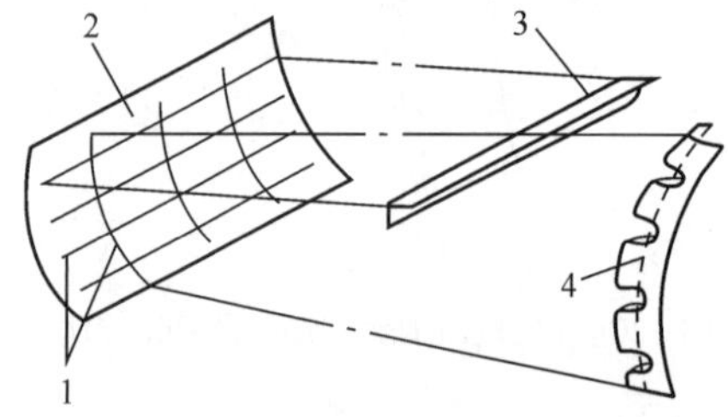

图 1-21　用画线定位长桁、框的示意图

1—基准线；2—蒙皮；3—长桁；4—隔框

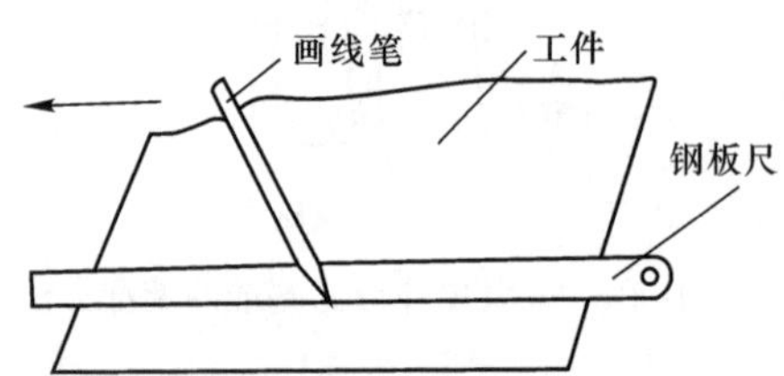

图 1-22　用画线笔画线

1.4.2.2　接触晒相法

在选定的基体零件上涂以感光材料，按明胶模线图板 1∶1 地晒出安装在其上的其他零件的形状和位置线，这些零件各按其本身的位置线定位。这种方法省略了画线工序和工装定位，且比画线定位准确度高。常用于低速飞机的肋、隔框等装配和与外形无关的零件定位，如图 1-23 所示。

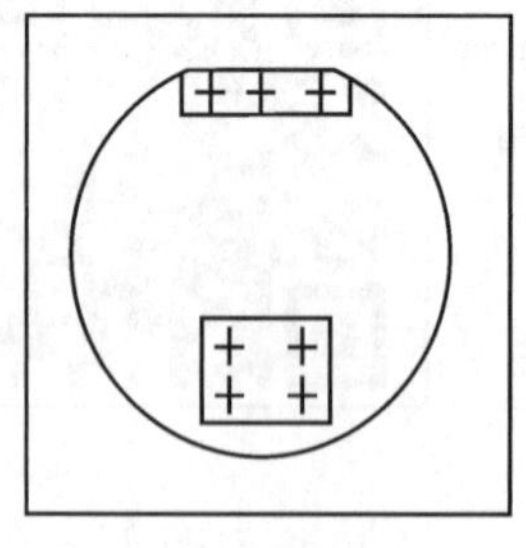

(a) 明胶板

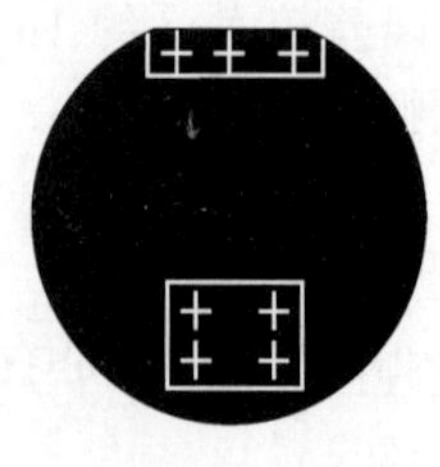

(b) 显影后的口盖蒙皮

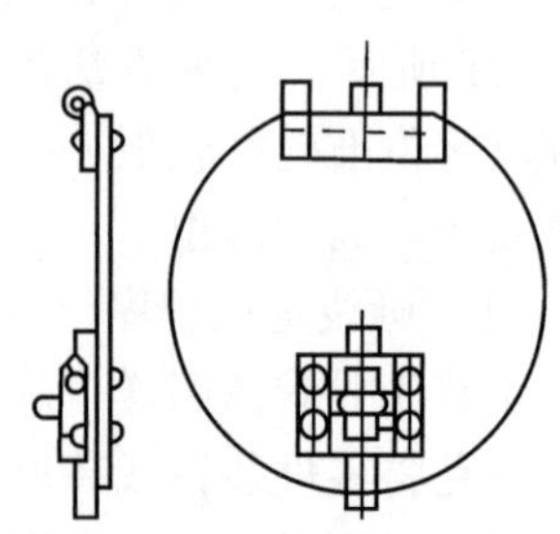

(c) 装配好的口盖组件

图 1-23　用晒相定位铰链和锁扣的示意图

（1）定位程序

①将晒线零件与装配图样对照，检查是否相符。

②按装配指令规定的次序将零件对号比试检查零件是否协调，对准位置线，在零件及晒线零件上一起钻制定位孔，用固定销固定。

③检验零件定位是否正确。

（2）注意事项

①认准零件是右件还是左件，哪个面是基准，不要装错。

②安装时将零件基准面对准基准线的中心，其他的外形线由于误差积累可稍有出入。

③操作时注意保护零件表面，避免划伤、碰伤和磕伤。

④定位孔应选在适当的铆钉位置，在画好边距、节距线后钻制，孔径应符合技术文件规定。

⑤用于固定的工具和固定销与产品接触面应粘贴软质防磨材料。

1.4.2.3　装配孔定位法

装配孔用于零件与零件之间的装配定位，也用于装配件与装配件之间的装配定位。装配时用预先在零件上制出的孔来确定位置（一般是每隔 400mm 左右钻一个装配孔，孔径比铆钉孔径小），装配时各零件之间的相对位置按这些装配孔设置。装配孔的数量取决于零件的尺寸和刚度，一般不少于两个。在尺寸大、刚性弱的零件上的装配孔数量应适当增加。这种定位方法在铆接装配中应用比较广泛，它适用于平面型和单曲面壁板型组合件装配。装配孔定位法的特点是定位迅速、方便，减少或简化装配型架，开敞性好，比画线定位法准确度高。装配孔定位法示意图如图 1-24 所示。

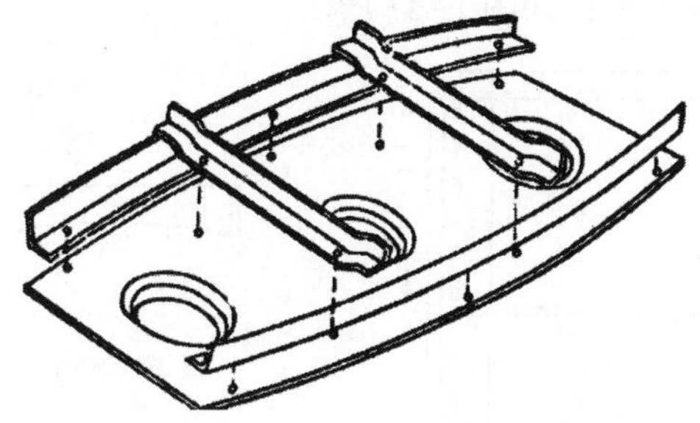

图 1-24　装配孔定位法示意图

（1）定位程序

①对照装配图样检查零件是否合格，装配孔是否协调。

②按装配指令的顺序依次将零件的装配孔对准，用定位销或定位螺钉进行固定。

③检查零件固定是否正确。

（2）注意事项

①注意零件是右件还是左件，不要装反。

②注意零件是装在前面还是装在背后。

③注意零件上下两端，不要装颠倒。

④操作中注意保护零件表面，避免划伤、碰伤和磕伤。

⑤固定用具与产品接触面应粘贴软质防磨材料。

1.4.2.4 装配型架定位法

装配型架（夹具）定位是通过定位件来定位的，如图 1-25 所示。定位件是装配夹具（型架）的主要元件，形式多种多样，以适应各种不同形式的零件或组件的需要。

（1）常见的几种定位形式

①以外形卡板定位蒙皮外形或骨架外形，如图 1-26 所示。

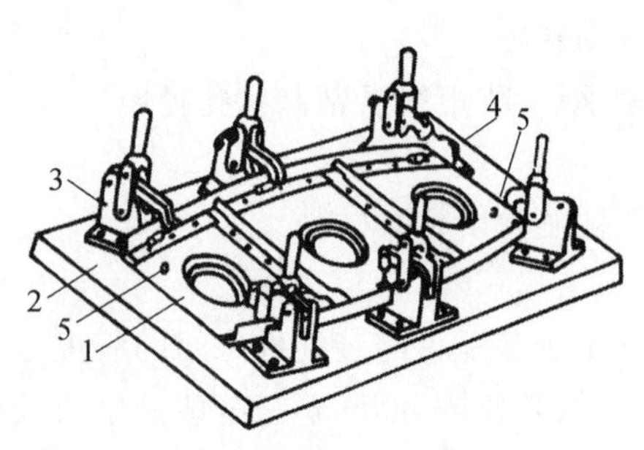

图 1-25 用装配夹具定位示意图

1—肋腹板；2—夹具底板；3—定位件；4—缘条；5—定位孔销钉

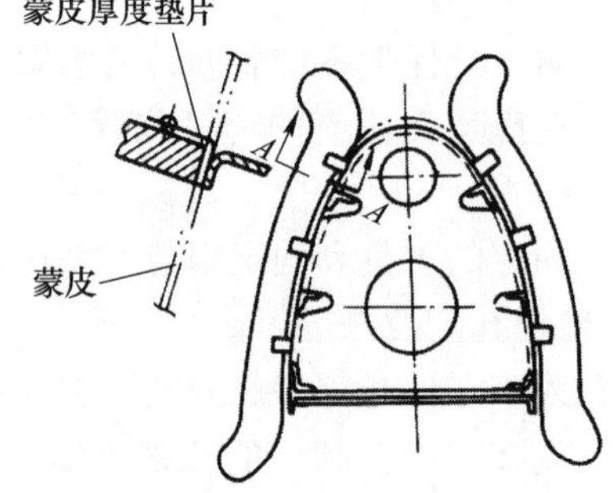

图 1-26 以外形卡板定位骨架外形

②以内托板定位蒙皮内形，如图 1-20 所示。

③以包络板定位蒙皮外形，如图 1-27 所示。

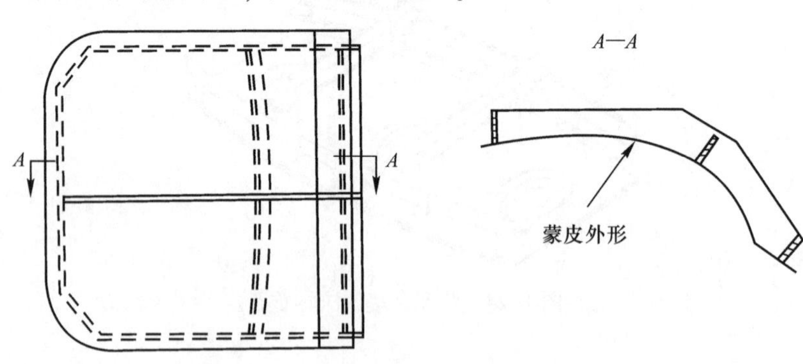

图 1-27 以包络板定位蒙皮外形示意图

④以叉耳接头定位件定位，如图 1-28 所示。

⑤以定位孔定位。在夹具上给出定位器，同时在零件上通过样板钻出定位孔，通过所钻出的孔来确定零件在夹具上的位置，如图 1-29 所示。

⑥以定位板定位。常见的形式，如在卡板上伸出定位板定位隔框或翼肋的轴线位置，或者在卡板或托板上安装挡板来确定长桁或角材等的位置，如图 1-30 所示。

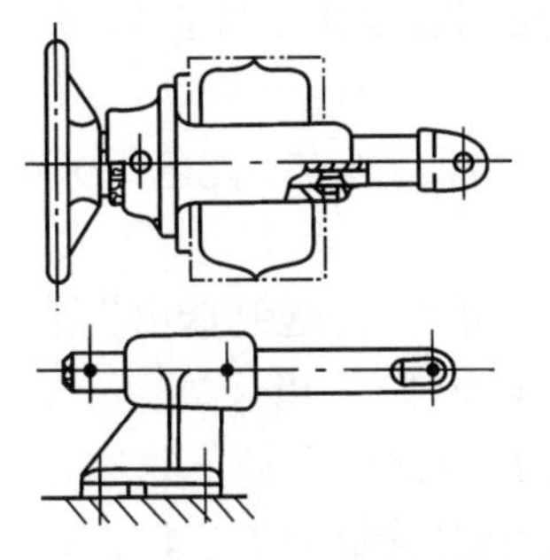

图 1-28　以叉耳接头定位件定位

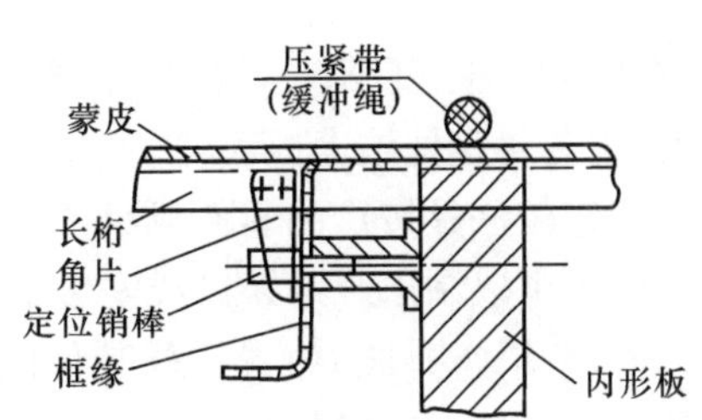

图 1-29　定位孔定位示意图

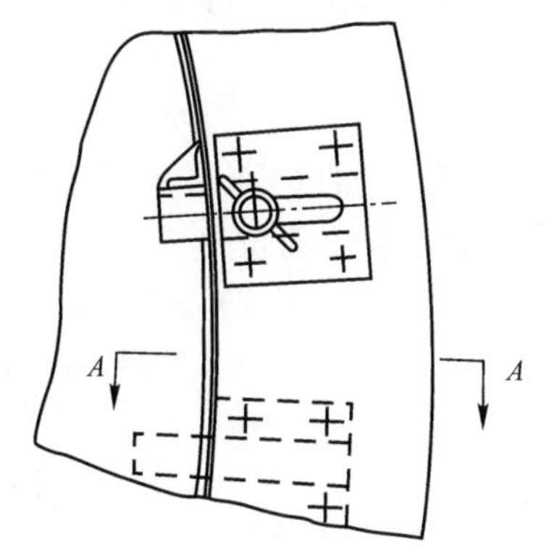

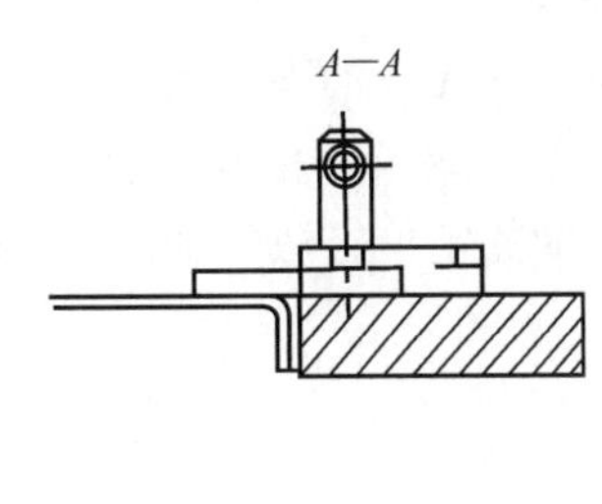

图 1-30　以定位板定位翼肋及长桁示意图

装配型架（夹具）是保证飞机气动力外形和零、组件在相对位置准确所不可缺少的装备，它除了起定位作用外，还有控制零件形状和减少铆接变形的作用。比上述几种定位方法准确度更高，而零、组件位置的准确度则取决于型架（夹具）本身的准确度。

（2）定位程序

①按装配指令要求将各定位元件放置于工作位置，并将压紧件退到非工作位置。

②按装配指令规定的顺序将零件或组件装到定位件上。

③定位及压紧被安装零、组件和叉耳接头，要注意两侧间隙是否相等，工艺垫片是否已经垫好。一般零件用基准面定位，使基准面与定位器紧密靠合，然后用压紧件压紧。

④画线或按导孔钻固定孔，用定位销作临时固定。

（3）注意事项

①使用型架（夹具）前需看懂工装图样，了解各定位器、压紧件的功用。

②注意型架（夹具）所标志的航向、构造水平线、对称中心线、弦线、各种轴线、切割线等，以便检查定位的准确性。

③注意左右对称零件不要装反。

④零件定位压紧后，必须与定位件紧密贴合。

⑤有工艺垫片者要注意在骨架与卡板间加上工艺垫片。

⑥型架（夹具）的定位件、压紧件等若有尖角部位要采取防护措施，以免磕伤、碰伤零件。

⑦型架（夹具）各配合部位若使用不灵活，应注油润滑，不能用铁锤用力敲打。

1.4.2.5 标准工艺件定位法

标准工艺件定位法是按产品零件或组件的主要尺寸 1∶1 地制造出标准工艺件（甚至在标准工艺件上可以制出一些缺口或安装上一些定位件），用这些标准工艺件来代替零件或组件以确定其他构件的位置，待其他构件连接好之后再卸下这些标准工艺件而换上相应的零件或组件，完成装配。例如，采用几个中段肋的工艺件，在前梁或后梁定好位之后来确定后梁或前梁的位置；如某型机的货舱门，各梁的位置是靠工艺蒙皮上的定位角材来确定的，骨架装好之后再装上外蒙皮而在夹具内钻孔、铆接，如图 1-31 所示。

1.4.2.6 工件定位法

按基准零件或先装的零件定位后再装其他零件，如按长桁上已铆好的角片来确定各框的纵向位置；或按各框长桁缺口的弯边来确定长桁的位置。在飞机铆接装配中，此法常作为辅助的定位方法，如图 1-32 所示。

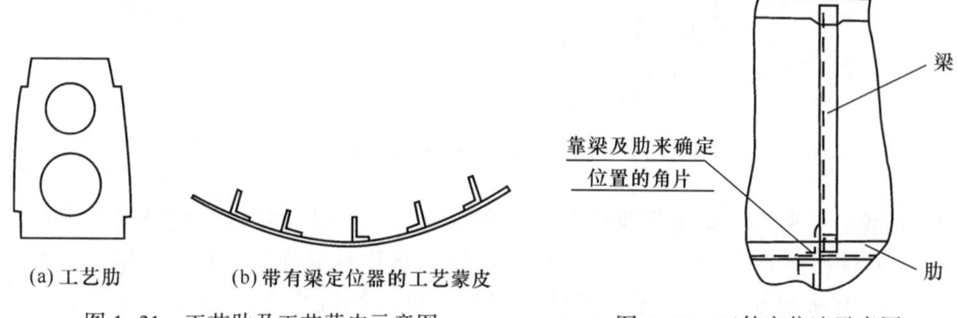

图 1-31 工艺肋及工艺蒙皮示意图

图 1-32 工件定位法示意图

【技能点】1.4.3 装配定位后的固定

对于铆接装配的零、组件，选用合适的定位方法定好位后，应在铆缝上隔一定数量的铆钉或隔一定距离，用铆钉或穿心夹等进行连接，这称为固定。固定的目的在于使参加装配的零、组件在铆接装配过程中始终符合定位要求，防止互相串位及因串位可能引起的变形。

【教学资料】
飞机铆接装配定位后的固定（视频）

对于为提高疲劳强度或在缝内涂密封胶铆接而要进行二次装配的部件来说，其预装配中更应注意做好固定，以保证钻孔、分解、除毛刺和涂胶后，能顺利地进行正式装配。

1.4.3.1 固定的形式

（1）固定铆钉

一种是在铆缝上打与图样一致的铆钉；一种是在铆缝上打比图样小一号的铆钉，

待铆接件铆接结束后分解掉固定钉，再打与图样一致的铆钉，如图 1-33 所示。

（2）固定螺栓（工艺螺栓）

一般在铆接件铆缝部位的层数多又比较厚时，用工艺螺栓固定，如图 1-34 所示。

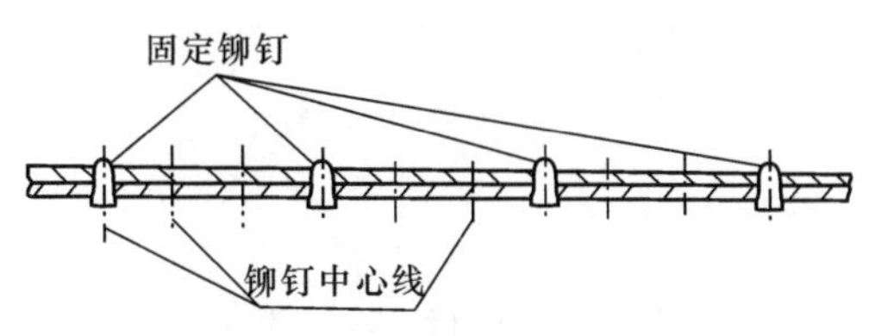

图 1-33　在铆缝上打固定铆钉固定

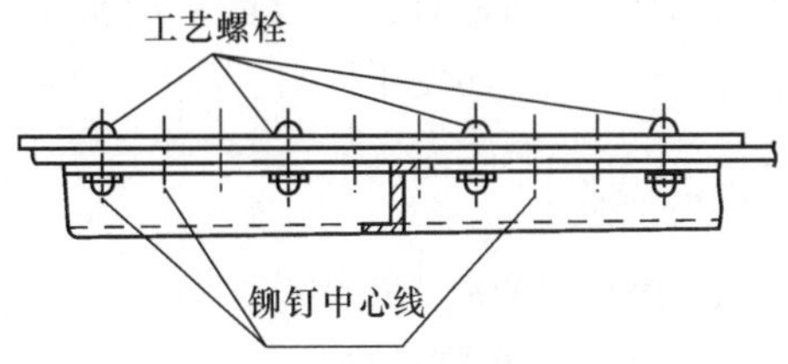

图 1-34　在铆缝上用固定螺栓固定

（3）穿心夹（弹簧式定位销）固定

一般用于刚性小的超薄壁结构、总厚度在 2mm 以内的连接件上，如图 1-35 所示。

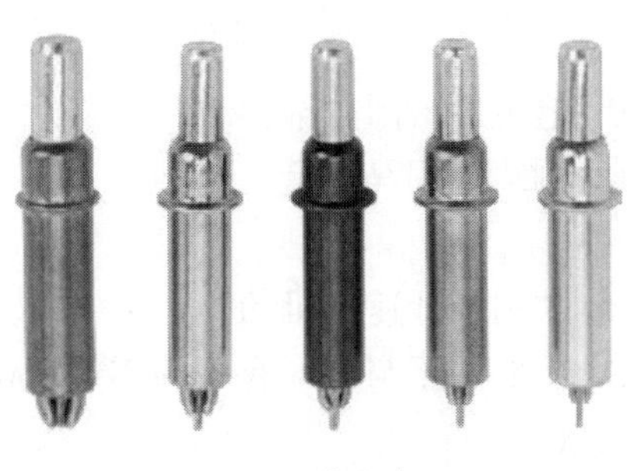

(a) 穿心夹

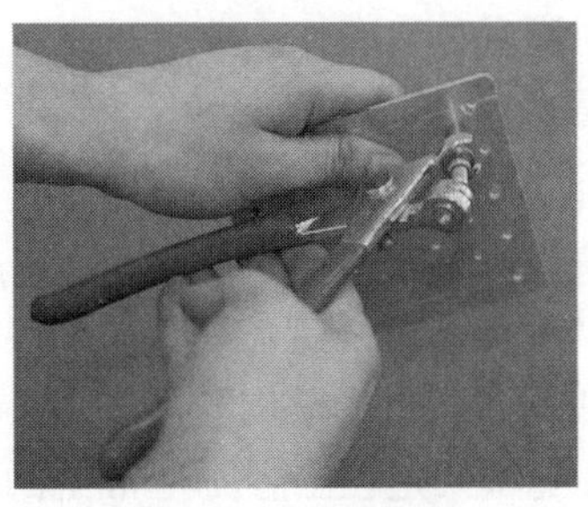

(a) 穿心夹固定铆接件

图 1-35　在铆缝上用穿心夹固定铆接件

1.4.3.2　固定操作要点

①安放固定螺栓进行固定时，应避免划伤零件表面，特别是蒙皮表面。可使用非金属材料做的垫圈保护产品表面。

②固定方法与铆接方法一样，可用中心法或边缘法进行固定，以避免连接件产生鼓起和波纹等变形。

③固定的距离，即固定点的数量，由产品的形状和外廓尺寸大小而定。对于曲面形状、刚性较弱件和外形准确度要求较高的部位，所用固定铆钉或穿心夹的数量较多。

a. 平面形状件。刚性好时固定距离一般取 200～300mm；刚性差时固定距离一般取 100～200mm。

b. 单曲面件。刚性较好时，固定距离取 100～200mm；曲率半径较小（如机翼、尾翼前缘）而刚性较差时，固定距离取 50～100mm。

c. 双曲面件。曲率变化大的部件，要每隔一个孔就固定一点，即进行密集性固定。

④在型架（夹具）内进行固定铆接的要求。零件按型架（夹具）定位并装配好后，进行固定铆接，使零件固定牢靠。装配件具有一定的刚度，装配件从型架（夹具）中取出后，零件之间应不串位和产生较大的变形。

⑤在型架（夹具）内预装配的固定要求。首先进行初步固定，即用中心法或边缘法进行固定，在铆缝上放置穿心夹或固定螺栓；然后在初步固定点之间，按连接件的形状、尺寸和刚性再增加固定点。对于超薄壁结构件和密封铆接件，在用中心法或边缘法进行初步固定时，一般都采用密集性固定，即每隔一个孔就固定一点。这样做不仅能防止变形，还便于插钉。二次装配时，一定要按原固定孔固定。

【练习题】

1. 画线定位法的适用范围是（　　）。

A. 刚性较差的零件　　B. 精度要求较高部件

C. 精度要求较低部件　　D. 准确度要求较高部位

2. 画线定位的程序应该包括（　　）。

A. 看懂图样　　B. 确定基准线

C. 画线　　D. 钻初孔暂时固定

3. 画线时对笔有什么要求（　　）。

A. 尽量用较软的笔尖　　B. 笔尖应该削得细尖

C. 画线笔都应该用铅笔　　D. 画线笔用马克笔

4. 接触晒相法的特点是（　　）。

A. 精度低于画线定位法　　B. 常用于低速飞机的肋

C. 常用于飞机的蒙皮　　D. 主要用于与外形有关的零件定位

5. 装配型架定位法有哪些常见的定位形式（　　）。

A. 外形卡板定位蒙皮　　B. 内托板定位蒙皮外形

C. 包络板定位蒙皮内形　　D. 叉耳接头定位

项目 2　飞机结构普通铆接

【项目简介】

本项目主要介绍了铆接是目前飞机装配中应用最广泛的连接形式，与其他连接形式相比，铆接有许多特点，如工艺方法简单、连接强度比较稳定、可靠、适用于在比较复杂结构上的连接、操作简便、质量便于检查、故障易于排除等，到现在飞机结构装配中还没有一种连接形式能完全取代铆接。

【学习目标】

1. 素质目标

（1）树立航空产品质量第一、团队合作生产意识。

（2）养成安全、文明生产，爱护工具设备，规范操作的职业素养。

（3）培育爱岗敬业的劳动精神和精益求精的航空工匠精神。

2. 知识目标

（1）了解普通铆接的工艺过程和普通铆钉的种类。

（2）掌握风钻、铆枪、锪窝钻和铆接辅助工具的工作原理与使用方法。

（3）掌握制作铆钉孔、沉头铆钉窝和冲击铆接的技术要求、质量标准。

（4）熟悉铆接质量控制与检查的方法。

3. 能力目标

（1）能选择、使用与维护风钻、锪窝钻、铆枪等常用铆接工具。

（2）能在飞机结构铆接工作中识别、选择和布置航空铆钉。

（3）能按钻孔、锪窝技术要求制作铆钉孔和沉头铆钉窝。

（4）能按铆接工艺要求选择合适的铆钉长度，进行冲击铆接施工。

（5）能使用测量工具按技术标准检查铆接质量，对不合格铆钉进行更换。

铆接（riveting）即铆钉连接，是利用轴向力将钉杆镦粗并形成镦头，使多个零件

相连接的方法，是一种不可拆卸的连接形式，在飞机装配中广泛应用。与其他连接形式相比较，铆接有许多特点，如工艺方法比较简单、连接强度比较稳定可靠、适用于在比较复杂结构上各种金属材料及非金属材料之间的连接、操作简便、质量便于检查、故障易于排除等。但铆接会降低结构的强度，疲劳性能较差，增加结构的重量①，铆接变形量较大，手工劳动量的比例大，劳动条件较差。目前，尽管飞机机体逐步使用了新型结构材料，但铆接仍然是飞机结构装配中广泛采用的一种主要连接方法，还没有一种连接形式能完全取代它。

任务 2.1　铆钉的识别与选择

【知识点】2.1.1　普通铆接工艺过程

普通铆接是指最常用的凸头或埋头铆钉铆接，其铆接工艺过程是：零件的定位与夹紧、确定铆钉孔位置、制作铆钉孔、制作埋头窝（对埋头铆钉而言）、去毛刺和清除切屑、放铆钉、铆接、涂漆保护，如表 2-1 所示。

表 2-1　普通铆接工艺过程

序号	工艺过程	工序内容	工艺方法	附注
1	零件的定位与夹紧	零件定位	1. 按画线。 2. 按装配孔。 3. 按基准零件或已装零件。 4. 按装配夹具	有些零件需要修合
		零件夹紧	1. 用弓形夹或手虎钳。 2. 用定位销。 3. 用工艺螺栓。 4. 用工艺钉。 5. 用夹具压紧件。 6. 用橡皮绳等	
2	确定孔位	在铆缝上排铆钉孔	1. 按画线。 2. 按导孔。 3. 按冲点	
			1. 按专用样板。 2. 按钻模	1. 画出位置。 2. 直接钻孔
3	制孔	钻孔	1. 用风钻。 2. 用台钻、摇臂钻等。 3. 在自动钻铆机上钻孔	
		冲孔	1. 手动冲孔钳。 2. 手提式冲孔机。 3. 台式冲孔机	
		铰孔	1. 手铰。 2. 风钻铰孔（用通用手铰刀）	

① 本书中的重量为质量（mass）概念。

表 2-1（续）

序号	工艺过程	工序内容	工艺方法	附注
4	制窝	锪窝	1. 钻孔后单独锪窝。 2. 钻孔的同时锪窝	
		压窝	冷压窝： 1. 用手打冲窝器。 2. 用压窝钳。 3. 用压窝机。 4. 用压机。 5. 用钉头	通过阴、阳压窝模压窝，其中用铆钉头压窝是以铆钉头作阳模
			热压窝：用专用热压窝机	
5	去毛刺和清除切屑	去除钻孔产生的毛刺	1. 用大直径钻头。 2. 用专用倒角锪钻。 3. 用薄金属板	有条件的应优先采用分解零件的方法去除零件上孔两边缘的毛刺和清除夹层间的金属切屑
		去除夹层间的切屑	1. 分解零件进行清理。 2. 用薄金属板或非金属刮板进行清理	
6	放铆钉	往铆钉孔内安放铆钉		
7	施铆	按一定顺序进行铆接	采用普通铆接方法（拉铆法除外）	
8	涂漆	在铆钉镦头上、镁合金零件孔内涂漆		

【知识点】2.1.2　铆钉的种类

铆钉是用于连接两个或两个以上带通孔构件的紧固件，在铆接装配中，利用自身形变或过盈连接被铆接的零件。

2.1.2.1　普通铆钉的种类

普通铆钉一般是按头部形状分类，国内航空标准的普通铆钉的种类从形状上分，主要有半圆头铆钉（HB 6229—2002～HB 6239—2002）、平锥头铆钉（HB 6297—2002～HB 6303—2002）、90°沉头铆钉（HB 6304—2002～HB 6314—2002）、120°沉头铆钉（HB 6315—2002～HB 6319—2002）和大扁圆头铆钉（HB 6323—2002～HB 6328—2002）等，如图 2-1 所示。

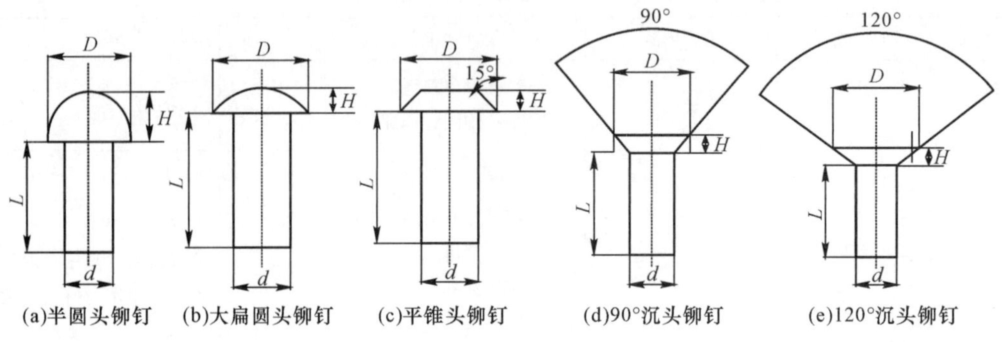

(a)半圆头铆钉　(b)大扁圆头铆钉　(c)平锥头铆钉　(d)90°沉头铆钉　(e)120°沉头铆钉

图 2-1　普通铆钉种类

2.1.2.2　铆钉材料及标记

从材料上区分，国内普通铆钉可分为铝铆钉、钢铆钉和铜铆钉，材料主要有 LY1、LY10、LF10、LF21、ML18、ML20MnA、1Cr18Ni9Ti 等。为了便于从外表来识别铆钉的材料，人们在铆钉头上作有标记。铆钉标记的形式见表 2-2。标记一般是凸点，但半圆头、大扁圆头及车制铆钉的标记允许是凹点。

表 2-2　国内航空标准普通铆钉材料及标记

材料	LY1	LY10	LF10	LF21	ML20MnA	MLC15	1Cr18Ni9Ti	T3
标记								

2.1.2.3　铆钉的代号

不同形状、不同规格（指铆钉杆的直径和长度）、不同材料的铆钉，可用不同的牌号表示。国内航空普通铆钉的牌号为 HB××××. *d*×*L*。其中，HB——航空标准的代号；××××——四位数字序号，表示铆钉的材料；*d*——铆钉的直径，单位为 mm；*L*——铆钉杆的长度，单位为 mm。例如：牌号为 HB6315. 4×10 的铆钉，表示该铆钉为 120°沉头铆钉，材料为 LY1 硬铝，铆钉杆直径为 4mm，铆钉杆长度为 10mm。

2.1.2.4　国外普通铆钉

（1）实心铆钉的种类

国外实心铆钉的头型很多，例如：通用型、圆头型、平头型、埋头型以及扁圆头型等，这些铆钉种类均以铆钉头的截面形状而定。有关铆钉的热处理性质和强度规范，一般以特殊代码标记于铆钉头上，如表 2-3 所示。

表 2-3　波音标准铆钉的种类及标记

铆钉标识		通用型	改良型	100°埋头	100°抗剪埋头	82°埋头	120°埋头
材料	标记	标准铆钉号					
		BACR15BB	BACR15FT	BACR15BA	BACR15CE	BACR15FH	BACR15FV
2117（AD）	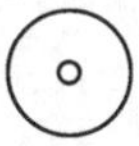 浅凹点						
2017（D）	 （凸起点除外）				 （无标记）		
2024（DD）	 （双线凸起）						
5056（B）	 （交叉凸起）						
1100（A）	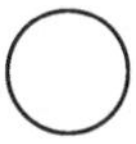 （平的）						
7050（KE）	 （凸起圆除外）						 （锯齿圆）
MONEL（M）NICKEL-COPPER（蒙乃尔）	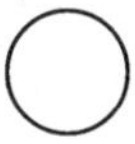 （平的）						

（2）实心铆钉的识别

铆钉按尺寸、铆钉头的形状、制作材料分为不同型号，主要有美国海军（AN）和美国军标（MS20）两个型号体系。波音和空客的标准区别可参照其机型的飞机结构修

理手册（structural repair manval）SRM51-40 章节。下面是最常用的不同头型铆钉的件号。

AN426 或 MS20426（BA）——100°埋头铆钉；

AN430 或 MS20430——半圆头铆钉；

AN441——平头铆钉；

AN456——扁圆头铆钉；

AN470 或 MS20470（BB）——通用头型铆钉。

件号后的字母代表材料，常用材料编码如表 2-4 所示。

表 2-4　国外铆钉材料编码

材料	编码	材料	编码
1100、3003	A	7075、7050	KE
2117	AD	蒙乃尔合金	M
2017	D	不锈钢	F
2024	DD	钛合金	T
5056	B	铜合金	C

件号后的数字表示铆钉的直径和长度，第一位数字表示铆钉直径，以 1/32in① 为计量单位，例如，3 表示 3/32in；第二位数字表示铆钉长度，以 1/16in 为计量单位，例如，3 表示 3/16in；凸头铆钉的长度为铆钉杆的长度，埋头铆钉的长度为铆钉的全长。以波音标准铆钉的件号 BACR15BB4AD8 举例说明：

基本编码（BACR15BB）表示波音标准的通用头铆钉；

直径编码（4）表示铆钉直径是 l/8in；

材料编码（AD）表示铆钉材料是 2117；

长度编码（8）表示铆钉长度是 1/2in。

（3）铆钉材料

国外航空实心铆钉在热处理性质和强度规范方面的识别分类，与铝和铝合金板材所采用的标识规范一样，都是用数字结合字母来表示不同特性。国外常用铆钉有 5 种不同规格：1100（A）、2017-T（D）、2024-T（DD）、2117-T（AD）及 5056（B），如表2-3所示。

1100 系列铆钉：一般用于铆接如 1100、3003 和 5052 等不作为结构件的软铝合金件（部件所在的部位对于承载强度没有要求）。例如，航图盒的铆接，1100 铆钉就足以保证连接强度。

2117-T 系列铆钉：有“外场铆钉”之称，在铆接铝合金结构件上应用最为广泛，具有抗腐蚀性好、即时可用的优点，不需要在施工前进行回火或退火处理。

2017-T 和 2024-T 系列铆钉：有“冰箱铆钉”之称，应用于需要较高强度的铝合金结构件上，使用前需要退火并置于冰箱内冷藏，到施工时取出铆接。2017-T 铆

① 1in=25.4mm。

钉必须在 1h 内铆接完毕，2024–T 铆钉的施工时间更短，只允许在 10～20min 完成铆接。

5056 系列铆钉：应用于铆接镁合金结构件，与金属镁接合处具有良好的抗腐蚀性。

其他系列铆钉：软钢铆钉、不锈钢铆钉，用来铆接防火墙、排气管夹箍以及同样材料的结构件等；蒙乃尔镍钢铆钉用来铆接镍钢合金材料，有时可代替不锈钢铆钉使用。

【技能点】2.1.3 铆钉的选择

2.1.3.1 铆钉材料的选择

铆钉的材料主要是根据构件的材料和受力情况来决定的。材料强度较高，受力较大的构件，铆接时，一般选用材料强度较高的铆钉；材料强度较低，受力较小的构件，铆接时，一般选用材料强度较低的铆钉。在飞机的结构修理中，通常规定铆钉材料的强度略低于构件材料的强度。

2.1.3.2 铆钉直径的选择

铆接构件受力时，铆钉会同时产生剪切变形和挤压变形，它所受的剪力和挤压力是相等的。根据构件的厚度来选择铆钉直径，构件越厚，铆钉直径越大；构件越薄，铆钉直径越小。铆钉的直径与铆接构件的厚度成正比。

在实际铆接工作中，铆接构件的厚度是由几个构件的厚度叠加在一起的，铆钉的直径 d 可用式（2–1）计算。即：

$$d=2\sqrt{\Sigma\delta} \tag{2-1}$$

式中，$\sqrt{\Sigma\delta}$ 为铆接构件的总厚度，mm。

2.1.3.3 铆钉长度的选择

①国内标准镦头铆钉按式（2–2）计算铆钉长度，如图 2–2 所示。

$$L=\frac{d_0^2}{d_1^2}\times\Sigma\delta \tag{2-2}$$

式中：L——铆钉长度，mm；

d_0——铆钉最小直径，mm；

d_1——铆钉最大直径，mm；

$\Sigma\delta$——铆接件夹层厚度，mm。

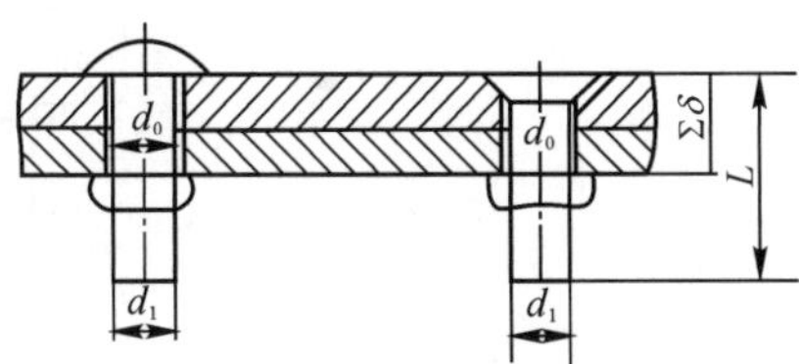

图 2–2 国内标准镦头铆钉长度示意图

②按经验公式计算铆钉长度，如表 2–5 所示。

表 2-5　铆钉长度计算公式

mm

铆钉直径 *d*	2.5	3	3.5	4	5	6	7	8
铆钉长度 *L*	$\Sigma\delta+1.4d$		$\Sigma\delta+1.3d$		$\Sigma\delta+1.2d$		$\Sigma\delta+1.1d$	

③按 HB 6444—2002 中铆钉长度表选择，如表 2-6 所示。

表 2-6　铆钉长度的选择

mm

d	2	2.5	3	3.5	4	5	6	7	8	10
$\Sigma\delta$										
	4	4	5	6	6	8	10	12	14	18
	5	6	6	7	7	9	11	13	15	19
	6	6	7	8	8	10	12	14	16	20
	7	7	8	9	9	11	13	15	17	22
	8	8	9	10	10	12	14	16	18	24
	9	9	10	11	11	13	15	17	19	26
	10	10	11	12	12	14	16	18	20	28
	11	11	12	13	13	15	17	19	22	30
	12	12	13	14	14	16	18	20	24	32
	13	13	14	15	15	17	19	22	26	34
	14	14	15	16	16	18	20	24	28	36
	15	15	16	17	17	19	22	26	30	38
	16	16	17	18	18	20	24	28	32	40
		17	18	19	19	22	26	30	34	42
		18	19	20	20	24	28	32	36	44
		19	20	22	22	26	30	34	38	46
		20	22	24	24	28	32	36	40	48
			24	26	26	30	34	38	42	50
				28	28	32	36	40	44	52
					30	34	38	42	46	54
					32	36	40	44	48	56
						38		46	50	58
						40				60

$\Sigma\delta$ 刻度：1 2 3 4 5 6 7 8 9 10 11 12 13 14 15 16 17 18 19 20 21 22 23 24 25 26 27 28 29 30 31 32 33 34 35 36 37 38 39 40 41 42 43 44 45 46 47 48

④压窝件标准镦头铆钉长度计算。

铆钉长度参见图2-3，按经验式（2-3）计算。

$$L = \Sigma\delta + \delta_1 + 1.3d \tag{2-3}$$

⑤双面沉头铆钉长度计算。

铆钉长度按经验式（2-4）计算。系数值0.6~0.8一般情况选较小值，铆钉材料比被连接件材料的强度高或被连接件厚而铆钉直径较小时选较大值。

$$L = \Sigma\delta + (0.6 \sim 0.8)d \tag{2-4}$$

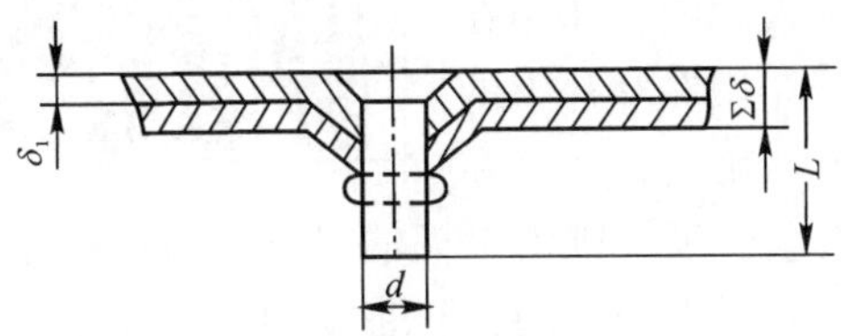

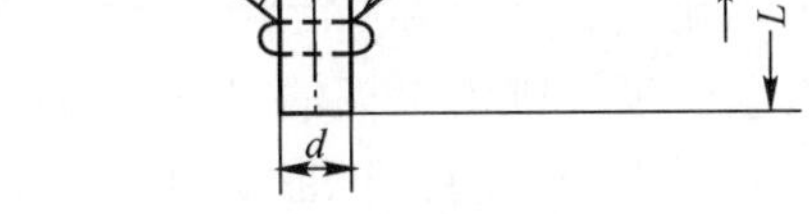

图2-3　压窝件标准镦头铆钉长度

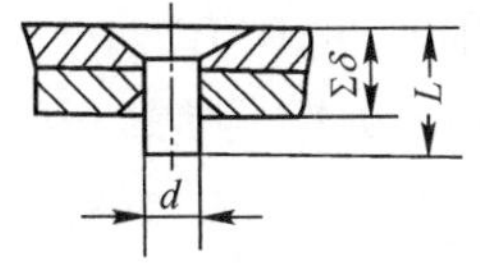

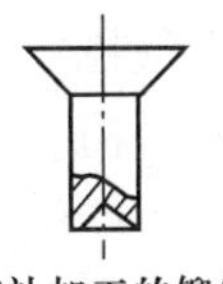

图2-4　双面沉头铆接的铆钉长度

【练习题】

1. AN470AD3-5字符串AD代表的意思是（　　）。

A. 材料　　B. 直径　　C. 长度　　D. 头型

2. HB6229铆钉的头型是（　　）。

A. 平锥头　　B. 大扁圆头　　C. 沉头　　D. 半圆头

3. 当铆钉的直径为4mm时铆钉长度经验计算公式为（　　）。

A. $\Sigma\delta+1.4d$　　B. $\Sigma\delta+1.3d$

C. $\Sigma\delta+1.2d$　　D. $\Sigma\delta+1.1d$

4. 被称为外场铆钉的是（　　）。

A. 1100　　B. 2117-T　　C. 2024-T　　D. 5056

5. 铆钉的直径计算公式为（　　）。

A. $d=2\sqrt{\Sigma\delta}$　　B. $d=3\sqrt{\Sigma\delta}$

C. $d=4\sqrt{\Sigma\delta}$　　D. $d=5\sqrt{\Sigma\delta}$

任务2.2　铆钉孔的制作

制作铆钉孔是飞机装配铆接中采用的基本工序，普通铆钉制孔常用钻孔的方法。

【技能点】2.2.1　制孔工具的使用与维护

铆接常用的制孔工具是风钻（气钻），风钻又分普通风钻（枪式气钻）、弯头风钻（角向气钻）、直柄风钻、万向风钻等。普通风钻是最常用的制孔工具，其通用性较好，功率高，但体积较大，主要用于开敞性好的工作部位钻孔；弯头风钻主要用于结构狭窄部位及上下或左右有障碍的非敞开部位的钻孔。

2.2.1.1 普通风钻的使用与维护

（1）组成与工作原理

普通风钻又称枪式风钻，主要由手柄部分、动力部分（即发动机）、减速部分及钻夹头等组成，如图 2-5 所示。当勾压按钮后，阀杆末端与密封垫之间出现环形通道，压缩空气经进气接头、环形通道进入发动机后部腔内，再经后盖上的孔分主、次两路进入发动机；次路气体由转子端面进入槽内，将叶片从转子槽内吹出，使之贴住气缸壁；主路气体进入气缸，作用在叶片上（图 2-5*A* 切面中的压力“*P*”）。由于作用在叶片上的压力不平衡，产生旋转力矩，使转子沿一定方向旋转，叶片在转动时所产生的离心力作用下，更紧贴气缸内壁。废气则沿手柄的另一条气路经消音器排入大气，转子旋转时，转子前端的套齿（即图中的主动轮）带动两个行星齿轮沿固定在壳体上的内齿旋转；两个行星齿轮固定在一个齿轮架上，当它们沿内齿轮转动时，就会带动齿轮架、钻夹头一起旋转。

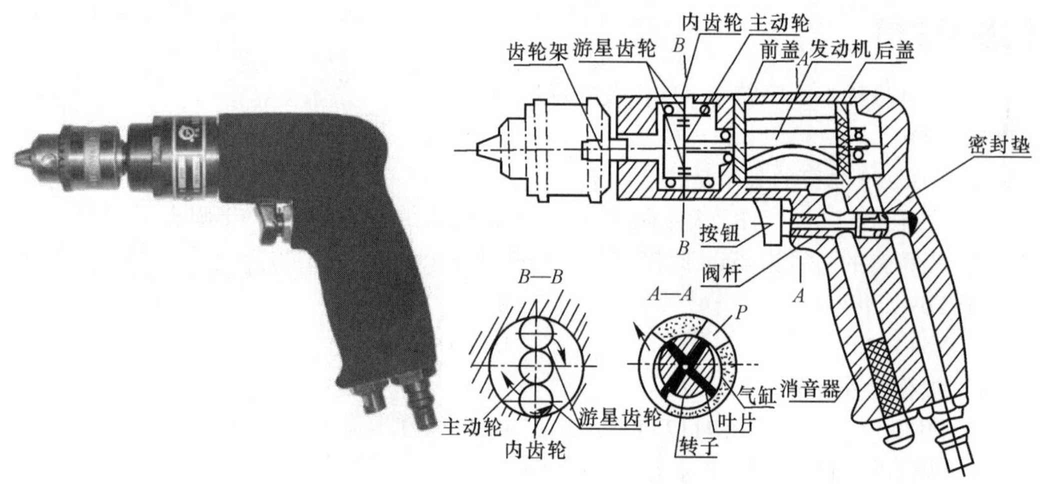

图 2-5 普通风钻

（2）使用方法

①保证供气压力为 $4\times10^5\sim6\times10^5$Pa，气压过低时风钻的工作效率将明显降低。输气管路要安装油水分离器，以防止水和油污进入风钻。

②使用前先从进气嘴处注入少量润滑油对高速转动部件润滑，以保证气钻的工作性能和工作寿命，如图 2-6 所示。

③安装切削工具时要先用风钻钥匙打开钻夹头，并用风钻钥匙夹紧钻头，如图 2-7 所示。在使用前应观察钻头的摆动量是否合格，如图 2-8 所示。

④右手持握手柄，食指沿着风钻的轴线，中指控制进气按钮，将无名指置于按钮开关下调节转速，保持风钻平稳工作，如图 2-9 所示。

⑤风钻不应长时间无负载空转，以避免高速运转时机件急剧磨损。

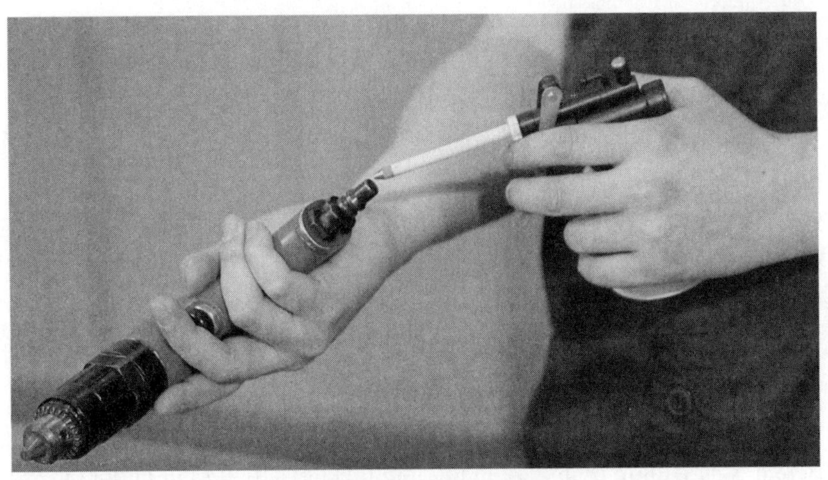

图 2-6 普通风钻使用前的润滑

图 2-7 风钻钻头的装夹方法

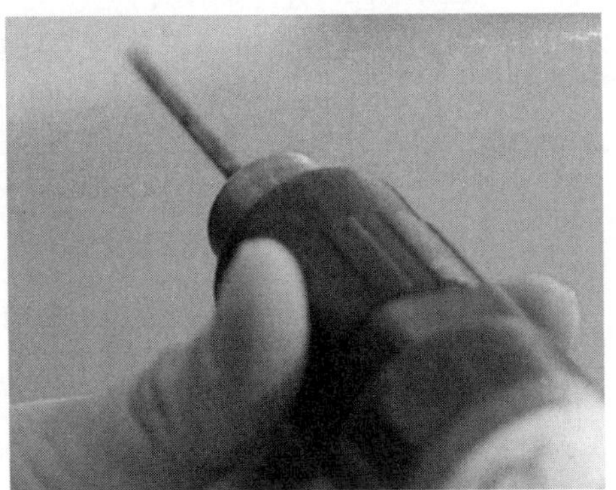

图 2-8 观察普通风钻钻头的摆动量

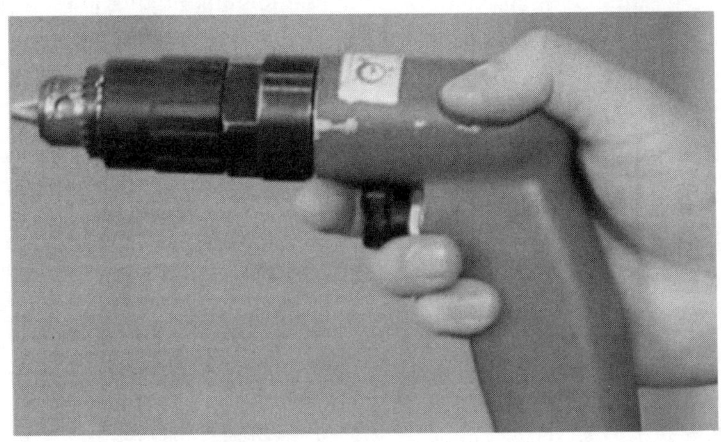

图 2-9 风钻的握持方法

（3）维护要求

①连续使用的风钻在每日工作前，应从进气口加少量润滑油润滑一次；使用后应用布擦拭干净，放置于比较干燥的地方保存，以免生锈。

②装夹与拆卸钻削工具时要用风钻钥匙，不能用铁锤或冲子，或长期用手掌捶击钻夹头，以免使主轴损伤或变形，影响使用精度。

③减速器部分每次清洗后，要加润滑脂进行润滑，同时可滴入少许机械油与其混合，保证齿轮结构旋转更加灵活；不能只加机械油进行润滑，以免机械油很快自行流失或被余气吹走。

④消音器不能随意损坏，更不能随意拆除。当消音器被杂物堵塞后，应取下后清洗干净，并用压缩空气吹干净，使其畅通无阻。

⑤风钻在使用中，操作者不得随意拆卸、安装。

⑥在风钻正常使用的情况下，应按该品牌工具的使用手册进行维修保养或按规定的期限送工具维修部门进行检查维修。长期不使用风钻时，应按规定情况油封，入库保管。其他要求同一般风动工具。

（4）普通风钻常见故障及排除方法如表 2-7 所示

表 2-7　风钻常见故障及排除方法

故障内容	故障原因	排除方法
接通气源后，风钻不工作，无声息	进、排气路被堵塞	检查进、排气路，清除脏物
	后盖位置装错，气路不通	重新安装后盖，保证进气口畅通
	前、后盖安装位置颠倒	重新安装前、后盖
通气后风钻不转，但有排气声	动力部分有故障，转子在气缸内的端面间隙被破坏，前、后盖松动，叶片不滑动等	检查转子轴颈与轴承内孔是否呈过盈配合，如果是动配合，应更换转子；检查叶片是否过厚或过长，动力部分是否松动
	减速结构有毛病，根本不转动	检查各齿轮形是否正常，测量中心距是否超差，滚珠及其他零件是否破碎，不合格者应更换并重新装配
风钻动力部分工作正常，但无转速输出	内齿轮固定不牢，与行星齿轮一起转动，钻夹头不动	检查手柄与壳体连接处是否松动，松者拧紧
		若拧紧手柄后，无效，可在内齿轮端面加薄垫片，使之能压紧内齿轮
		靠外径过盈固定内齿轮时，如果外径过小，要更换
风钻排气呈“噗噗”声，或忽高忽低，工作不正常，钻夹头转速很慢	动力部分不正常	检查动力部分各部位配合是否正确
	减速结构转动不灵活	齿形超差，同轴度不好，中心距不合格，轻者可进行研磨，重者要更换

表 2-7（续）

故障内容	故障原因	排除方法
风钻各部位工作正常，但输出转矩很小	气压不正常，或气路有故障，进气量不够	检查气压和各部位进气面积
	动力部分内漏气严重	检查叶片是否过短，转子端面间隙是否过大
	排气面积不够	加大排气面积
风钻的前部位发热，甚至烫手，排气声忽高忽低	减速结构及传动部位不正常，因摩擦生热所致	检查传动部位有关零件（齿形、中心距等）是否合格或有杂物
风钻开始工作正常，短时间后，功率下降	动力部分有故障	此种情况多因转子轴颈过小所致，更换轴颈合适的转子后，故障即可排除
	气路有杂物堵塞，影响进气量	清除杂物
风钻正常使用一至两年后，功率逐渐下降	主要是叶片与气缸内壁正常磨损，造成漏气所致	更换磨损零件

2.2.1.2　弯头风钻的使用与维护

弯头风钻又称角向风钻。与普通风钻相比，弯头风钻的通用性较低，钻夹头只能夹持一种直径的钻头，但其结构小巧、紧凑，使用灵便，适用于空间狭窄部件钻孔。

（1）结构组成

弯头风钻区别于普通风钻的地方是将钻夹头换成带弹性夹头的弯头结构，主体结构部分基本相同，弯头部分采用特殊结构以适应各种狭窄部位钻孔，主要有 30°、45°、90°或万向等，根据钻孔部位的空间，弯头风钻采用的弯头角度也不相同。如图 2-10 所示。

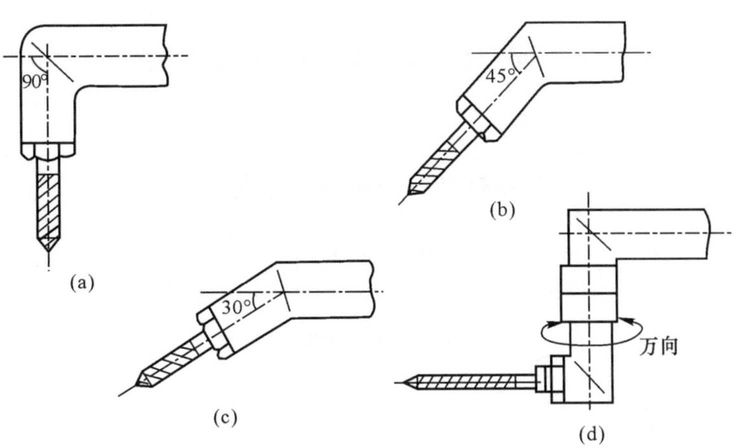

图 2-10　各种角度的弯头形式

弯头主要由弹性夹头、压盖、滚针、钢球、锥齿轴、弯体和连接套等组成，其中弹性夹头与锥齿轴是弯头的主要构件，如图 2-11 所示。

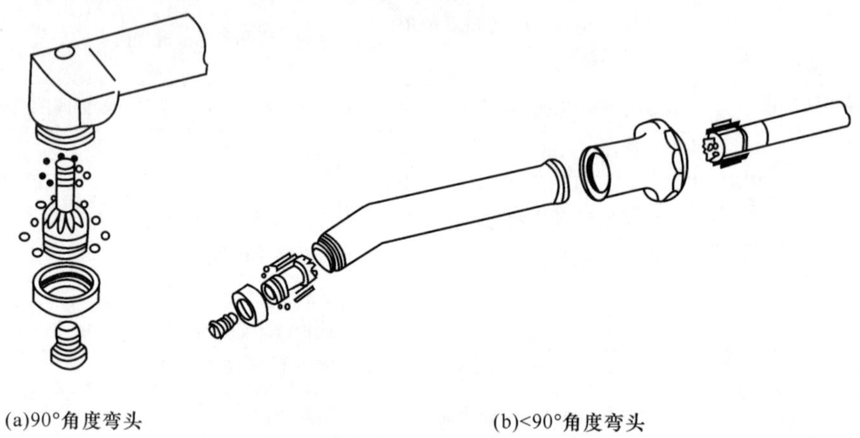

(a)90°角度弯头　　(b)<90°角度弯头

图 2-11　弯头的结构分解图

装夹钻头时需要用两个六角专用扳手操作，分别将两个专用扳手放在弹性夹头和齿轮轴的六角形部位，放在齿轮轴六角形部位的扳手握紧不动，先逆时针扳动弹性夹头六角处的扳手，弹性夹头从齿轮轴中伸出，带沟槽的锥体松开，将钻头插入弹性夹头孔内；再顺时针扳动扳手，弹性夹头进入齿轮轴锥体中，两锥体相互配合，使带沟槽的锥体收缩，直到夹紧钻头为止。

（2）使用和维护

弯头风钻的使用和维护要求与普通风钻基本相同，区别在于钻头的装夹方法。

2.2.1.3　钻头

在铆接中应用的钻孔刀具很多，直柄麻花钻是应用最广泛的钻孔加工刀具。通常钻头直径 d 范围为 0.25～80mm，飞机铆接制孔时常采用直径 d 为 12mm 以下的钻头，加工时夹在钻夹头中使用，如图 2-12 所示。

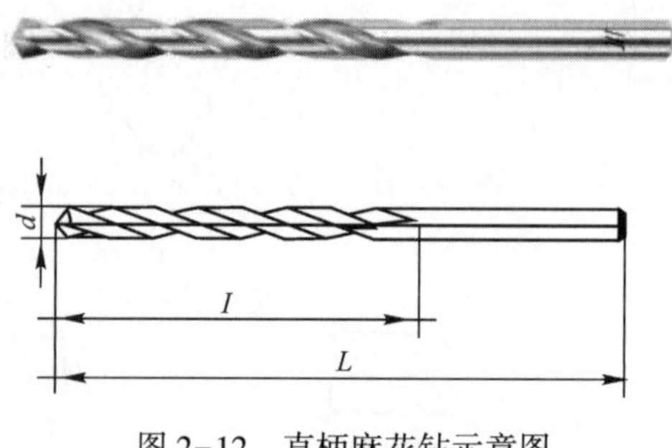

图 2-12　直柄麻花钻示意图

（1）麻花钻的组成

麻花钻按其功能的不同，可以分为三部分：

①钻头上供装夹用的部分，并用以传递钻孔所需的动力（转矩和轴向力）。

②钻颈。位于刀体和钻柄之间的过渡部分，通常用作砂轮退刀用的空刀槽。

③钻体。钻头的工作部分，由切削部分（即钻尖）和导向部分组成。

（2）麻花钻头刃磨的方法和技巧

麻花钻头是铆接常用的钻孔工具，结构虽然简单，但在使用时需要掌握好刃磨的方法和技巧。

麻花钻的顶角一般是 118°，也可把它当作 120°来看待，如图 2-13 所示。刃磨钻头的主要方法如图 2-14 所示。其步骤如下：

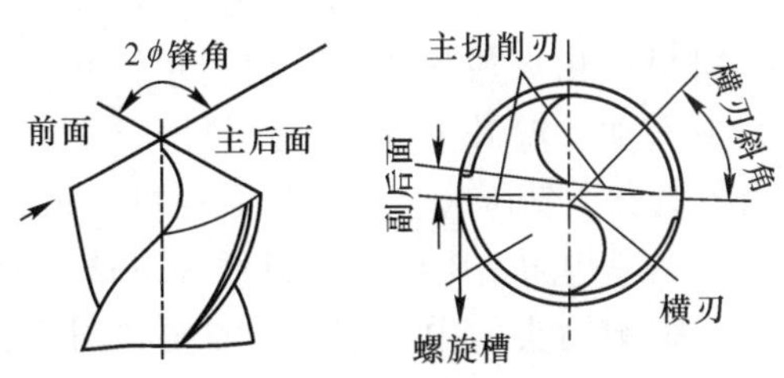

图 2-13　标准麻花钻的刃磨角度

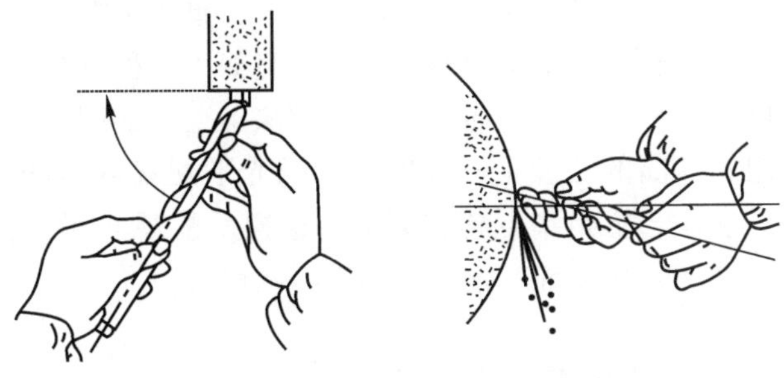

图 2-14　标准麻花钻的刃磨方法

①刃口要与砂轮面持平。磨钻头前，先要将钻头的主切削刃与砂轮面放置在一个水平面上，保证刃口接触砂轮面时，整个刃都要磨到。这是钻头与砂轮相对位置摆放的第一步，位置摆好再慢慢往砂轮面上靠。

②钻头轴线要与砂轮面斜出 60°的角度，这个角度就是钻头的锋角，此时的角度不对，将直接影响钻头顶角的大小及主切削刃的形状和横刃斜角。这里是指钻头轴心线与砂轮表面之间的位置关系为 60°，这时要注意钻头刃磨前相对的水平位置和角度位置，两者要统筹兼顾，不要为了摆平刃口而忽略了摆好角度，或为了摆好角度而忽略了摆平刃口。

③由刃口往后磨。刃口接触砂轮后，要从主切削刃往后面磨，也就是从钻头的刃口先开始接触砂轮，而后沿着整个后刃面缓慢往下磨。钻头切入时可轻轻接触砂轮，先进行较少量的刃磨，并注意观察火花的均匀性，及时调整手上压力大小，还要注意钻头的冷却，不能让其磨过火，造成刃口变色，而至刃口退火；发现刃口温度高时，

要及时将钻头冷却。

④钻头的刃口要上下摆动，钻头尾部不能起翘，这是一个标准的钻头磨削动作，主切削刃在砂轮上要上下摆动，也就是握钻头前部的手要均匀地将钻头在砂轮面上上下摆动；而握柄部的手却不能摆动，还要防止后柄往上翘，即钻头的尾部不能高于砂轮水平中心线以上，否则会使刃口磨钝，无法切削，这是最关键的一步，钻头磨得好与坏，与此步有很大的关系。在快磨完时，要从刃口开始，往后角再轻轻蹭一下，让刃后面更光洁一些。

⑤保证刃尖对轴线，两边对称慢慢修。钻头一边刃口磨好后，再磨另一边刃口，必须保证刃口在钻头轴线的中间，两边刃口要对称。有经验的师傅会对着亮光察看钻尖的对称性，慢慢进行修磨。钻头切削刃的后角一般为10°~14°，后角大了，切削刃太薄，钻削时振动厉害，孔口呈三角形或五边形，切屑呈针状；后角小了，钻削时轴向力很大，不易切入，切削力增加，温升大，钻头发热严重，甚至无法钻削。后角角度磨得适合，锋尖对中，两刃对称，钻削时，钻头排屑轻快，无振动，孔径也不会扩大。

⑥两刃磨好后，对直径大一些的钻头还要注意磨一下钻头锋尖。钻头两刃磨好后，两刃锋尖处会有一个平面，影响钻头的中心定位，需要在刃后面倒一下角，把刃尖的平面尽量磨小。方法是将钻头竖起，对准砂轮的角，在刃后面的根部，对着刃尖倒一个小槽。做好这一点是钻头定中心和切削轻快的重要一点。注意在修磨刃尖倒角时，不能磨到主切削刃上，否则会使主切削刃的前角偏大，直接影响钻孔。

磨完刃的钻头用样板检查角度是否符合要求，有如下三种方法：

①目测法。当麻花钻刃磨好后，通常采用目测法检查，如图 2-15 所示。其做法是将钻头垂直竖在与眼睛等高的位置上，在明亮的阳光下观察两刃的长短、高低及后角等。由于视觉误差，往往会感到左刃高右刃低，这样反复观察对比，直到觉得两刃基本对称时方可使用，钻削时如发现有偏差，则需再次修磨。

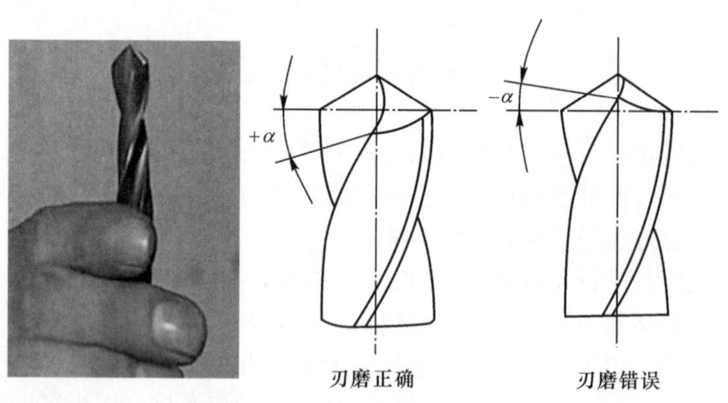

图 2-15　目视检查麻花钻刃磨后的角度

②量角器检查法。使用角度尺检查时，只需将尺的一边贴在麻花钻的棱边上，另一边搁在钻头的主切削刃上，测量其刃长和角度，然后转过 180°，用同样的方法检查另一主切削刃，如图 2-16 所示。

③样板检查法。使用标准样板检查钻头刃磨后的角度，如图 2-17 所示。

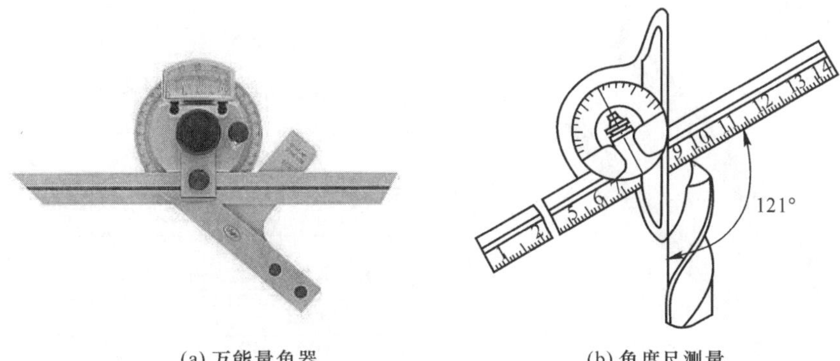

(a) 万能量角器　　(b) 角度尺测量

图 2-16　用量角器检查麻花钻刃磨后的角度

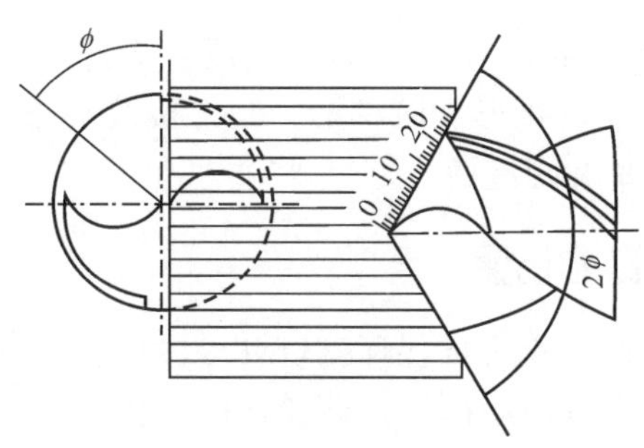

图 2-17　用样板检查麻花钻刃磨后的角度

在生产实践中，磨钻头没有一定的定式，需要在实际操作中积累经验，可拿刃磨后的钻头进行试切削来确认角度是否合适。通过反复比较、观察、试验来掌握钻头刃磨的方法与技巧。

2.2.1.4　铰刀

在铆接装配中，为提高铆孔的加工质量，常采用铰刀来扩孔或修孔，提高孔的加工精度，降低其表面的粗糙度。铰刀具有一个或多个刀齿，它是用以切除已加工孔表面薄层金属的旋转刀具，经过绞刀加工后的孔可以获得精确的尺寸和形状。

（1）铰刀结构

铰刀结构大部分由工作部分及柄部组成。工作部分主要起切削和校准功能，校准处直径有倒锥，目的是保持加工稳定性。而柄部则用于被夹具夹持，有直柄和锥柄之分，如图 2-18 所示。

（2）铰刀分类

用来加工圆柱形孔的铰刀比较常用，用来加工锥形孔的铰刀是锥形铰刀，比较少用。按铰刀使用情况分为手用铰刀和机用铰刀，机用铰刀又可分为直柄铰刀和锥柄铰刀。手用铰刀则是直柄型的。机用铰刀用于成批生产时在机床上铰削普通材料、金属和非金属材料、难加工材料的孔。

一般手用铰刀材料为合金工具钢（9SiCr），机用铰刀材料为高速钢（HSS），机用

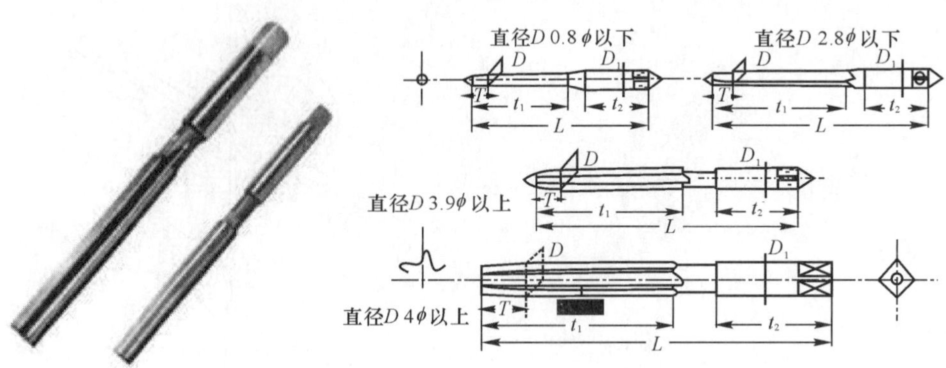

图 2-18　铰刀

铰刀分为直柄机用铰刀和锥柄机用铰刀。铰刀精度有 D4、H7、H8、H9 等等级。铰刀按铰孔的形状分为圆柱形、圆锥形和阶梯形；铰刀按装夹方法分为带柄式和套装式；铰刀按齿槽的形状分为直槽和螺旋槽。

【知识点】2.2.2　铆钉的布置

要保证铆接构件的强度，除合理选择铆钉外，还要合理地布置铆钉。铆钉的布置通常是由构件结合形式和铆接构件的受力情况来决定的。

2.2.2.1　构件结合形式

①搭接。这种结合形式多用于飞机机体结构的内部，如图 2-19所示。

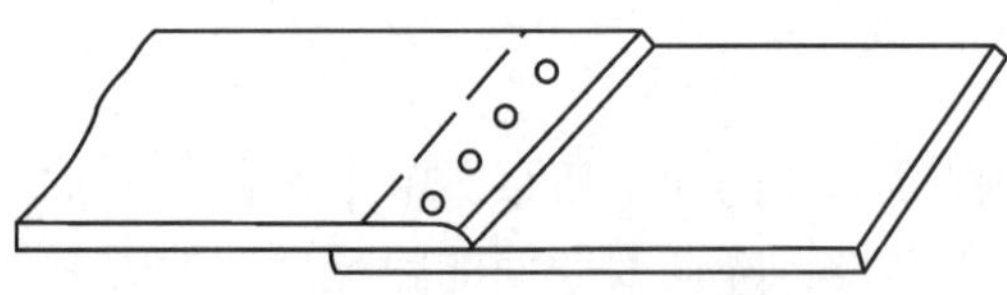

图 2-19　搭接形式

②对接（平接）。分为单盖板对接和双盖板对接，如图 2-20 所示。单盖板对接多用于机体结构的表面，双盖板对接多用于机体结构内部构架。

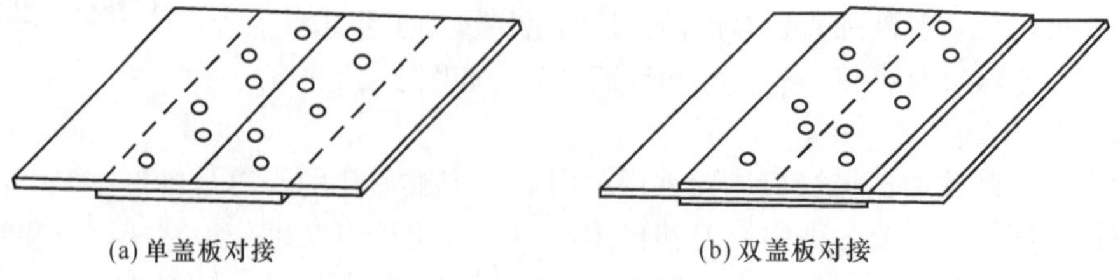

(a) 单盖板对接　　(b) 双盖板对接

图 2-20　对接形式

③纵条结合。它是蒙皮与构架结合的主要形式，如图 2-21 所示。

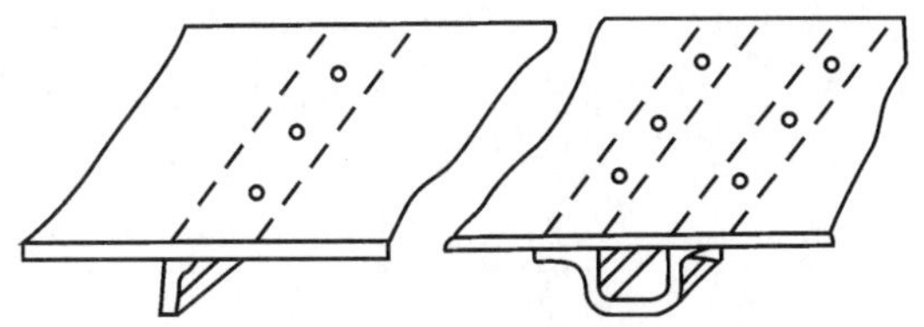

图 2-21　纵条结合形式

2.2.2.2　铆钉的排列

在各种结合形式中，铆钉的排列分为并列排列和交错排列两种，如图 2-22 所示。

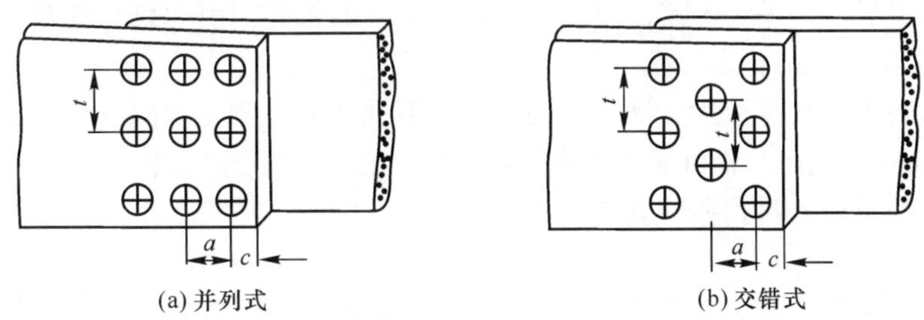

图 2-22　铆钉的排列方式

①边距：靠近边缘的铆钉的中心至构件边缘的垂直距离称为边距，用“c”表示，通常取值范围为（2~2.5）d（铆钉的直径）。

②间距：在一排铆钉中，相邻两个铆钉中心之间的距离称为间距，用“t”表示，通常取值范围为（3~8）d。

③排距：一排铆钉的中心线与和它相邻的另一排铆钉中心线之间的距离称为排距，用“a”表示，通常取值范围为（2.5~3.5）d。

2.2.2.3　铆钉的布置要求

①在国内航空标准中，铆钉布置时应按产品图样上标注的铆钉位置进行，铆钉孔的边距、间距、排距均应符合图样的规定。

②若图样上没有标准铆钉孔边距，则边距应不小于铆钉直径的 2 倍；同一排铆钉最后一个间距不允许小于图样上规定间距的 50%，此时，将最后两个间距等分，该间距不应小于铆钉直径的 3 倍。

③铆钉间距（t）在（3~8）d，边距（c）在（2~2.5）d，排距（a）为（2.5~3.5）d 范围内取值。中间一排铆钉应布置得多一些，边缘一排铆钉应布置得少一些。

【技能点】2.2.3　铆钉孔的钻孔

2.2.3.1　制作铆钉孔的技术要求

①铆钉孔直径及其极限偏差见表 2-8。

表 2-8 铆钉孔直径及其极限偏差 mm

铆钉直径	2.0	2.5	2.6	3.0	3.5	4.0	5.0	6.0	7.0	8.0	10.0
铆钉孔直径	2.1	2.6	2.7	3.1	3.6	4.1	5.1	6.1	7.1	8.1	10.1
铆钉孔极限偏差	+0.1 0					+0.15 0			+0.2 0		
更换同号铆钉时孔极限偏差	+0.2 0							+0.3 0			

②铆钉孔圆度应在铆钉孔直径极限偏差内。

③铆钉孔粗糙度 Ra 值不大于 6.3μm。

④铆钉孔轴线应垂直于零件表面，允许由于孔的偏斜而引起铆钉头与零件贴合面的单向间隙不大于 0.05mm。

⑤不允许铆钉孔有棱角、破边和裂纹，铆钉孔边的毛刺应清除，允许在孔边形成不大于 0.2mm 的倒角。尽可能分解铆接件，清除贴合面孔边的毛刺。

⑥碳纤维复合材料孔壁应光滑，不应有分层、划伤、劈裂、毛刺、纤维松散等缺陷存在。

钻孔是制铆钉孔的主要方法，能获得比较光洁的孔壁。影响钻孔质量的主要因素有工件材料、钻头切削部分的几何形状、刃的锋利程度、转速、进给量等。

制作铆钉孔时，必须正确选择钻头直径。由于普通铆钉的直径存在公差，因此钻头直径必须稍大于铆钉直径，这样铆钉才能顺利放入铆钉孔内。钻孔时，为了防止两构件的铆钉孔彼此错开，应用定位销或小螺栓将两构件临时固定。

2.2.3.2 钻孔的方法

①在边距要求不同的零件上一起钻孔时，应从边距小的一面往大的方向钻。在不同厚度和不同硬度的零件上钻孔时，原则上应从厚到薄钻，如图 2-23 所示，从硬到软钻，如图 2-24 所示；按骨架上的导孔向蒙皮钻孔时，应先钻初孔，然后从蒙皮一面将初孔扩到最后尺寸，若铆钉孔直径大于 4mm 时，也应采用此方法。

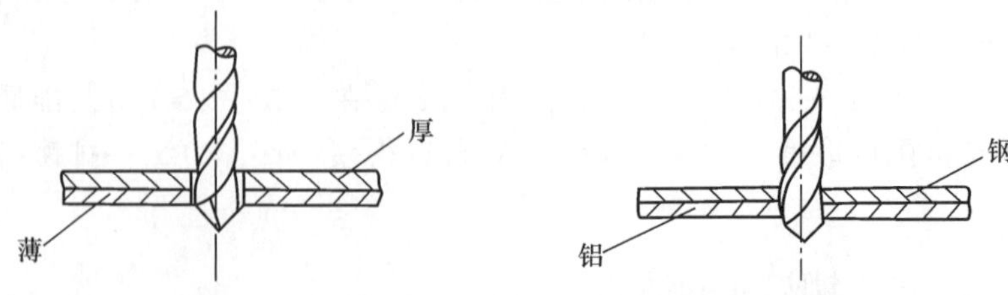

图 2-23 在不同厚度零件上的钻孔方法　图 2-24 在不同硬度零件上的钻孔方法

②在压窝零件上钻沉头铆钉孔时，应先钻与压窝器导销直径（见表 2-9）相同的初孔，压窝后再将孔径扩到最后尺寸。

表 2-9　压窝器导销直径　　mm

铆钉直径	2.0	2.5	2.6	3.0	3.5	4.0	5.0
压窝器导销直径	1.7	2.2		2.5		3.0	

③在曲面工件上钻孔时，钻头应垂直于被钻部位的表面，如图 2-25 所示；在楔形工件上钻孔时，钻头应垂直于两斜面夹角的平分线，如图 2-26 所示。

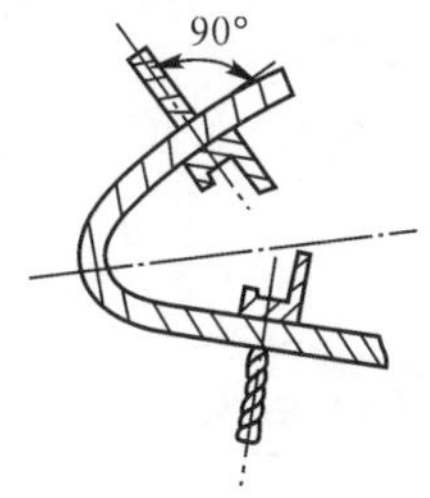

图 2-25　曲面工件上钻孔

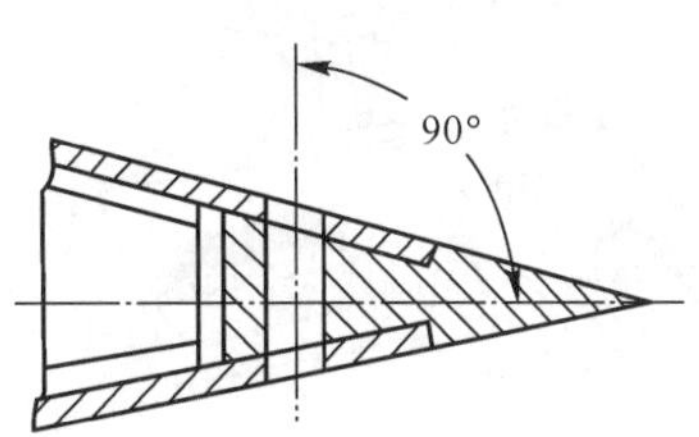

图 2-26　楔形工件上钻孔

④在圆柱形工件上钻孔时，钻孔前应在孔位上打冲点，然后将工件放置于 V 形铁上钻孔，或用手扶紧工件，将钻头垂直于圆柱形的水平轴线进行钻孔，如图 2-27 所示；在刚性较差的薄壁板工件上钻孔时，工件后面一定要有支撑物，如图 2-28 所示。

⑤在小零件上钻孔时，可采用手虎钳或克丝钳夹住零件钻孔，如图 2-29 所示。

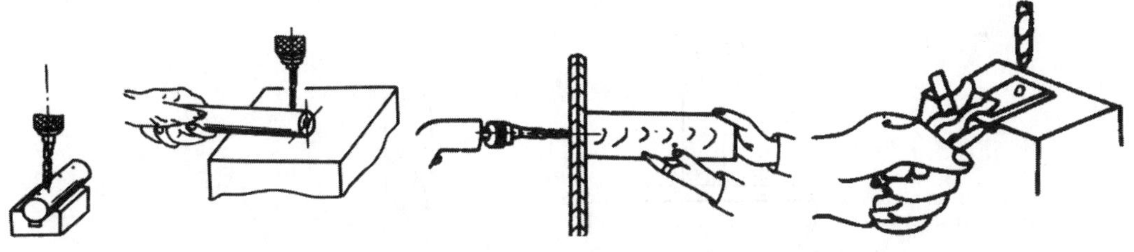

图 2-27　圆柱形工件上钻孔　　图 2-28　薄壁工件上钻孔　　图 2-29　小零件上钻孔

⑥在较厚工件上钻孔时，可采用简易钻孔导套和专用钻孔导套钻孔，如图 2-30 (a) 所示；或使用钻模钻孔，如图 2-30 (b) 所示；还可采用二次钻孔法，先钻初孔，如图 2-30 (c) 所示，然后使用最后直径钻头扩孔，如图 2-30 (d) 所示。

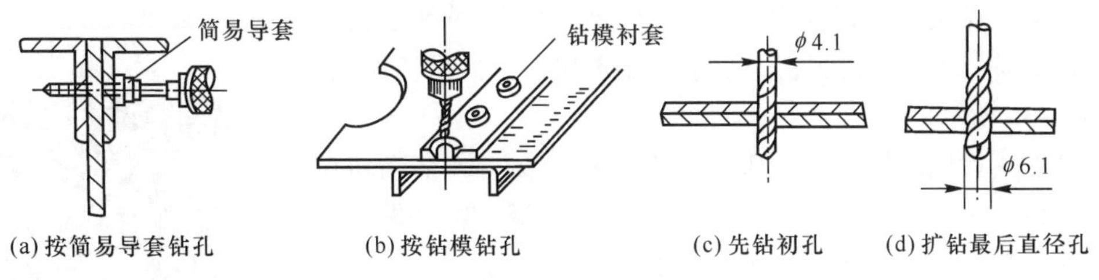

(a) 按简易导套钻孔　(b) 按钻模钻孔　(c) 先钻初孔　(d) 扩钻最后直径孔

图 2-30　厚工件上钻孔

⑦在不开敞结构部件钻孔时，采用弯钻钻孔，如图 2-31 所示，或采用长钻头钻孔，如图 2-32 所示，采用以上两种方法都无法钻孔时，还可采取引孔的方法，先在长桁、框板或肋上钻出小孔，安装蒙皮后，再用引孔器引孔或画线引孔，引出孔位后，再用 ϕ2. 5mm 钻头钻初孔。

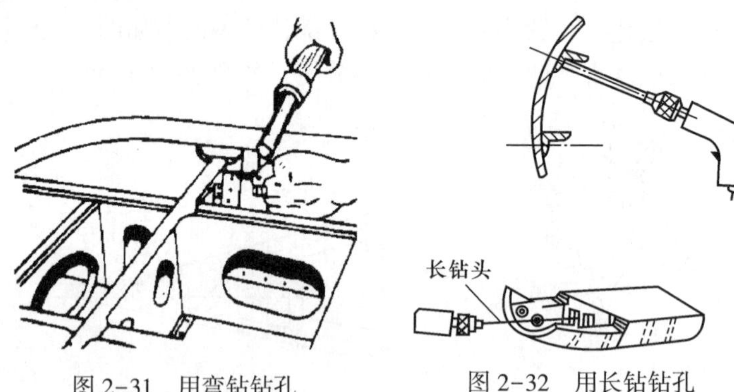

图 2-31　用弯钻钻孔　　图 2-32　用长钻钻孔

2. 2. 3. 3　钻孔后的毛刺清除

①用风钻安装毛刺锪钻去毛刺，如图 2-33 所示。

②用比铆钉孔大 2～3 级的钻头去毛刺（其顶角为 120°～160°），如图 2-34 所示。

③风钻转速不宜太快，压力要适当。

④去毛刺允许在孔边形成 0. 2mm 深的倒角。

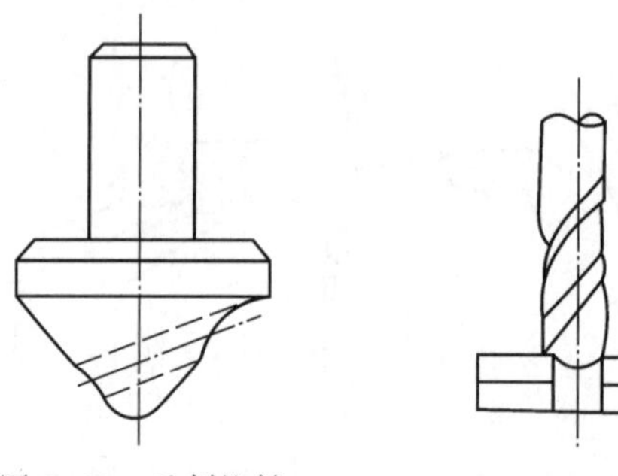

图 2-33　毛刺锪钻　　图 2-34　大钻头去毛刺

2. 2. 3. 4　钻孔操作技术要点

①装夹钻头，一定要用钻夹头钥匙装卸，严禁用手打钻夹头或用其他方法装卸钻头，以免风钻轴偏心，影响孔的精度，如图 2-35 所示。

②右手握紧风钻手柄，中指掌握扳机开关，无名指协调控制进风量，灵活操纵风钻转速；左手托住钻身，始终保持风钻平稳向前推进，如图 2-36（a）所示。

③钻孔时要保证风钻轴线和水平方向与被钻工件表面垂直，如图 2-36（b）所示，楔形工件钻孔除外。

④钻孔时风钻转速要先慢后快，当孔快钻透时，转速要慢，压紧力要小，在台钻上钻孔时，要根据工件材质调整转速和进刀量。

⑤使用短钻头钻孔时，根据工件表面开敞情况，在左手托住钻身情况下，并用拇指和食指，也可用左手肘接触被钻工件作为钻孔支点，保证钻头钻孔的准确位置，防止钻头打滑钻伤工件，当孔钻穿时，可防止钻帽碰伤工件表面，还可使风钻连续运转，提高钻孔速度。

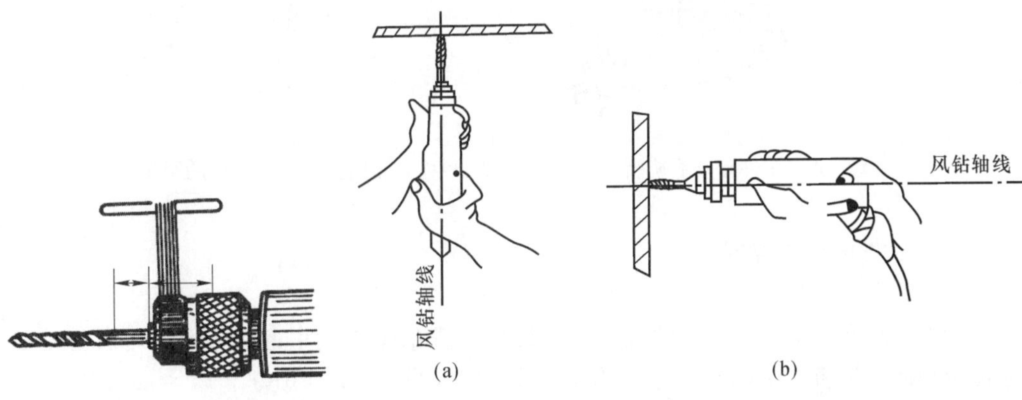

图 2-35　用钻夹头钥匙装卸钻头

图 2-36　正确握钻姿势

⑥使用长钻头钻孔时一定要用手掌握钻头光杆部位，以免钻头抖动，使孔径超差或折断钻头。

⑦使用风钻钻较厚工件时，要用目视或 90°角尺检查垂直度，钻孔时还要勤退钻头排屑，如图 2-37 所示。

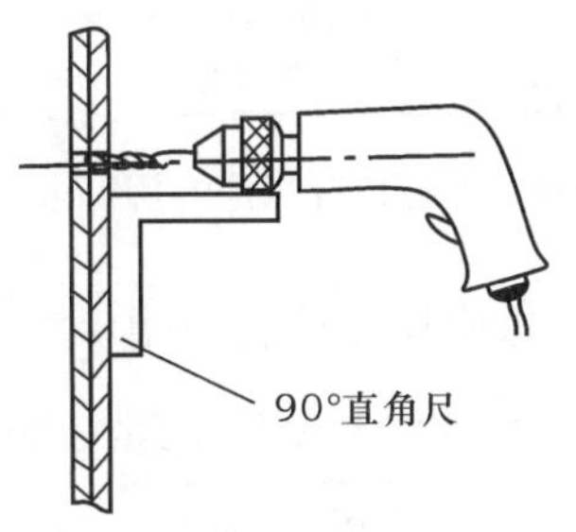

图 2-37　用角尺检验钻孔垂直度

2.2.3.5　钻孔安全技术要求

①严禁戴手套钻孔，以防止钻头绞住手套伤人。

②仰卧姿势钻孔，要戴护目镜，防止钻屑进入眼中。

③用手拿住工件钻孔，一定要捏紧，手不能置于钻头出口处。

④钻孔时工件要夹紧，防止工件松动后旋转伤人，如图 2-38 所示。

⑤钻孔过程中，不准用手拉钻头导出的钻屑，以防伤手。

⑥双人在工件的两面工作，一人在对面钻孔时，要防止钻头伤人，如图 2-39 所示。

⑦风钻未停止转动，严禁用钥匙装卸钻头。

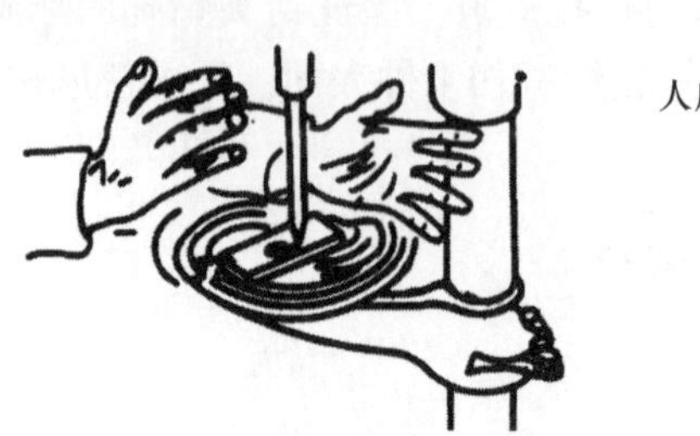

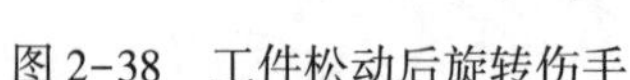
图 2-38　工件松动后旋转伤手

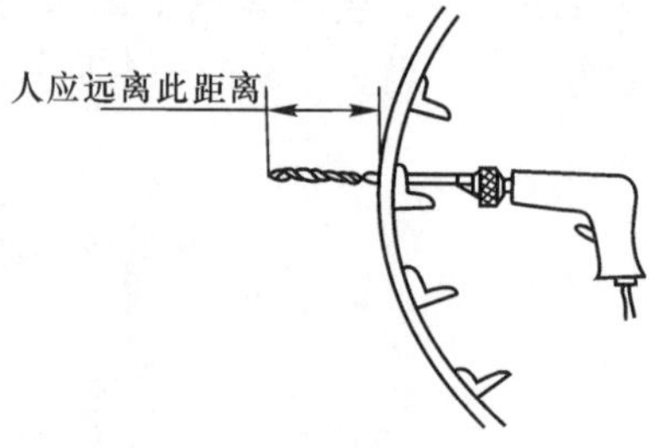

图 2-39　对面钻孔时人应闪开的距离

2.2.3.6　钻孔的质量控制

（1）钻孔的质量要求

①铆钉孔轴线应垂直于零件表面，允许由于孔的偏斜而引起铆钉头与零件贴合面的单向间隙不大于 0.05mm，但这种铆钉在铆钉排内不得多于 10%。

②当产品图样上未给出铆钉边距时，铆钉孔的边距为铆钉直径的 2 倍，如图 2-40 所示。

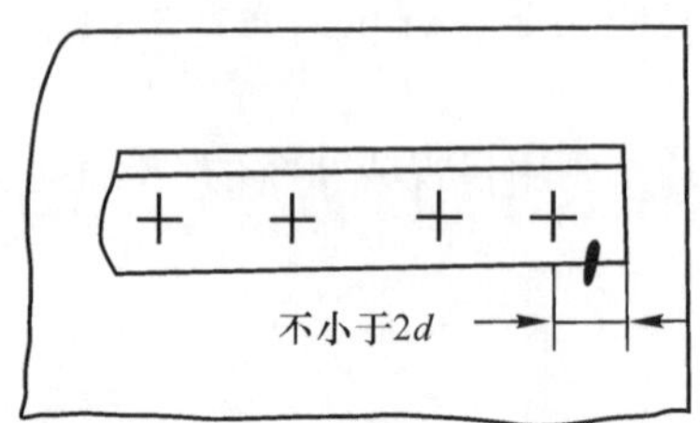

图 2-40　图样未注时铆钉边距

③铆钉孔边距、间距、排距极限偏差见表 2-10。

表 2-10　铆钉孔位置尺寸的极限偏差

mm

边距极限偏差	间距极限偏差		排距极限偏差
	间距≤30	>30	
+2.0 -1.0	±1.5	±2.0	±1.0

④铆钉孔边缘不应进入板弯件和型材件圆角内，要保证铆钉头不能搭在圆角上，如图 2-41（a）、（b）所示。

⑤碳纤维复合材料上制孔的质量要求：

a. 划伤。在孔或沉头窝的 25%范围内，划伤深度≤0.25mm；

b. 分层。沿孔轴向突出≤0.25mm，沿孔径向突出≤1.78mm；

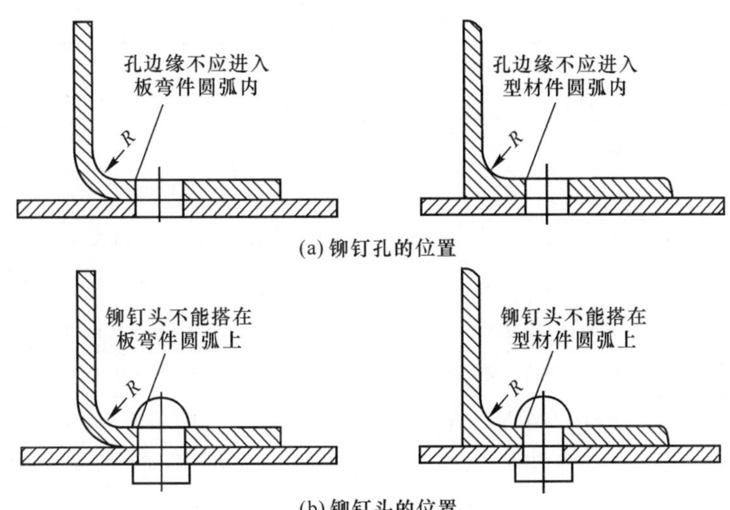

图 2-41　铆钉孔和铆钉头的位置

c. 尺寸。不允许接连三个以上相邻孔存在孔径超差，允许 100 个孔中不超过 5%的孔存在孔径超差（对于 ϕ4. 76mm 的孔，允许超差到 ϕ4. 80~4. 93mm）。

（2）钻孔故障分析及改进措施

钻孔故障分析及改进措施见表 2-11。

表 2-11　钻孔故障分析及改进措施

序号	故障内容	故障产生原因	改进措施
1	孔歪斜	钻头不垂直于钻孔部位	检查好垂直度后再钻孔
		工件放置偏斜	
2	孔径大于规定尺寸	钻头直径选错，钻头弯曲	正确选择钻头直径
		钻头主切削刃不等长	钻头刃磨后，仔细检查
		钻夹头偏摆量超差	钻孔前，空转检查合格后再用
3	孔径小于规定尺寸	钻头直径磨损	更换合格钻头
		钻头顶角过小	正确刃磨钻头顶角
4	孔形不圆，呈多棱形或孔呈“8”字形	钻头两主切削刃不等长、角度不对称	钻头刃磨好后要认真检查
		钻头主切削刃不光滑	重磨钻头主切削刃
		钻头摆动	钻头装夹后检查偏摆，合格再用
		钻初孔和最后扩孔不在同一轴线上	使用导套或钻模钻孔
5	孔径外面大里面小	钻头不锋利	钻头刃磨锋利
		钻较厚工件排屑不畅	钻厚工件时应勤退钻头排屑
		长时间钻孔手臂疲劳，握钻不稳致使风钻摇摆	适当休息，用导套或钻模钻孔

表 2-11（续）

序号	故障内容	故障产生原因	改进措施
6	孔边周围有毛刺	钻头主刀刃不锋利，螺旋槽产生积屑瘤	磨锋主刀刃，清除积屑瘤
		孔将要钻透时用力过大	孔将要钻透时减小进给力
7	孔位钻偏或跑钻	钻头横刃太长、定心不准、不牢	先打冲点后钻孔或先用手转动钻夹头，钻头定准位后再钻孔，启动时慢速旋转
		风钻启动时钻速太快	
8	孔钻穿后钻夹头戳伤蒙皮	孔钻穿时用力过猛	孔将要钻穿时控制住进给力
		钻头尾柄处未安放防护物	在钻头尾柄处套上胶垫
9	钻头突然折断	钻头主刀刃磨钝，钻孔时强力推进	磨锋主刀刃，适当用力推钻
		孔钻穿时用力过大促使钻夹头摇晃	孔将要钻穿时，减小进给力
		钻孔时钻头被卡住，强行用力拽风钻	钻头卡住时，用手轻轻反向旋转钻夹头
		钻头钻穿时与后面工件相撞	钻孔前先检查后面有无障碍物
		分解铆钉时任意摇晃风钻	分解铆钉时不要摇晃风钻
10	钻头不切屑（钢件易产生）	钻头顶角过小，风钻转速快	选择合适顶角，转速要适当
		钻头后刃面高低不一致导致钻头退火、零件硬化	正确刃磨钻头，注意冷却；选用硬质合金钻头
11	工件掉渣（镁合金件易产生）	钻头切削刃不光滑	应仔细检查刃磨后的钻头
		工件内部有硬点杂质，钻削时掉渣	遇硬点时立即退钻检查，改变转速
		钻头顶角过大，风钻转速过快	选择合适顶角，转速适当
12	复合材料脱层	钻头出口处分层	垫支撑物，刃磨切削刃

【练习题】

1. 风钻在使用时应注意（　　）。

A. 要有足够的供气压力

B. 使用前在进气嘴处注入少量润滑油对高速转动部件润滑

C. 风钻长时间空转以便检查风钻工作是否正常

D. 安装切削工具时应用气钻钥匙打开钻夹头

2. 装夹与拆卸钻削工具时应该使用的工具为（　　）。

A. 锤子　　B. 榔头　　C. 气钻钥匙　　D. 冲子

3. 铰刀的作用（　　）。

A. 扩孔　　B. 修孔

C. 提高加工精度　　D. 降低表面粗糙度

4. 钻孔时的正确操作为（　　）。

A. 孔快钻透时，压紧力要大

B. 孔快钻透时，转速要快

C. 钻孔时风钻转速要先慢后快

D. 不管什么材质钻孔时速度越快越好

5. 给碳钎维复合材料钻孔时，对孔壁的要求是（　　）。

A. 孔壁可以不光滑　　B. 不能有分层现象

C. 可以有毛刺　　D. 纤维应该变得松散

任务 2.3　沉头铆钉窝的制作

【技能点】2.3.1　制窝工具的使用与维护

在铆接装配时，为使飞机蒙皮表面平整、光滑，使飞机具有良好的气动外形，蒙皮与骨架的连接大多采用沉头铆钉铆接，需要在蒙皮上制作沉头铆钉窝，如图 2-42 所示。制作沉头铆钉窝的工具主要有锪窝工具和压窝工具两大类。

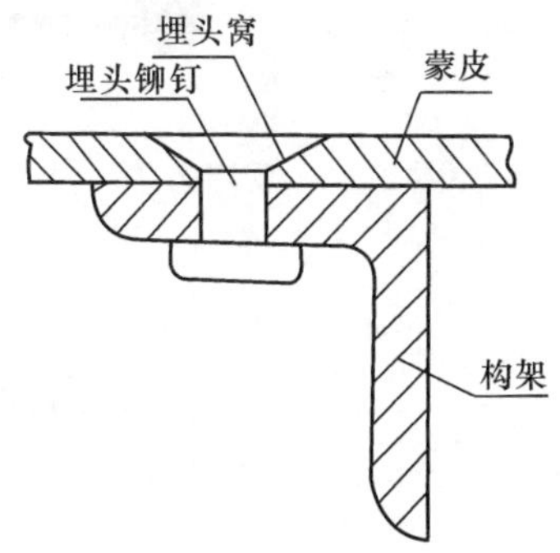

图 2-42　沉头铆钉窝

2.3.1.1　锪窝工具的使用

（1）锪窝钻

锪窝钻分为铆钉锪窝钻、复合锪窝钻和端面锪窝钻。

①铆钉锪窝钻

铆钉锪窝钻又分为铆钉窝锪钻、骨架锪窝用锪钻、反切锪钻三种。

铆钉窝锪钻借其带 1：20 锥度的尾杆装在锪窝限制器中，在风钻上使用时则夹持尾杆的圆柱段。导柱有两种形式：柱形导柱用于一般部位，球形短导可用于斜面锪窝。单一式锪窝钻结构形式如图 2-43 所示。骨架锪窝用锪钻的结构形式与铆钉窝锪钻相同。反切锪钻主要用于铆钉孔，其结构形式如图 2-44 所示。

②复合锪窝钻

复合锪窝钻能一次完成钻孔和锪窝两道工序，生产效率高，孔与窝的同心度好。其结构如图 2-45 所示。复合锪窝钻可以装在锪窝限动器上或直接夹在风钻上使用，也可装在自动钻铆机上使用。

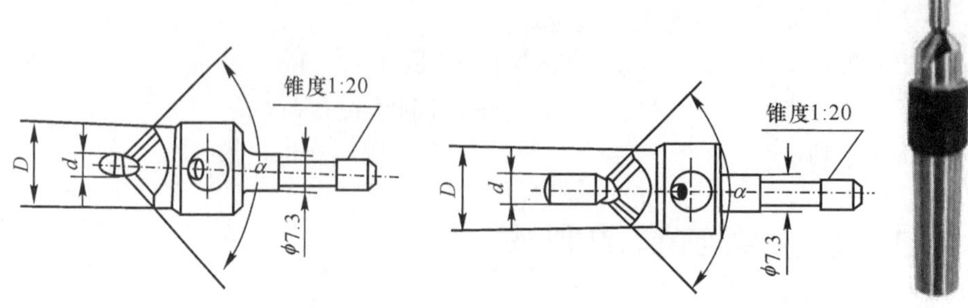

图 2-43　单一式锪窝钻的结构形式

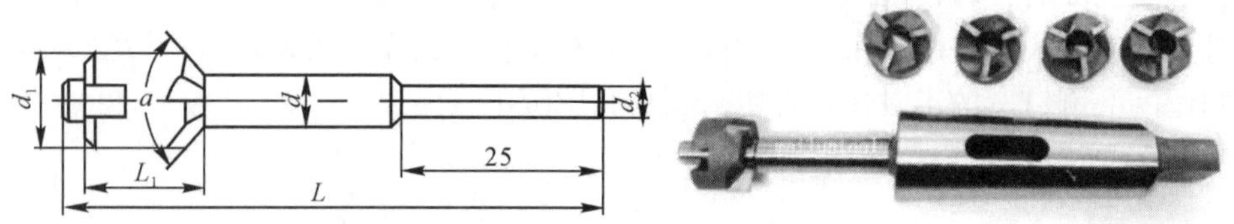

图 2-44　反切锪钻

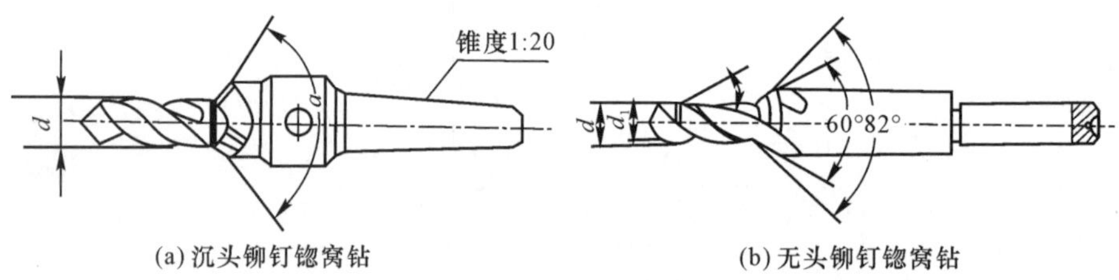

图 2-45　复合锪窝钻

（2）锪窝限制器的使用

①锪窝限制器的结构形式如图 2-46（a）所示，限动器（见图 2-46（b））与锪窝钻（见图 2-46（c））配合使用，主要用来控制锪窝的深度，锪窝深度的调节是通过限动器的齿状部分的螺纹来进行的。

②锪窝限制器的使用和维护要求如下：

a. 先安装锪窝钻。

b. 通过限动器齿状部分螺纹调整锪窝深度，如图 2-47 所示。调节深度时，应在非工件上试锪，沉头窝深度合格后再用于产品锪窝。

c. 工作中不得随意拆卸、捶击，保证锪窝套的正常使用。

（3）锪窝风钻

锪窝风钻是锪窝用的专用风钻，其头部装有定位套，可以保证孔与端面的垂直度，如图 2-48 所示。

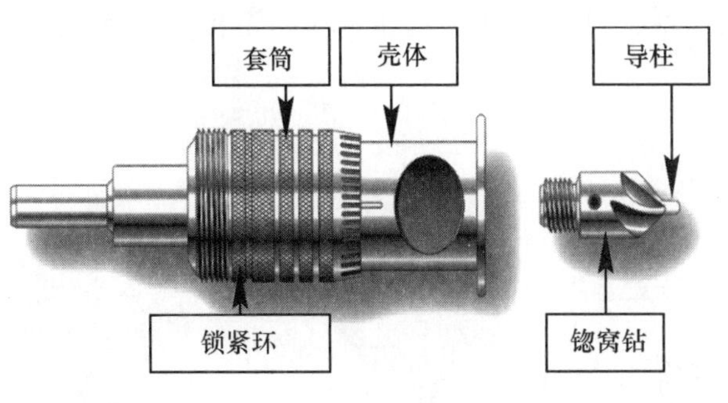

(a) 锪窝限制器

(b) 限动器　　(c) 锪窝钻

图 2-46　锪窝限制器与配套锪窝钻、限动器

图 2-47　锪窝限制器的调节

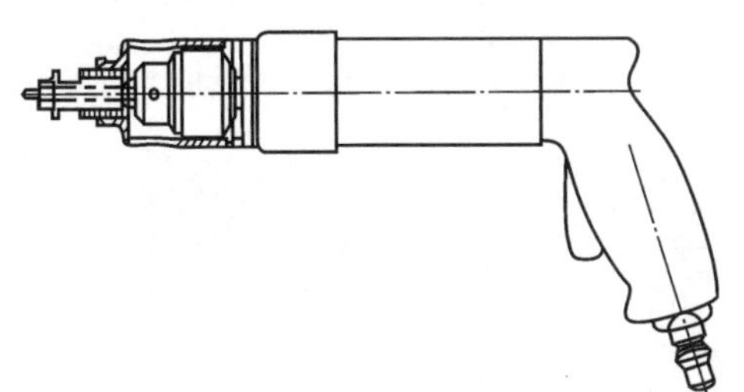

图 2-48　锪窝风钻示意图

2.3.1.2　压窝工具的使用

（1）手用压窝器

飞机薄蒙皮铆接中常采用压窝法制作沉头窝，使用的工具是压窝器（压冲头）。手

用压窝器由阴模和阳模组成，其安装在手动压窝钳、手提式风动压窝机或手提式风动压铆上，如图 2-49 所示。

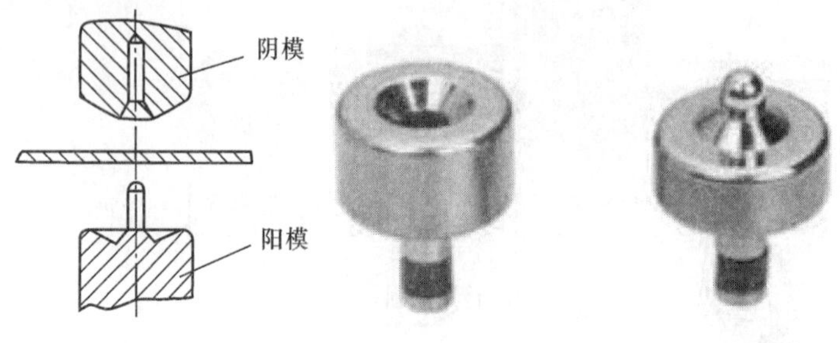

图 2-49　压窝器

（2）手用压窝钳

这种手动式的压窝钳主要用于零件部位的压窝，如图 2-50 所示，配备有不同喉深尺寸的弓架，可以根据压窝的位置进行替换，手柄可以锁定。

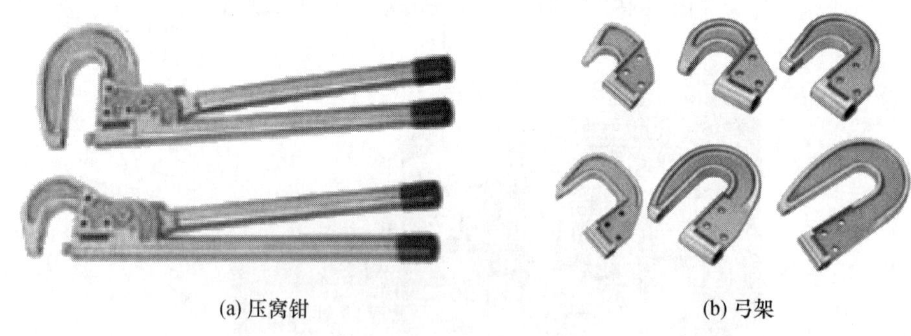

(a) 压窝钳　　(b) 弓架

图 2-50　手用压窝钳

（3）手提式风动压窝机

手提式风动压窝机的构造原理和手提式风动压铆机类似，如图 2-51 所示，配备有图 2-49 所示的阴模和阳模压窝器，可在厚度为 0.6~0.8mm 的材料上压制直径为 2.6~4mm 铆钉的埋头窝。

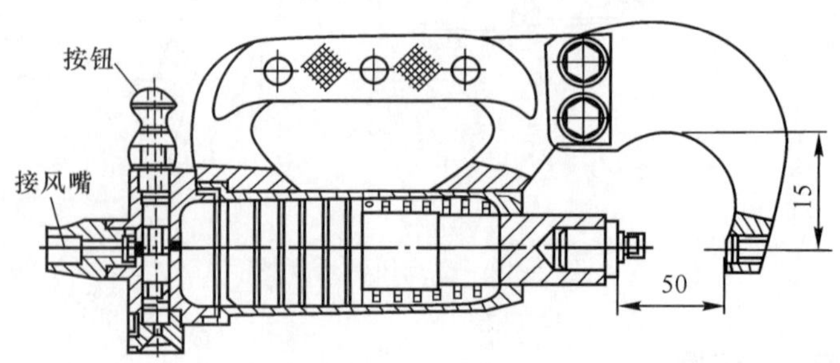

图 2-51　手提式风动压窝机

【知识点】2. 3. 2　制窝技术要求

2. 3. 2. 1　沉头铆钉窝的制作技术要求

①窝的角度应与铆钉头角度一致。

②窝的表面应光滑、洁净，不允许有棱角和划伤，复合材料窝不应有分层和撕裂。

③窝的椭圆度允许 0. 2mm，个别可至 0. 3mm，但这种窝的数量不能超过一排铆钉窝总数的 15%。

④窝的深度应比铆钉头最小高度低 0. 02~0. 05mm。

⑤双面沉头铆接时，锪窝的镦头窝为 90°，其直径如表 2-12 所示，压窝的镦头窝为 120°，其形式如图 2-52 所示。

表 2-12　90°沉头铆钉窝的最小直径　　mm

铆钉直径	2. 5	2. 6	3. 0	3. 5	4. 0	5. 0	6. 0	7. 0	8. 0
镦头最小直径	3. 5	3. 65	4. 20	4. 95	5. 60	7. 0	8. 2	9. 5	10. 8

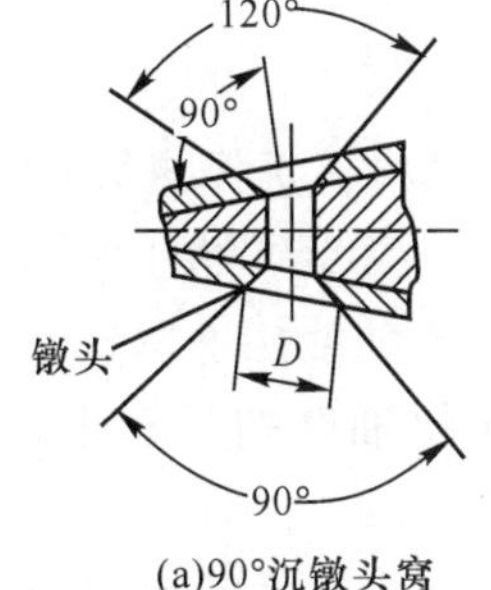

(a)90°沉镦头窝

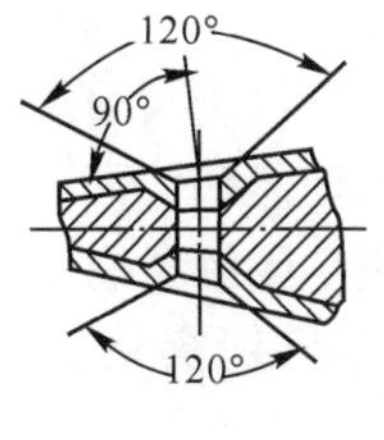

(b)120°沉镦头窝

图 2-52　铆钉镦头窝的形式

⑥铆钉窝周围不允许有锪窝限制器造成的工件表面痕迹，凹陷、轻微机械损伤等的深度应不大于材料包覆层的厚度，这类窝的数量不能超过一排铆钉内窝数的 3%。

⑦压窝扩孔后，窝不能有毛刺、裂纹和破边。压窝件与窝件的套装之间不允许有间隙。

【教学资料】
制窝方法选择（视频）

2. 3. 2. 2　制窝方法的选择

沉头铆钉铆接，需在工件上制沉头铆钉窝，制沉头铆钉窝的方法主要有锪窝法和压窝法。

①根据蒙皮和骨架的厚度确定制窝方法见表 2-13。

表 2-13　按零件厚度确定制窝方法

蒙皮厚度	骨架厚度	制窝方法	简图
≤0. 8mm	≤0. 8mm	蒙皮、骨架均压窝	
	>0. 8mm	蒙皮压窝、骨架锪窝	
>0. 8mm	不限	蒙皮锪窝	

②如果蒙皮厚度不大于 0. 8mm，骨架为两层或两层以上，而每层厚度都不大于 0. 8mm，其总厚度又不小于 1. 2mm，且不能分别压窝，则采用蒙皮压窝、骨架锪窝的方法。

③挤压型材不允许压窝，只能采用锪窝法。

④多层零件压窝一般应分别进行，若必须一起压窝时，其夹层厚度不大于 1. 6mm。

⑤镁合金、钛及钛合金、超硬铝合金及 1mm 以上厚度的零件压窝，都要采用热压窝。

【技能点】2. 3. 3　锪制铆钉沉头窝

2. 3. 3. 1　锪窝钻的选择

①根据孔径的大小、沉头窝的角度及部件结构，选择锪窝钻的大小、规格。

②首选带限制器的锪窝钻锪窝，确保锪窝的深度和窝的垂直度。

③锪窝处结构件影响限制器锪窝时，允许单独使用锪窝钻锪窝，如图 2-53 所示；若锪窝钻长度不够，可将锪窝钻安装在保证同轴度的长管上进行锪窝，如图 2-54 所示。

④在斜面上锪窝应使用带球形短导杆锪窝钻，如图 2-55 所示。

⑤当工件锪窝面用普通锪窝钻无法锪窝时，可以使用反锪窝钻锪窝，如图 2-56 所示。

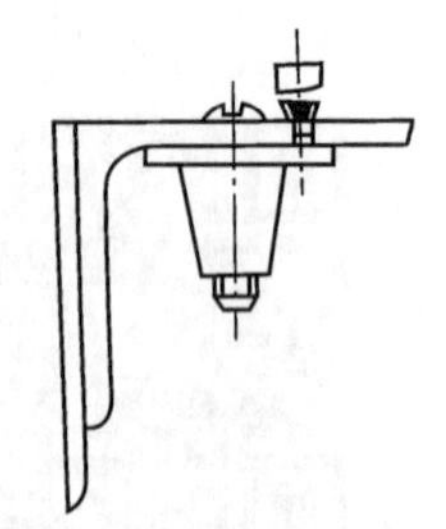
图 2-53　用锪窝钻头锪窝

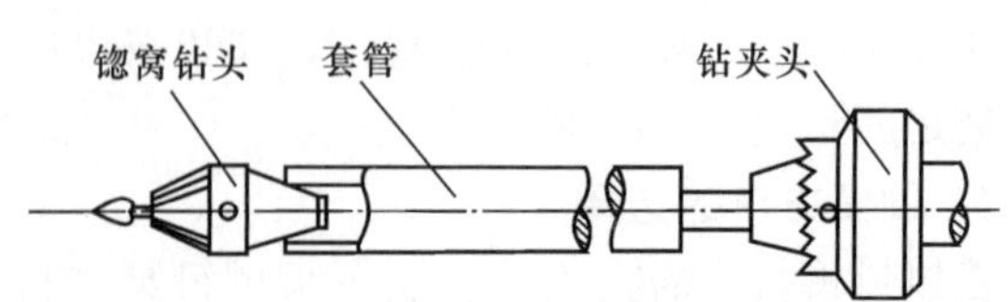

图 2-54　安装长套管的锪窝钻头

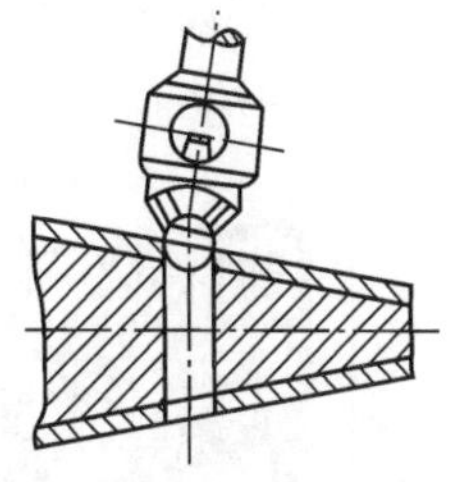

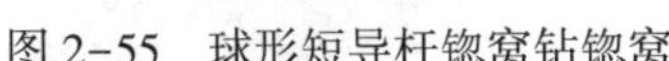

图 2-55　球形短导杆锪窝钻锪窝

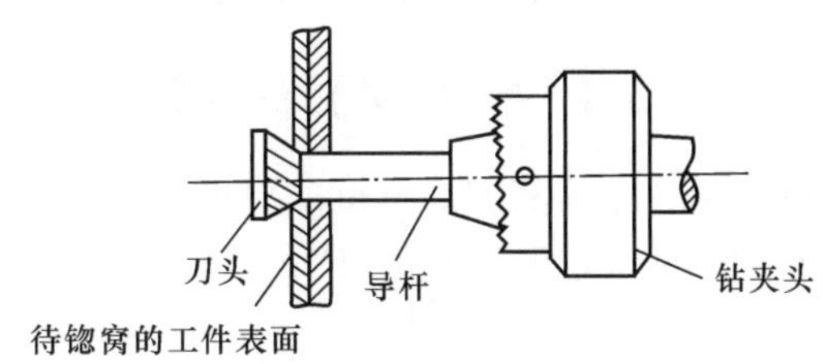

图 2-56　反锪窝钻锪窝

⑥还可采用复合锪窝钻，使钻孔、锪窝一次完成，生产效率高。复合锪窝钻可以装在限制器上或直接夹在风钻上使用，也可装在自动钻铆机上使用。

2.3.3.2　锪窝操作技术要点

①锪窝前先检查锪窝钻导销的直径与铆钉孔直径是否相同。先调整限制器锪窝钻锪窝的深度，再在试件上进行试锪，须用铆钉或标准铆钉窝规检验窝的深度，最少要检验 5 个窝，合格后，再在工件上锪窝。

②使用带限制器的锪窝钻锪窝时，应一手扶住限制器，防止导套旋转，磨伤工件表面，另一手握紧风钻。为防止在蒙皮表面产生划痕，可以在蒙皮表面涂防锈油或用专用垫圈保护，如图 2-57 所示。

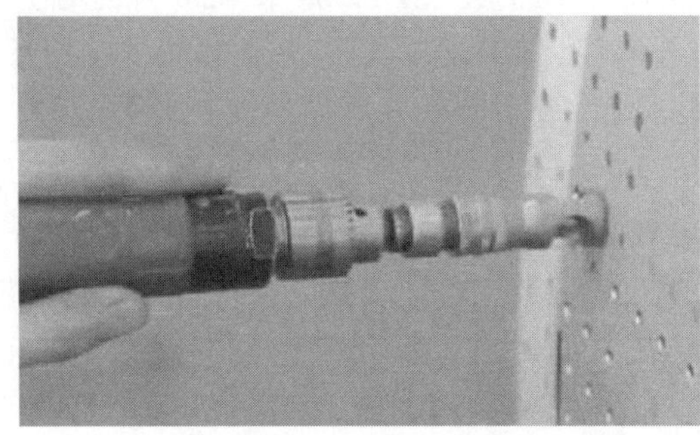

图 2-57　锪窝限制器锪窝

③锪窝过程中，风钻不能抖动，给风钻的进给力要均匀，不要忽大忽小，否则会导致锪窝深度不一致。

④锪窝钻要垂直于工件表面，在楔形工件上锪窝应使用带球形短导杆的锪窝钻，限制器前端面应与工件锪窝表面相贴合。

⑤在薄壁零件或刚性较差的结构件上锪窝时，要防止进给压力作用，使工件反弹，影响锪窝质量；给钢质零件和钛合金零件锪窝，风钻转速要低。

⑥使用不带限制器的锪窝钻锪窝时，进给力要小，勤退锪钻，检查窝孔深度。

⑦工件上锪窝也要先检验合格后，才能继续锪窝，锪窝过程中，每锪 50~100 个窝，必须自检一次窝的质量。

⑧在复合材料上锪窝，应先启动风钻，再进行工件锪窝，防止表层拉毛。

【技能点】2.3.4 压制铆钉沉头窝

压窝法又分冷压窝和热压窝。冷压窝在室温下压窝，热压窝将材料加热到一定温度时压窝。

2.3.4.1 压窝工艺过程

压窝工艺过程：钻初孔、去除孔边毛刺、阳模准销插入工件孔中、阳模和阴模压紧工件、压窝、将初孔扩至铆钉孔最后尺寸，如图 2-58 所示。

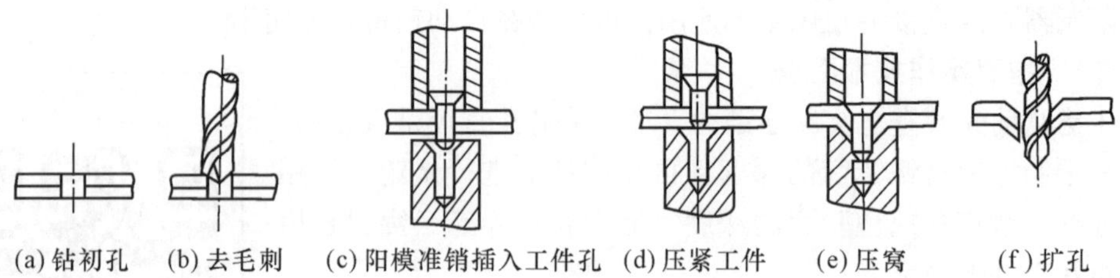

图 2-58 压窝工艺过程

2.3.4.2 压窝的技术要求

①压窝器阴模工作部分的尺寸要考虑压窝零件厚度，压窝零件厚度不大于 0.8mm 时，均使用零件厚度为 0.8mm 的阴模；压窝夹层为 0.8~1.4mm 时，均使用夹层厚度为 1.4mm 的阴模；压窝试片的材料厚度、热处理状态、初孔直径要与所压零件一致，在试片上压窝至少要压 5 个，经检验合格后，方能在产品零件上压窝。

②压窝试片的最小宽度见表 2-14。

表 2-14 压窝试片的最小宽度　　mm

铆钉直径	压窝试片最小宽度
≤6	25
>6	40

③窝孔成型后，试片弯曲试验时，其断口破坏的类型见表 2-15。

表 2-15 试片断口破坏的类型

类型	简图	说明
合格		沿窝中心整齐断裂，无其他裂纹
		由于压窝顶杆挤压引起的周边环形断裂

表 2-15（续）

类型	简图	说明
合格		在窝内产生裂纹
不合格	周向裂纹　径向裂纹	不规则的周向和径向裂纹
		窝缘断裂

④蒙皮压窝、骨架锪窝时，骨架上窝的深度应比蒙皮上的深，骨架上的 90°窝应加深 0.4δ，120°窝应加深 0.15δ，其中 δ 为压窝层的总厚度。

⑤压窝附近的零件表面不允许有局部高低不平，从零件表面到钉窝表面的过渡应光滑，窝的轮廓线应清晰。

⑥不允许将压好的窝翻过来重压。

2.3.4.3　冷压窝操作技术要点

①根据工件结构、材料厚度、铆钉直径、钉头锥角选择压窝设备、工具、压窝模。

②压窝前将初孔去毛刺，防止窝孔边沿出现裂纹。

③使用压铆机压窝，要正确调整压窝模行程，先将下模座螺杆调至最低点，用脚踩下操纵脚踏板不松开，使压铆机柱塞行进到最低点，再把下模座螺杆向上调至上、下模距离合格，并用螺杆上螺帽固紧，即可进行压窝。

④压窝时阴、阳模要对准，不允许空压。

⑤压窝时，压窝部位应与上、下压模轴线保持垂直，工件不能摇摆不平。

⑥对产品零件进行压窝时，应每隔一段时间检查一次窝的周向裂纹、径向裂纹、同轴度等，如图 2-59 所示。

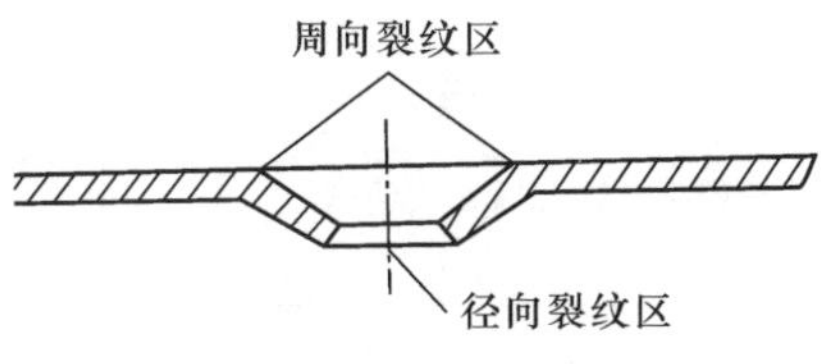

图 2-59　周向和径向裂纹区

【知识点】2.3.5　窝孔故障缺陷分析及改进措施

窝孔故障缺陷分析及改进措施见表 2-16。

表 2-16　窝孔故障缺陷分析及改进措施

序号	故障内容	故障缺陷产生原因	改进措施
1	窝孔浅	锪窝钻调整不合格或推钻压力小	重新调整锪窝钻，锪窝时压力给到极限位置
		锪窝钻头切削刃槽被堵塞	经常检查，注意清除积屑瘤
2	窝孔锪大锪深	锪窝钻用错或调整不合格	更换锪窝钻，调整后一定要进行试锪窝
		固定锪窝钻头及其导销的螺钉松动	调整好的锪窝螺钉一定要固紧，锪窝一定数量后，要认真检查固紧情况
		固定限动螺母的螺钉松动，引起移位	
3	窝孔椭圆	孔直径大，锪窝钻导销在孔中窜动	锪窝前检查锪窝钻导销与孔是否一致，更换过短导销，锪窝时导销不能在孔中窜动
		锪窝钻头导销过短	
4	窝孔锥角不对	锪窝钻头用错	锪窝前要认真检查锪窝钻锥角
5	窝孔锥角尺寸不匀，一边大一边小	锪窝钻壳体端面未全部贴合锋窝面；孔歪斜	锪窝钻壳体端面要贴合锪窝面，孔一定要垂直于工件钻孔面
6	窝孔不光滑，呈多棱形	锪窝钻未压紧，进给力不匀	压紧锪窝钻，保持匀速进给，风钻速度要适当，更换风钻
		风钻转速太慢	
		风钻摆头	
7	窝孔边缘产生毛刺、划痕或锪窝时不产生切屑	锪窝钻切削刃钝或损坏	更换新锪窝钻头，锪窝时经常检查排屑槽，及时清除积屑瘤
		锪窝钻排屑槽被切屑堵塞	
8	锪窝钻导销折断或脱落	孔直径小，孔歪斜，锪窝钻导销强行插入孔中强行锪窝；切屑进入孔与导销之间，强行拽锪窝钻	保证孔的垂直度和孔径正确，采用长度合适的导销，注意锪窝时勤退切屑
9	压窝蒙皮边缘有压痕	压窝部位与压窝器不垂直	保持压窝部位与压窝器相垂直，压模间隙要均匀
		压模间隙不均匀	
10	压窝后孔边撕裂或产生径向穿晶裂纹	初孔直径小，钻孔后未去毛刺	要正确钻好初孔，使初孔符合压窝要求，钻孔后一定要去毛刺
11	产生窝缘开裂的环形穿晶裂纹	模具温度和保持时间不当，压窝调整间隙不合理	按正确的温度规范调整，使用正确的压窝模具
12	窝孔周围蒙皮有磨伤圆圈	锪窝时限制器转动	用手扶住限制器，防止其旋转

【练习题】

1. 下列对于复合锪窝钻说法正确的是（　　）。

A. 不能装在限制器上使用　　B. 只能装在自动钻铆机上使用

C. 生产效率高　　D. 孔与窝的同心度差

2. 下列关于锪窝限制器的描述正确的是（　　）。

A. 深度调好后可以直接在工件上锪窝

B. 一般试锪窝应该达到5个标准窝后才能在工件上锪窝

C. 锪窝时不用压紧板材

D. 限制器里的锪窝钻是不能更换的

3. 锪窝完成后，对于工件表面质量要求说法正确的是（　　）。

A. 可以有表面痕迹，但深度不能大于材料包覆层

B. 不能有凹陷

C. 不能有机械损伤

D. 可以有少量的棱角

4. 在薄壁零件或刚性较差的结构件上锪窝时应该注意（　　）。

A. 要防止进给压力作用，使工件反弹

B. 给钢质零件锪窝，转速要快

C. 给钛合金锪窝，转速要快

D. 为避免工件反弹进给压力应该要小，转速要快

5. 在实际修理中，通常是厚度在（　　）mm以下的外蒙皮采用冲窝法。

A. 0. 2　　B. 0. 5　　C. 0. 8　　D. 1. 0

6. 下列关于锪窝钻的说法正确的是（　　）。

A. 锪窝钻的导柱只有圆柱形

B. 铆钉锪窝钻分为铆钉窝锪钻、骨架锪窝用锪钻、反切锪钻三种

C. 铆钉窝锪钻与骨架锪窝用锪钻结构形式相同

D. 复合锪窝钻生产效率高

任务2. 4　普通铆接施工

【技能点】2. 4. 1　常用铆接工具设备的使用与维护

在铆接装配过程中，需要使用铆接工具产生一定的锤击力或静压力，使铆钉产生一定的变形后形成镦头，从而固定构件。不同的铆接方法有相应的铆接工具，本节主要介绍普通铆接施工常用铆接工具。

2. 4. 1. 1　铆枪的使用与维护

铆枪是铆接工作中使用的主要工具，其种类很多，下面以

常用的 $\phi3$、$\phi5$ 型铆枪为例进行说明。

（1）铆枪的结构与工作原理

$\phi3$、$\phi5$ 型铆枪的结构如图 2-60 所示，铆枪工作时，利用气压力推动铆枪中的活塞多次往复运动来冲击冲头，并通过冲头锤击铆钉形成镦头。

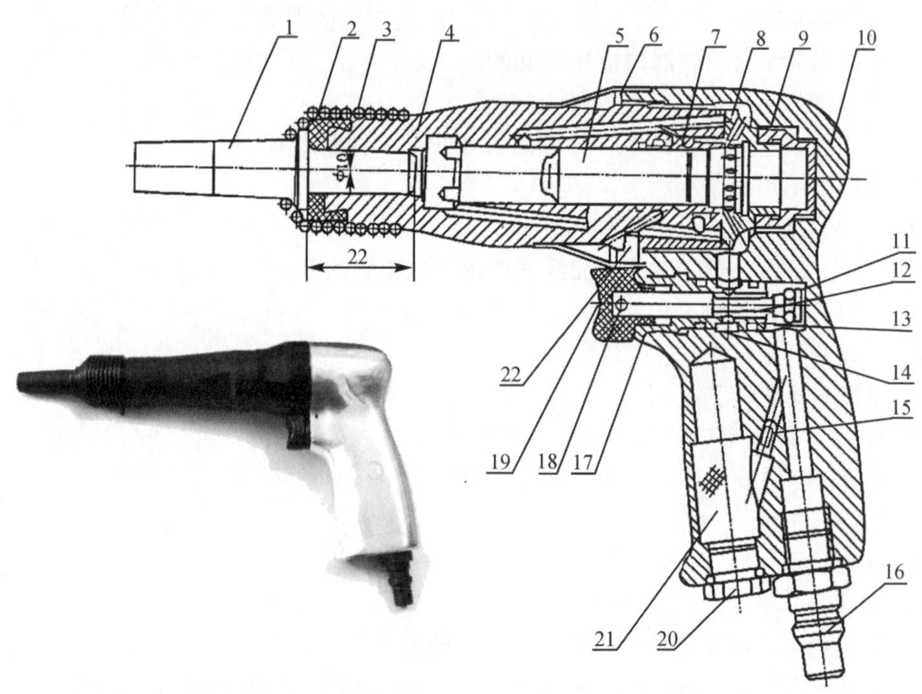

图 2-60　$\phi3$、$\phi5$ 型铆枪结构

1—冲头；2—缓冲胶垫；3—防护弹簧；4—气缸；5—活塞；6—导气圈；7—活动阀；8—导气块；9—导气块盖；10—手柄；11—密封垫；12—阀杆；13—阀套；14—O 形密封圈；15—油嘴；16—风接嘴；17—锁紧垫片；18—弹性圆柱销；19—按钮；20—油堵；21—润滑油腔；22—锁紧销

（2）铆枪的使用和维护

①使用方法：

a. 使用前要安装好防护弹簧，利用防护弹簧将冲头与枪身连接牢靠，避免冲头飞出，损伤人或产品。

b. 使用时应保持规定的进气压力。进气压力过小，会降低铆锤的功率，不仅铆接效率低，铆钉镦头也可能因锤击次数过多而出现裂纹。

c. 使用时应“先顶紧，后开枪”，即冲头顶紧铆钉后再按压按钮。否则，活塞会产生往返运动，消耗一部分能量，活塞撞击壳体，使铆枪损坏。

d. 右手持握手柄，食指（或中指）按下按钮，启动铆枪，可利用按钮调节压缩空气进量大小，保证铆枪平稳工作。锤击铆钉时按“轻—重—轻”的规律按压按钮；铆接刚开始时，由于铆钉杆较长，铆钉杆与铆孔之间的间隙较大，受锤击时铆钉杆容易弯曲，因此，应轻压按钮，使铆枪功率小一些，待铆钉杆填满铆孔后，再重压按钮，

增大铆枪功率，以迅速形成镦头；镦头接近完成时，再逐渐放松按钮，防止镦头打得过低。

e. 冲头尾部按不同铆枪型号配制，不应串用，避免损伤机件，降低效率。

f. 使用中不应随意打空枪，以免损坏机件。

②维护要求：

a. 使用前应先从进气嘴处注入少量润滑油，以保证铆枪的工作性能和工作寿命。

b. 铆枪使用中，操作者不得随意拆卸、安装。

c. 在铆枪正常使用情况下，应按该品牌工具的使用手册进行维修保养或按规定的期限送工具维修部门进行检查维修。长期不使用铆枪时，应按规定情况油封，入库保管。

d. 其他要求同一般风动工具。

③铆枪常见故障及排除方法。

铆枪常见故障及排除方法见表 2-17。

表 2-17　铆枪常见故障及排除方法

故障内容	故障原因	排除方法
功率降低	工作气压低	保证规定气压
	活动阀与导气块的配合间隙因磨损而增大	更换零件，保证两者之间配合间隙在 0.015~0.03mm
活塞或活动阀卡死	污物把活塞或活动阀卡死	清洗
	因空打使活塞与气缸相配合的部位产生毛边	修磨毛边
	气缸上的 9、10 通气孔被污物堵死	清洗
耗气量增大	活动阀与气缸和导气块的配合间隙因磨损而增大	更换活动阀或导气块
	冲头尾柄与气缸的配合间隙增大	更换冲头
润滑不正常	油嘴小孔被堵	清洗
按钮开关失灵	O 形密封圈损坏	更换 O 形密封圈
	阀杆磨损	更换阀杆

2.4.1.2　冲头的选择

冲头（型杆）的作用是保持铆钉头或镦头的形状和传递锤击时的载荷。常用冲头的形式如图 2-61 所示。

为了保持铆钉头或镦头形状正确，应根据铆钉头或镦头的形状来选择冲头和窝子的形状，窝子的作用是限制镦头的直径和高度。铆钉头或镦头为半圆头或大扁圆头时，冲头应带有圆坑形的窝子，如图 2-62（a）所示；铆钉头或镦头为平头时，冲头的工作面为平面，如图 2-62（b）所示；对于平头形的镦头，冲头工作面还可以带有圆柱形的窝子，如图 2-62（c）所示。

铆接时，若冲头直接与铆钉杆尾部接触，它的工作面可稍粗糙一点，防止铆接过

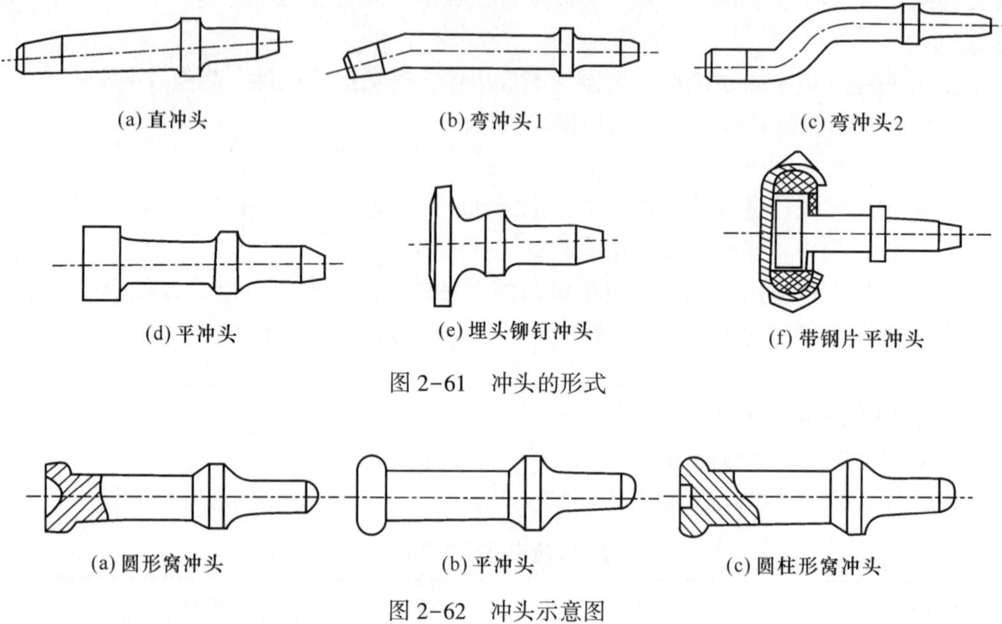

(a) 直冲头　(b) 弯冲头1　(c) 弯冲头2

(d) 平冲头　(e) 埋头铆钉冲头　(f) 带钢片平冲头

图 2-61　冲头的形式

(a) 圆形窝冲头　(b) 平冲头　(c) 圆柱形窝冲头

图 2-62　冲头示意图

程中冲头在镦头上滑动；当冲头与铆钉头、构件表面接触时，它的工作面要稍光滑一些。铆接半圆头、大扁圆头或平锥头铆钉时，冲头窝子的尺寸要根据工具手册要求来选择。窝子过小会压伤铆钉；窝子太深、太大将会在构件表面形成压痕。

铆接埋头铆钉时，为了防止损伤蒙皮表面，可以采用带钢片或橡皮圈的冲头，如图 2-63 所示。带橡皮圈的冲头，橡皮圈应突出冲头工作面约 0.5mm，防止冲头边缘棱角划伤蒙皮。

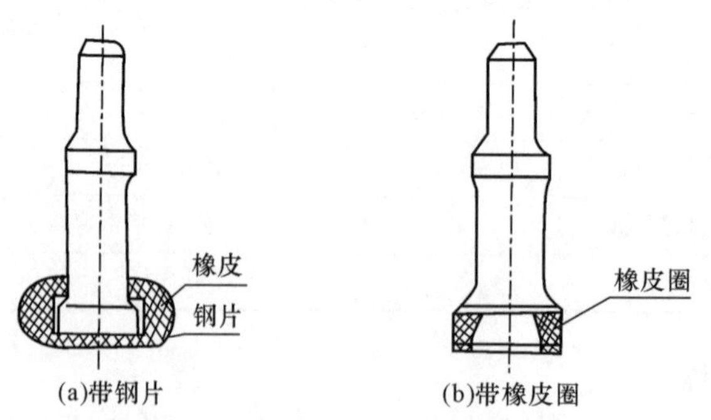

(a)带钢片　(b)带橡皮圈

图 2-63　带钢片或橡皮圈的冲头

使铆钉杆变形的锤击力是通过冲头传递的，为了减少冲头对铆枪功率的消耗，冲头应由刚性和韧性较好的材料制成。冲头承受锤击时，若材料较软，易于变形，消耗铆枪的功率就多；冲头的重量越重，消耗铆枪的功率也就越大。冲头通常是用淬火的高碳钢或镍铬钢等材料来制作，冲头的重量一般为 0.1～0.3kg。

铆枪的冲头安装在铆枪的前端，因此要注意冲头尾部的直径和长度。若冲头尾部的直径过小，就会增大铆枪气缸和冲头之间的间隙，使铆枪的漏气量增加，降低铆枪的功率，通常冲头尾部与铆枪气缸间的间隙为 0.05~0.1mm。若冲头尾部的长度过长，就会缩短活塞的行程，降低铆枪的功率；若冲头尾部的长度过短，则容易使活塞撞伤壳体。因此，通常冲头与铆枪是配套的，工作中不得随便更改冲头的重量和尺寸。若需要加长、加重冲头时，则要相应地增大铆枪的功率，以补偿冲头对能量的消耗。

2.4.1.3 顶铁的使用

在铆接装配过程中，顶铁的作用是支撑在铆钉的一端，使铆钉杆在锤击力的作用下受到较大的压力而产生变形。顶铁在锤击力的作用下将产生移动，消耗铆枪的功率，减少铆枪作用于铆钉杆的锤击力。若顶铁重量太小，顶铁在锤击力的作用下，移动的速度就快，消耗的功率就多；若顶铁的重量过大，操作者易于疲劳，不易掌握。因此，顶铁的重量是有一定限制的。

通用型的普通顶铁如图 2-64 所示，形状简单的用于易接近铆钉的地方，形状比较复杂的用于不易接近铆钉的地方。使用顶铁时其重量应集中在铆钉轴线附近，以使其充分发挥作用。

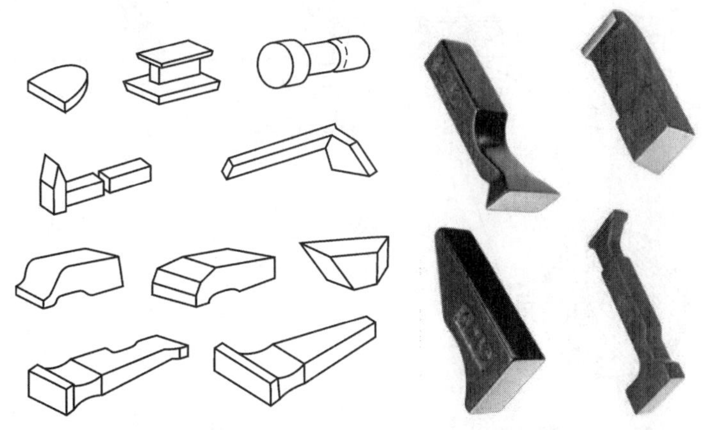

图 2-64 通用型的普通顶铁

2.4.1.4 手用压铆钳的使用

手用压铆钳适用于构件边缘部位铆接，图 2-65 所示是直柄式手用压铆钳。压铆时，铆钉是在固定座和活动座之间，合拢手柄，活动座向上移动，使铆钉杆受压而变形，形成镦头。手动压铆钳，构造简单，但使用起来费力，通常用来压铆直径为 2.6~3mm 的铝铆钉。

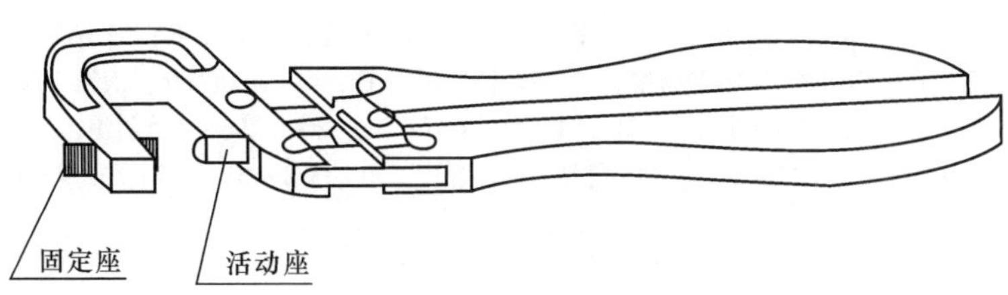

图 2-65 直柄式手用压铆钳

2.4.1.5 气动手提压铆机的使用与维护

气动手提压铆机可分为拉式和推式两种。

(1) 结构组成

①推式气动手提压铆机

推式气动手提压铆机的结构如图 2-66 所示。

②拉式气动手提压铆机

拉式气动手提压铆机的结构如图 2-67 所示。它主要由活塞、气缸、气门、活动臂、固定臂、活动座、固定座、滚轮等组成。

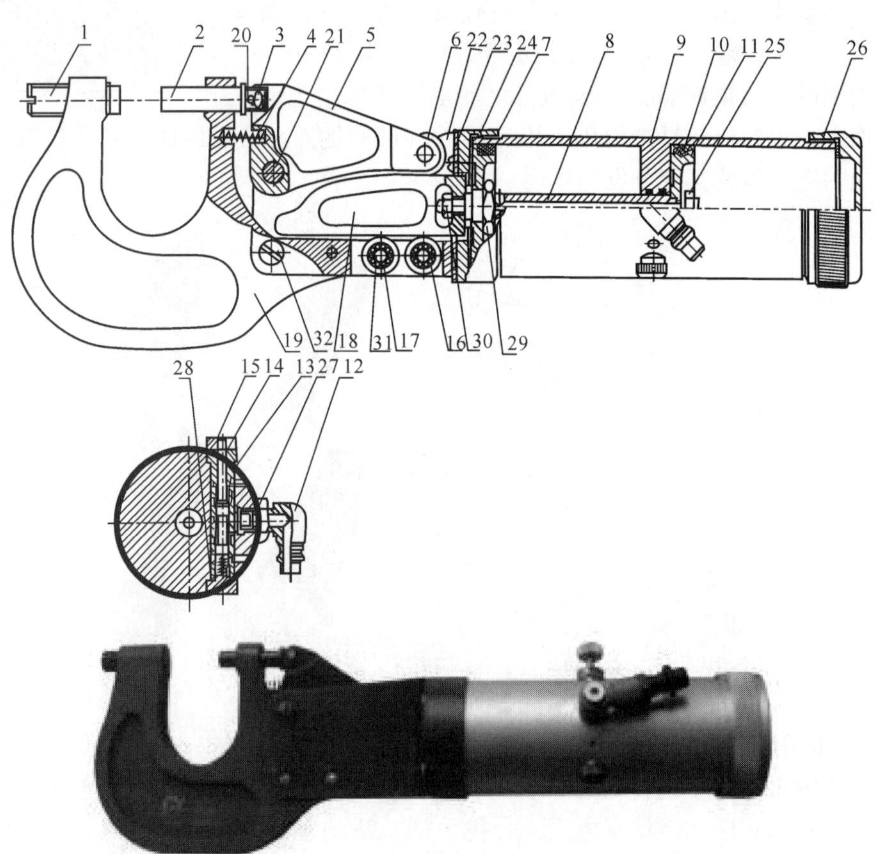

图 2-66 推式气动手提压铆机

1—下压铆头；2—上压铆头；3—销轴；4—弹簧；5—摇臂；6—滚轮；7—前活塞；8—活塞杆；9—气缸；10—密封圈；11—后活塞；12—风接嘴；13—阀套；14—阀杆；15—按钮；16—滚轮；17—滚针；18—锥块；19—弓架；20—开口销；21—轴；22—支臂；23—螺钉；24—气缸前盖；25—螺母；26—气缸后盖；27—螺母；28—螺堵；29—螺母；30—螺母；31—小轴；32 螺钉

③钳口

气动手提压铆机的钳口主要有标准型、直角型、弯角型和深钳口型，如图 2-68 所示。

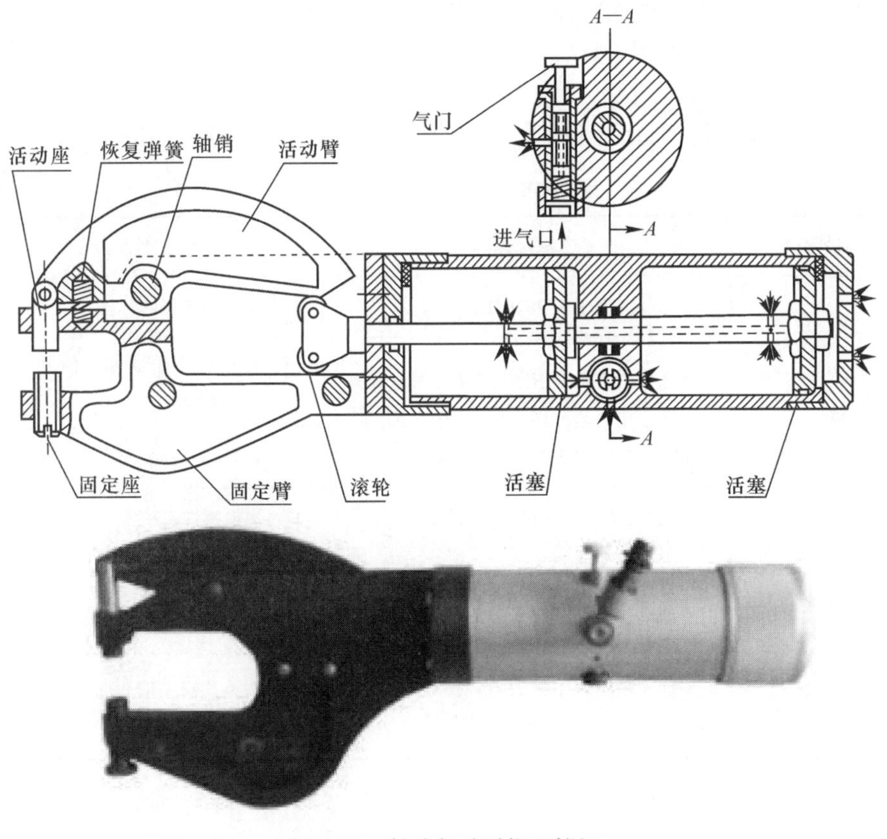

图 2-67　拉式气动手提压铆机

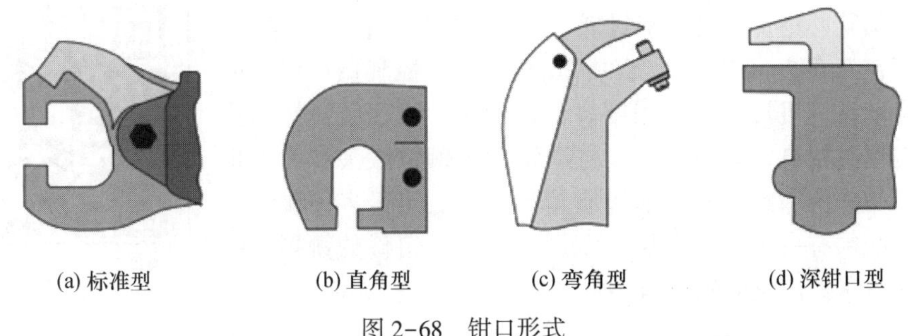
(a) 标准型　(b) 直角型　(c) 弯角型　(d) 深钳口型

图 2-68　钳口形式

（2）使用和维护

下面以推式气动手提压铆机为例说明使用方法和维护要求。

①压铆前必须根据铆钉长度来调整下压铆头相对上压铆头（处于返回行程）的距离，上、下压铆头之间的距离必须大于铆钉长度，但不宜过长。

②活塞上的密封圈安装在气缸中的压缩量以 0.2~0.5mm 为宜，密封圈的安装槽内应涂 2 号低温润滑油。

③销轴只是在活塞回位时用以将上压铆头拉回原位，并不担负传递压铆力的任务；

摇臂与上压铆头后端面接触的圆弧面才是传递压铆力的部位。

④其他要求同一般风动工具。

(3) 常见故障与排除方法

以推式气动手提压铆机为例说明，常见故障和排除方法见表 2-18。

表 2-18 常见故障与排除方法

故障内容	故障原因	排除方法
压铆力不够	工作气压低于 4.9×10^{5}Pa	调整供气路的气压
	活塞上的密封圈不密封或者压缩量太大	重新选配密封圈，使其压缩量为 0.2~0.5mm
	锥块和摇臂的安装位置不正确	重新调整和装配
	换向开关的阀杆因磨损而漏气	更换零件
锥块下部滚轮碎裂	锥块的安装位置歪斜或滚轮边缘在热处理时有裂纹	安装时保证处于正常位置，更换零件
摇臂上支承滚轮用的两个耳片断裂	摇臂安装位置歪斜或者在热处理时已产生微裂	调整，安装时保证处于正常位置，更换零件

2.4.1.6 自动钻铆机介绍

自动钻铆机是一种高效的自动化设备，它通过预先编制好的程序，操作全部由计算机控制，如图 2-69 所示，它能连续完成夹紧、钻孔、锪窝、喷涂密封剂、放钉、铆接、铣平等工序。制孔精度在 0.005mm 以内，窝的深度公差也可控制在 0.025mm 以内。自动钻铆机具有疲劳强度高、寿命长、铆接质量好的优点，是实现铆接自动化的途径；自动钻铆机铆钉镦头高度保持一致，不受人为因素影响，铆接质量高，可适用于多种铆钉的铆接，但必须有一定的开敞性，多用于壁板类组件的铆接。随着数字化技术的广泛应用，自动钻铆机也在逐步扩大使用。

【教学资料】
自动钻铆机工作过程（视频）

图 2-69 自动钻铆机加工机身壁板

目前，自动钻铆机的形式和种类很多，床身有弓臂式、龙门式、固定式、移动式等。图 2-70 所示为某型弓臂式自动钻铆机，其自动钻铆的工艺过程为：上、下夹紧器移向定位的工件，并夹紧工件，在整个循环过程中保持其夹紧压力，不使工件之间产生间隙和毛刺；当工件被牢固夹紧时，打开上动力头开关，对工件进行钻孔、锪窝，完成制孔后，钻轴返回到它行程的最高点，然后送钉机构自动放置铆钉，上、下铆头移向铆钉并镦粗铆钉，铆钉形成镦头后，上、下铆头返回到它原来的预定位置。

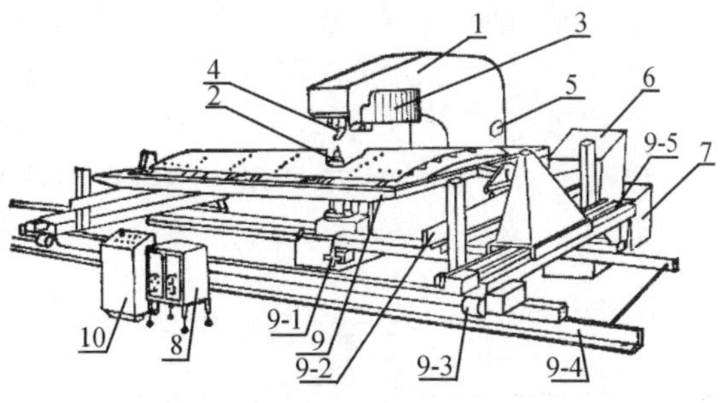

图 2-70　某型弓臂式自动钻铆机

1—床身；2—下动力头；3—铆钉输送装置，4—上动力头；5—气阀箱；6—液压阀箱；7—油泵站；8—电气柜（或控制箱）；9—托架（9-1—纵向气动机；9-2—横向曲线导轨；9-3—横向气动机；9-4—纵向导轨；9-5—横向导轨）；10—操纵台（箱、盒）

【技能点】2.4.2　铆接辅助工具的使用

2.4.2.1　铆接辅助工具

（1）定位销

定位销用于零件与零件之间的定位和夹紧。一般定位销有螺纹式和弹簧式两类。螺纹式定位销夹紧力大，弹簧式定位销使用方便。按定位销杆的结构，定位销又可分为偏心和楔形两类，其结构形式如图 2-71 所示，（a）、（b）是螺纹式偏心销杆；（c）、（d）、（e）是弹簧式偏心销杆；（f）是弹簧式楔形销杆。

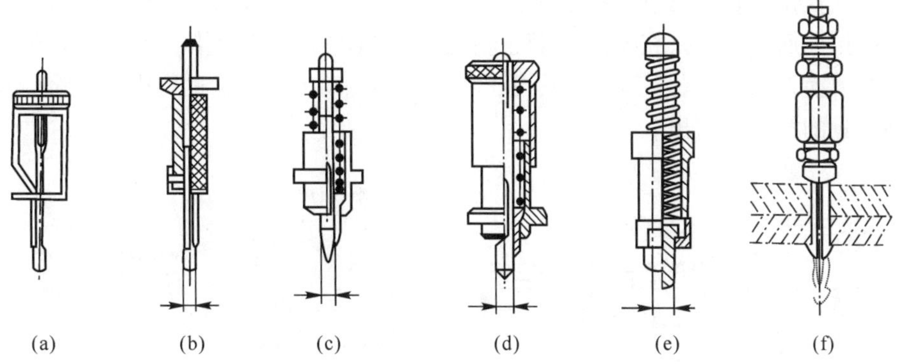

图 2-71　常用定位销的类型

国外定位销的销杆大多采用楔形结构，但是为了满足不同的使用要求，在定位销的结构上也会有些不同。例如：为了增大压紧力，采用蝶形螺母等结构；为了能在高温条件（不超过204℃）下使用，将定位销设计成全封闭型的，同时将其内部零件做了防腐蚀处理等。

（2）定位销钳

图2-72中（a）型定位销钳用于图2-71中（c）（d）型定位销；图2-72中（b）型定位销钳用于图2-71中（e）型定位销。

（3）接风嘴

接风嘴的结构如图2-73所示，主要作用是连接风动工具和气源接风嘴，常用规格有M12×1.25，M4×1.5和M16×1.5等。

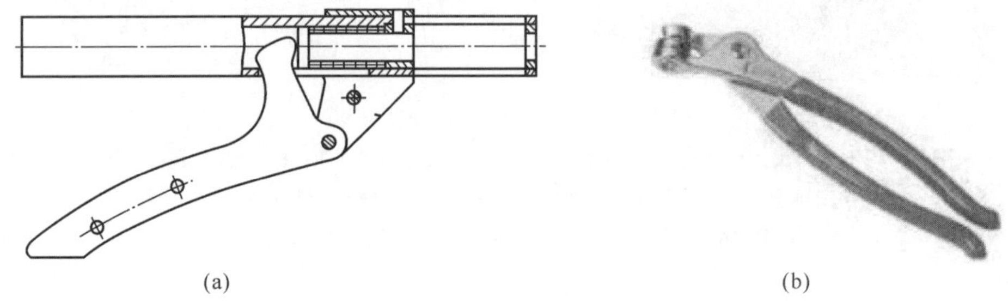

图2-72　定位销钳

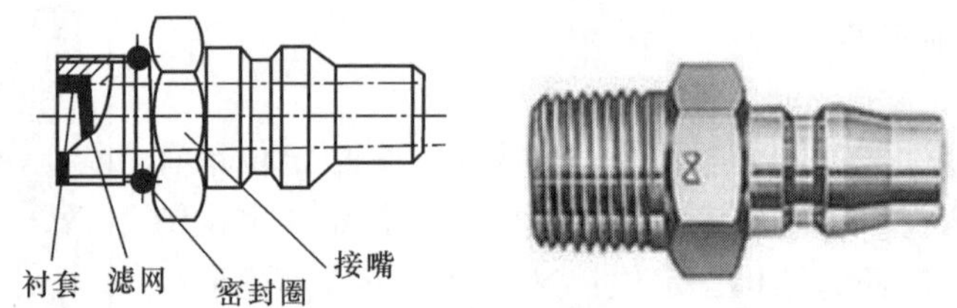

图2-73　接风嘴

（4）快换接头

拉动式快换接头的典型结构如图2-74所示。向快换接头内插入接风嘴时，只要用食指、拇指向后拉动快换接头的卡套，将接嘴插到位并松开两指，接风嘴即能被牢固地固定在快换接头内；取下风动工具时，只要向后拉动卡套，借助管中的压缩空气即可将风动工具的接风嘴顶出。

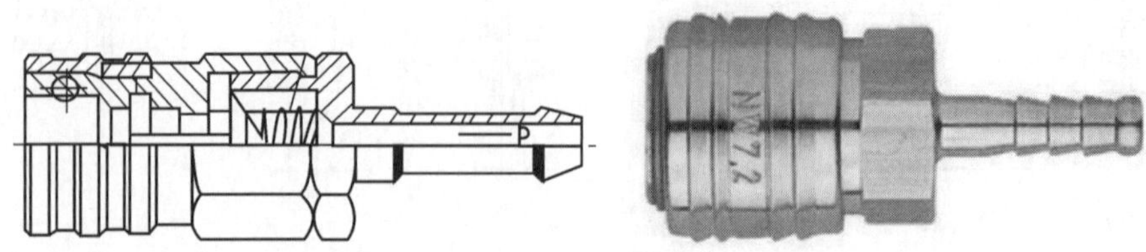

图2-74　快换接头

（5）引孔器

引孔器是将内部零件上的孔引到外部零件上的一种工具，如图 2-75 所示，主要用于飞机蒙皮上的铆钉孔的定位。

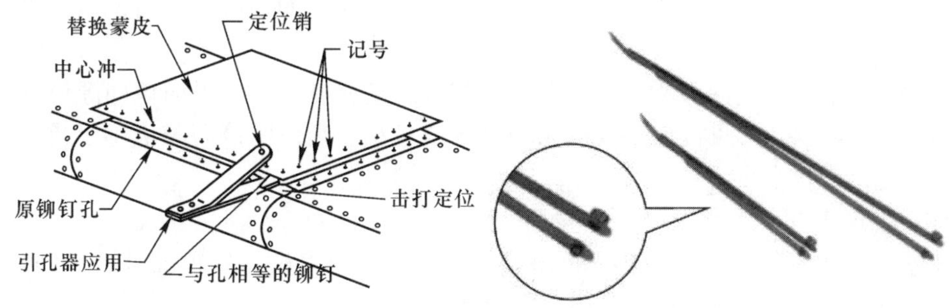

图 2-75　引孔器及其使用方法

（6）去毛刺工具

图 2-76 所示的去毛刺工具的工作特点是能一次性快速除净孔径两面的毛刺，仅需从一面工作。图 2-77 所示的修边倒角器只能从一面进行去毛刺、修边，刀片是可以更换的。

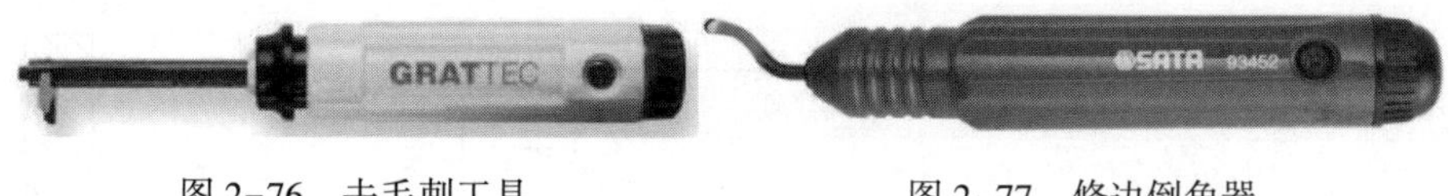

图 2-76　去毛刺工具　　　　图 2-77　修边倒角器

2.4.2.2　铆接测量工具

（1）塞尺

塞尺（feeler gauge）主要用于间隙间距的测量。常用的塞尺是由一组具有不同厚度级差的薄钢片组成的量规，如图 2-78（a）所示，主要用于测量间隙值；锥形塞尺（斜尺）主要用于现场测量深度间隙或深度孔径、内径，如图 2-78（b）所示；楔形塞尺在其斜的一面上有刻度，主要用于测量构件表面的平整度和间隙缝隙等，如图 2-78（c）所示。

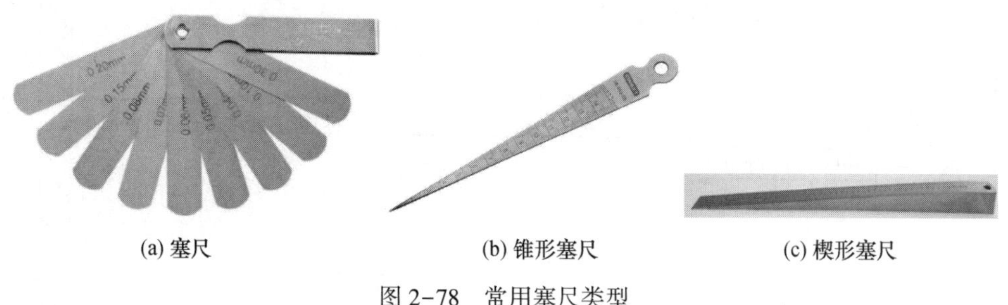

(a) 塞尺　　(b) 锥形塞尺　　(c) 楔形塞尺

图 2-78　常用塞尺类型

规格：塞尺一般用不锈钢制造，最薄的为 0.02mm，最厚的为 3mm。在 0.02～

0.1mm，各钢片厚度级差为0.01mm；在0.1~1mm，各钢片的厚度级差为0.05mm；在1mm以上，钢片的厚度级差为1mm。除了公制塞尺以外，还有英制的塞尺。

使用方法：

①使用前擦拭干净，不能在塞尺上有油污或金属屑末的情况下进行测量，否则将影响测量结果的准确性。

②将塞尺插入被测间隙中，来回拉动塞尺，感到稍有阻力，说明该间隙值接近塞尺上所标出的数值；如果拉动塞尺时阻力过大或过小，则说明该间隙值小于或大于塞尺上所标出的数值。

使用注意事项：

①不允许在测量过程中剧烈弯折塞尺，或用较大的力硬将塞尺插入被测间隙中，否则将损坏塞尺的测量表面或零件表面的精度。

②使用完后，应先将塞尺擦拭干净，并涂油保护，然后将塞尺放回夹框内，以防锈蚀、弯曲变形。

③存放时，不能将塞尺放在重物下，以免损坏塞尺。

（2）夹层厚度测量尺

夹层厚度测量尺主要用于测量连接孔处的夹层厚度，并根据量得的厚度来选择紧固件的长度，其典型结构如图2-79所示。夹层厚度测量尺的刻度有以下两种形式：

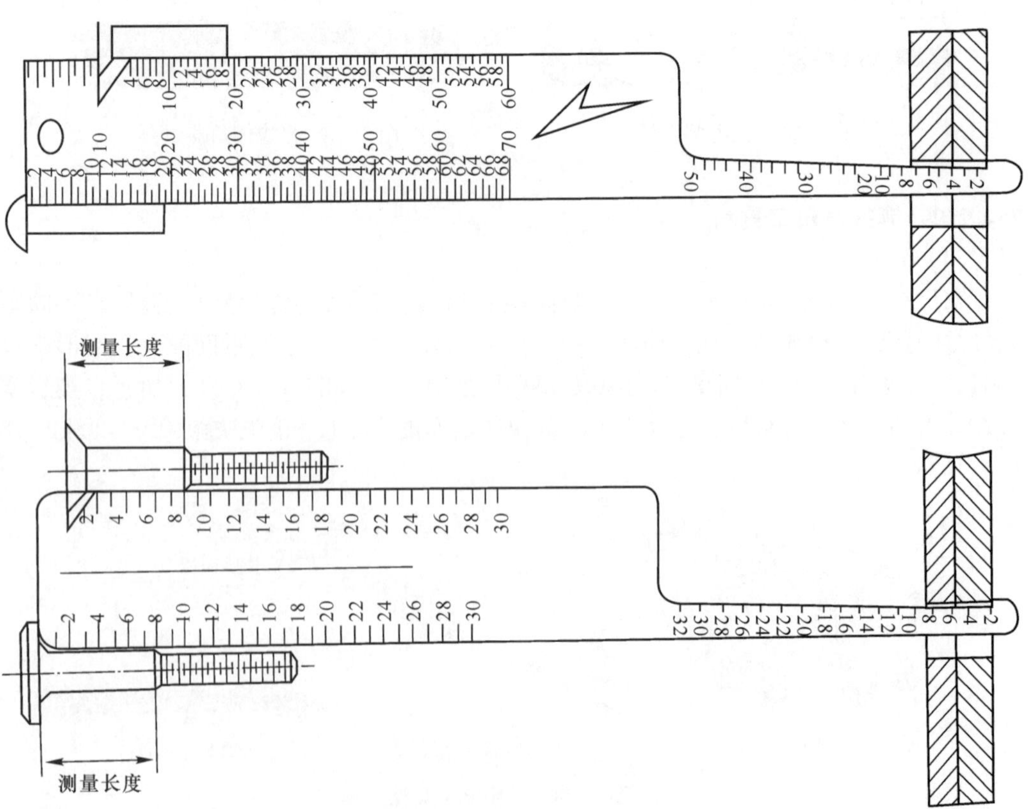

图2-79　夹层厚度测量尺

①a 型，在尺钩与尺面均用英制或公制尺寸等距刻划。使用时，用尺钩量得的夹层厚度来计算紧固件长度，再用尺面来选择长度合适的紧固件。

②b 型，在尺钩与尺面上每一格值间的关系按钉长计算公式来确定。使用时，用尺钩量得夹层厚度，并记录读数（例如 8），然后就用尺面上的同一读数“8”来选择紧固件的长度。

（3）铆钉测量尺

铆钉测量尺有铆钉长度尺和铆钉头尺两种。铆钉长度尺，如图 2-80 所示。它是在表面标注有铆钉的尺寸编号，通过对比的方法快速确定铆钉长度的工具。

铆钉头尺，如图 2-81 所示，它用于快速确定铆钉头最小直径和最小高度，适合通用铆钉和平头铆钉。

图 2-80　铆钉长度尺

图 2-81　铆钉头尺

【知识点】2.4.3　铆接的技术要求

2.4.3.1　对铆钉头的技术要求

①铆钉头应贴紧零件表面，允许不贴合的单向间隙为 0.05mm，但这种钉数量应不大于铆钉排总钉数的 10%。

②铆钉头不允许有切痕、下陷、裂纹及其他机械损伤，沉头铆钉头相对蒙皮的凸出量应符合技术条件要求。

③内部结构（非气动外缘）沉头铆钉头相对零件表面的凸凹量为±0.1mm。

2.4.3.2　对铆钉镦头的技术要求

①镦头形状要求。铆钉镦头一般应为标准镦头，标准镦头呈鼓形，如图 2-82 所示，不允许呈“喇叭形”“马蹄形”或其他形状，如图2-83所示。

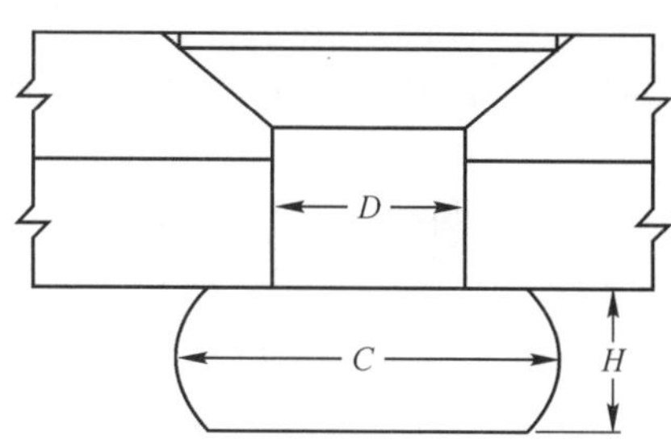

图 2-82　标准铆钉镦头形状与尺寸标注

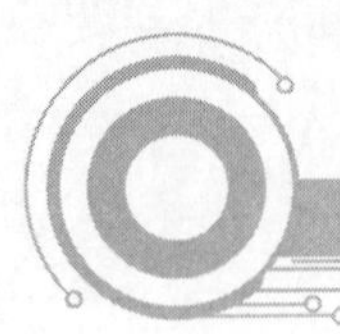

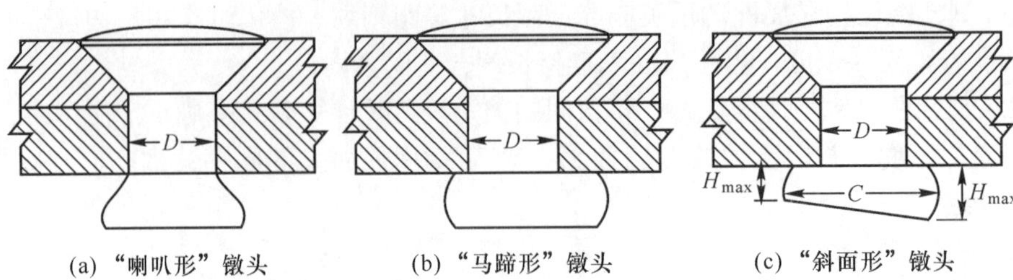

(a)“喇叭形”镦头　(b)“马蹄形”镦头　(c)“斜面形”镦头

图 2-83　铆钉镦头不规则形状示例

②标准镦头尺寸要求。国内航空铆钉标准镦头尺寸按式（2-5）确定

$$h_{min}=0.4d \tag{2-5}$$

当 $d\leqslant 5$ 时，$D=(1.5\pm 0.1)d$；

当 $d>5$ 时，$D=(1.45\pm 0.1)d$。

式中：h_{min}——锻头最小高度，mm；

d——铆钉直径，mm；

D——镦头直径，mm。

铆钉标准镦头尺寸及其极限偏差见表 2-19。

表 2-19　铆钉标准镦头尺寸及其极限偏差　mm

铆钉直径 d	2.0	2.5	2.6	3.0	3.5	4.0	5.0	6.0	7.0	8.0	10.0
镦头直径 D	3.0	3.8	3.9	4.5	5.2	6.0	7.5	8.7	10.2	11.6	14.5
镦头直径极限偏差	±0.2	±0.25		±0.3		±0.4	±0.5	±0.6	±0.7	±0.8	±1.0
镦头最小高度 h_{min}	0.3	1.0	1.1	1.2	1.4	1.6	2.0	2.4	2.8	3.2	4.0
镦头对钉杆轴线同轴度	ϕ0.4				ϕ0.6		ϕ0.8	ϕ1.0	ϕ1.2		ϕ1.4
镦头圆度	在铆钉镦头直径极限偏差内										

③镦头不允许有切痕、下陷、裂纹和其他机械损伤。

④双面沉头铆钉的镦头直径与镦头窝直径相同，凸出量应符合铆钉头的凸出量规定。

⑤在未锪端面窝的斜面零件上铆接的铆钉，其镦头应置于斜面上，如图 2-84 所示。

⑥一般将镦头安排在较厚的板材和较硬的金属件一面。

2.4.3.3　对铆接件的技术要求

①铆钉周围的蒙皮和两个铆钉之间的蒙皮，允许的下凹量 Δ 见表 2-20 和图 2-85。

表 2-20　蒙皮的允许下凹量

mm

测量单元	部位	下凹量 Δ
一个铆钉间距 t_1	一般结构	≤0.2
	进气道内部结构	≤0.4
	难铆接处	≤0.3
两个铆钉间距 t_2	一般结构	≤0.2
	多排铆钉，间距小于 30mm，弯曲半径 300mm 以下处	≤0.3

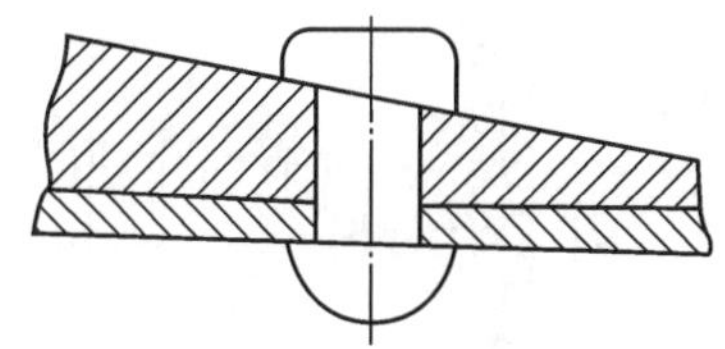

图 2-84　斜面零件上的铆钉镦头位置

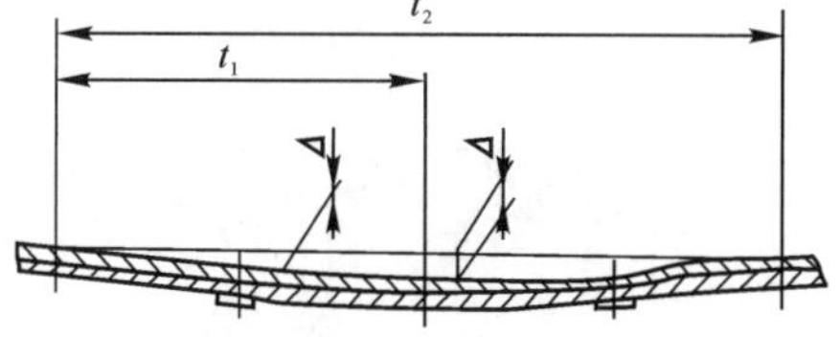

图 2-85　蒙皮下凹示意图

②夹层厚度大于 10mm、蒙皮厚度小于 1mm 的多排铆钉，允许其周围的蒙皮下凹至 0.35mm，但这种铆钉数应不大于铆钉排总钉数的 50%。

③铆接后，铆钉处被连接件之间不允许有间隙，但在两个铆钉之间允许有局部间隙 s，如图 2-86 所示，其数值见表 2-21。

表 2-21　铆接件在两个铆钉之间允许的局部间隙

mm

蒙皮厚度	铆钉间距	允许间隙 s
≤1.5	>40	≤0.5
1.6~2.0	≤40	≤0.3
>2.0	20~40	≤0.2

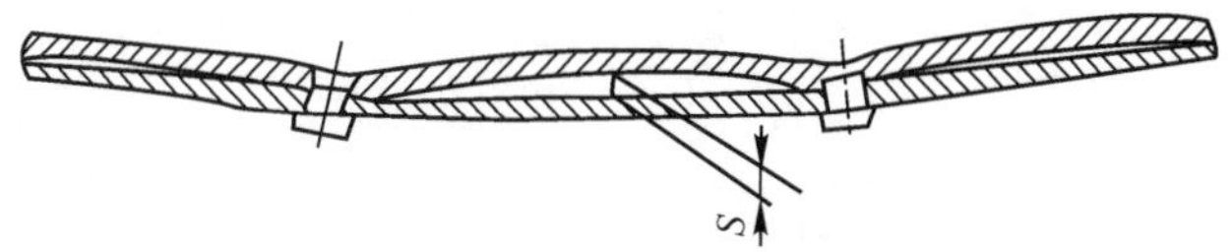

图 2-86　铆接件在两个铆钉之间的缝隙

④铆接件不允许有被工具打出的凹坑、碰伤及划伤，但在难铆接处允许铆钉头周边有不大于 1/2 圆周、深度不大于 0.1mm 的冲头痕迹。

【技能点】2.4.4 飞机结构冲击铆接

2.4.4.1　冲击铆接的分类

冲击铆接是借助铆枪冲击力作用在铆钉上的不同部位和顶铁产生撞击作用而形成

镦头。飞机铆接施工不能采用压铆时，一般采用冲击铆接。按铆枪的冲击方向不同，冲击铆接分为正铆法和反铆法。

正铆法是用顶铁顶住铆钉头，铆枪的冲击力直接作用在铆钉杆上形成镦头，如图 2-87（a）所示。

反铆法是将铆枪的冲击力作用在铆钉头上，用顶铁顶住铆钉杆形成镦头，如图 2-87（b）所示。

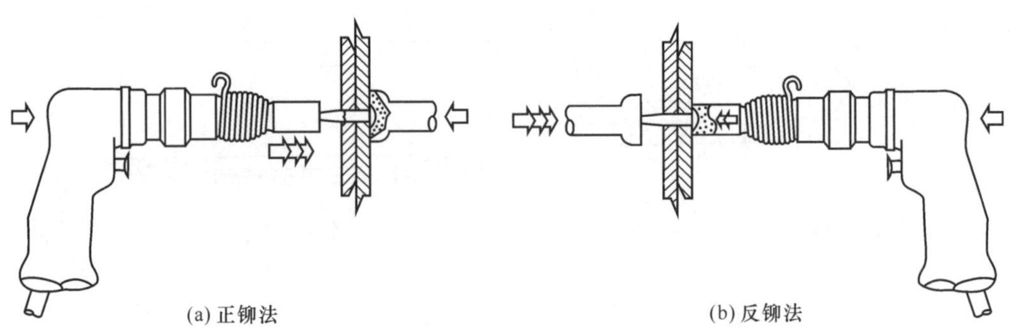
(a) 正铆法　(b) 反铆法

图 2-87　冲击铆接的方法

2.4.4.2　顶铁的选择

①选择合适的顶铁是保证铆接质量的重要因素，若顶铁形状不合适，会使铆钉头歪斜；若顶铁太轻，则不能提供必要的顶持力，材料会朝向镦头凸出；若顶铁太重，则重量和顶撞力可能引起材料反向镦头凸出。与各种直径铆钉配合使用的顶铁重量如表 2-22 所示。

表 2-22　顶铁重量参数选择

铆钉材料	铆接方法	铆钉直径/mm						
		2.5	3.0	3.5	4.0	5.0	6.0	8.0
		顶铁重量/kg						
硬铝	反铆	0.5~1.0	0.6~1.2	0.7~1.4	0.8~1.6	1.0~2.0	1.2~2.4	1.6~3.2
	正铆	1.2~1.7	1.5~2.1	1.7~2.4	2.0~2.8	2.5~3.5	3.0~4.2	4.0~5.6
钢	反铆	1.0~1.5	1.2~1.8	1.4~2.1	1.6~2.4	2.0~3.0	2.4~3.6	3.2~4.8
	正铆	2.0~2.5	2.4~3.0	2.8~3.5	3.2~4.0	4.0~5.0	4.8~6.0	6.4~8.0

②顶铁的形状要根据铆接部位的结构特点确定。顶铁应容易接近铆钉、握持方便、不易碰伤附近零件。

③顶铁的工作面的表面粗糙度 Ra 值应不大于 0.8μm。

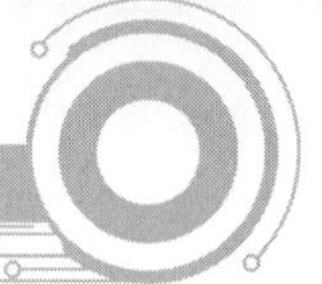

2.4.4.3　其他铆接工具的选择与使用

根据铆钉头的形状、铆接方法、铆接部位的结构特点确定冲头的结构形式和重量。合理选择铆接枪、冲头和顶铁，可以在铆接件变形最小的情况下，迅速形成符合规定的镦头。安装在铆枪上的冲头应装有保险装置。反铆时，冲头与铆钉头之间一般应垫上玻璃纸。4kg 以上的顶铁，一般应悬挂在平衡器上。

2.4.4.4　普通铆接形式

（1）凸头铆钉铆接

搭接铆缝、纵条结合铆缝绝大部分使用凸头铆钉进行铆接，如图 2-88 所示。凸头铆钉铆接一般适用于飞机结构内部连接件铆接及低速飞机的外表面铆接。

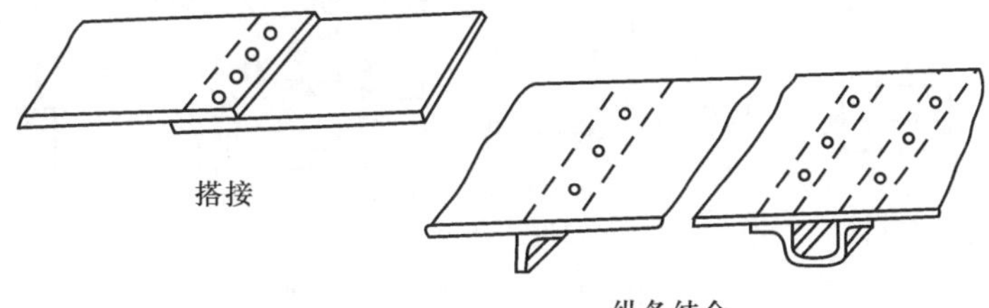

图 2-88　凸头铆钉铆接形式

（2）沉头铆钉铆接

①单面沉头铆钉铆接（沉头铆接）。沉头铆接的工艺过程仅比凸头铆钉铆接多一道制窝工序，根据制窝方法的不同，可分为四种沉头铆接形式，即 A、B、C、D 四种。

A 种沉头铆接工艺过程如图 2-89 所示。铆接件上的沉头铆钉窝均用压窝模压制，一般当外蒙皮厚度和骨架厚度分别等于或小于 0.8mm 时；或铆接件总厚度不超过 1.6mm 时，采用此种形式。

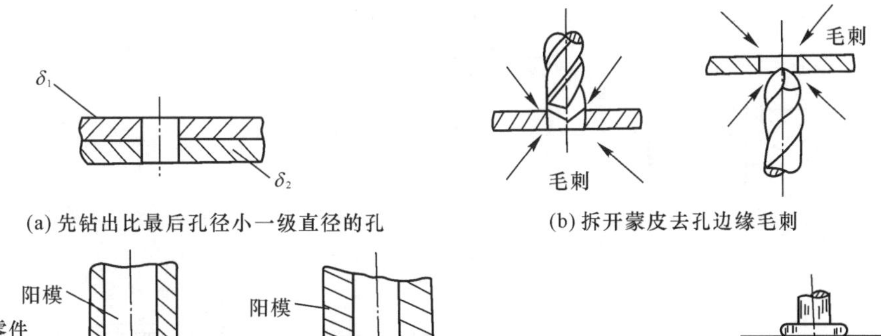

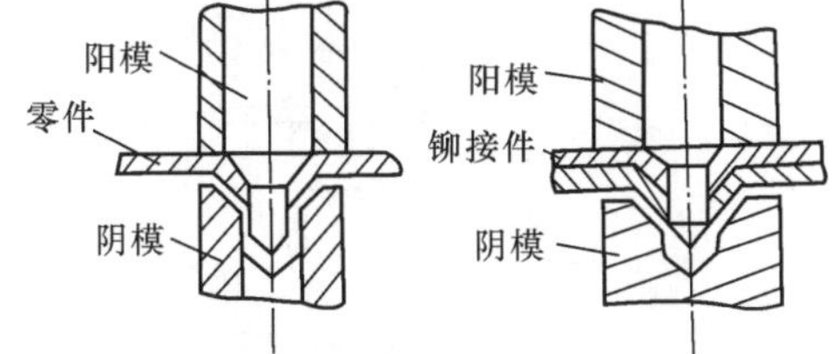

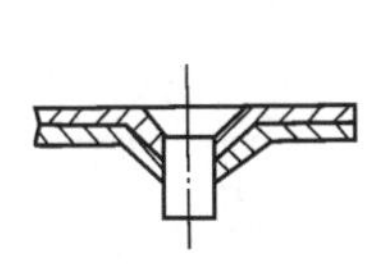

图 2-89　A 种沉头铆接工艺过程

B 种沉头铆接工艺过程如图 2-90 所示。铆接件上沉头铆钉窝均是利用沉头铆钉头的钉头锥度直接压制成型的。一般蒙皮和骨架厚度均不得超过 0.8mm，或铆接件总厚度小于或等于 1.2mm 时，采用此种形式。

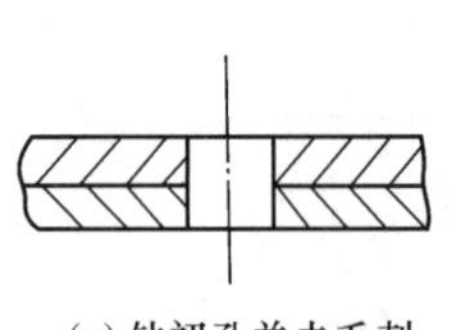
(a) 钻初孔并去毛刺

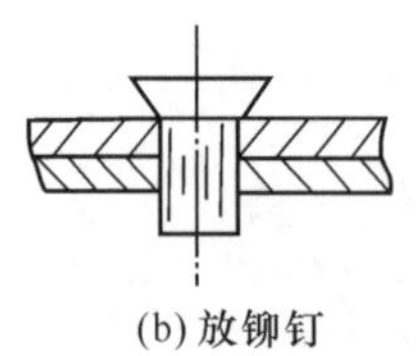
(b) 放铆钉

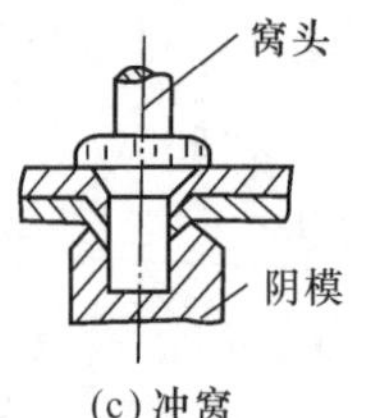

(c) 冲窝

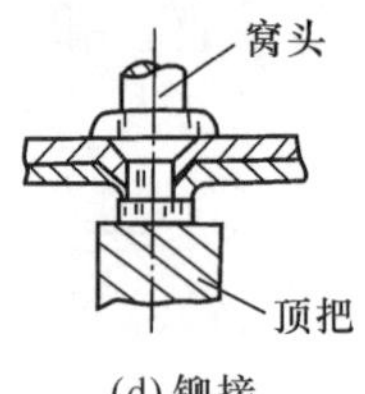

(d) 铆接

图 2-90　B 种沉头铆接工艺过程

C 种沉头铆接工艺过程如图 2-91 所示。外表面蒙皮压窝，内部骨架锪窝。一般蒙皮厚度小于 0.8mm，骨架厚度大于沉头铆钉头高度时，采用此种形式。骨架锪窝时，窝的深度应比铆钉窝略深一点，即在骨架上锪 90°窝时，应比铆钉头深 0.4δ（mm），锪 120°窝时应比铆钉头深 0.15δ（mm），其中 δ 为压窝层的总厚度。这样锪窝是为了保证蒙皮压窝后装配时与骨架窝孔贴合，否则将会产生套合间隙，影响铆接质量。

D 种沉头铆接工艺过程如图 2-92 所示。铆接件上的沉头铆

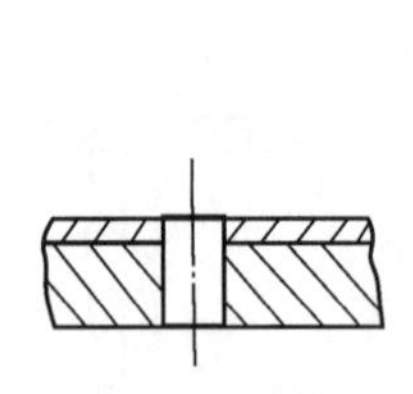
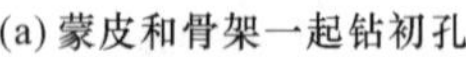
(a) 蒙皮和骨架一起钻初孔

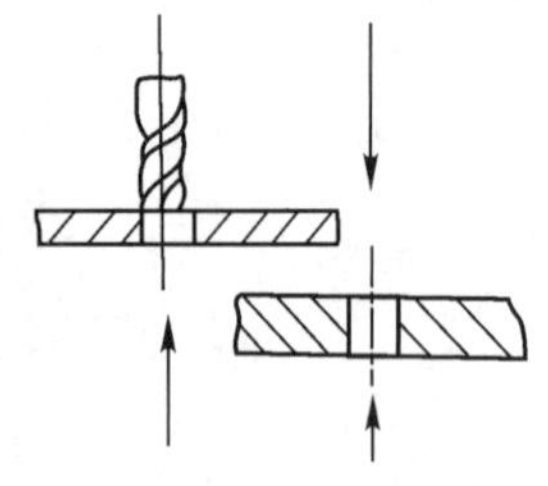
(b) 分解蒙皮、骨架并去毛刺

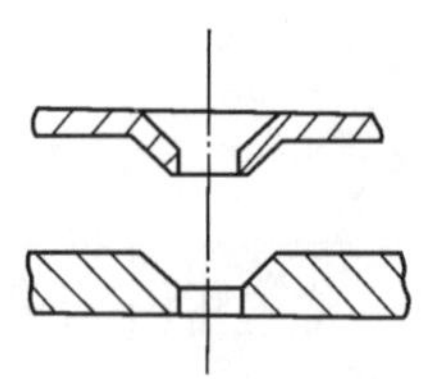
(c) 蒙皮压窝、骨架锪窝

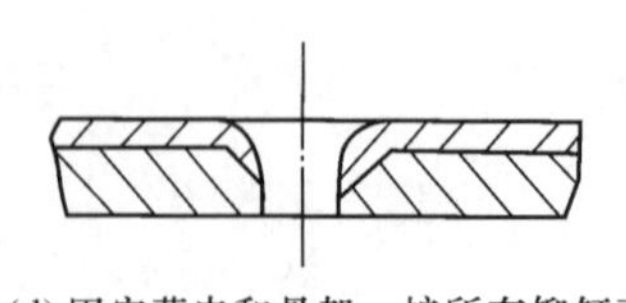
(d) 固定蒙皮和骨架，扩所有铆钉孔

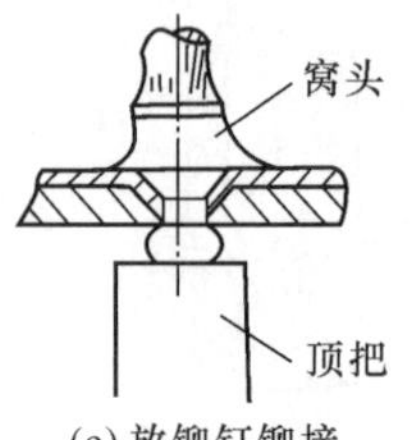

(e) 放铆钉铆接

图 2-91　C 种沉头铆接工艺过程

钉窝均采用锪窝法制作。蒙皮厚度大于0.8mm，骨架厚度不限，均可采用此种形式。此种形式应用广泛，高速飞机的外表面铆接绝大多数采用D种铆接形式。

②双面沉头铆钉铆接。在飞机结构中，有的铆缝两面都要求平滑，在这种情况下，一般采用双面沉头铆钉铆接形式，其主要有以下三种形式。

a. 在上部蒙皮和底层蒙皮（或骨架）分别锪制沉头铆钉头窝和沉头镦头窝，如图2-93（a）所示，这种形式适合于蒙皮厚度在0.8mm以上的结构件连接，其铆接工艺过程与D种沉头铆接工艺过程相似。

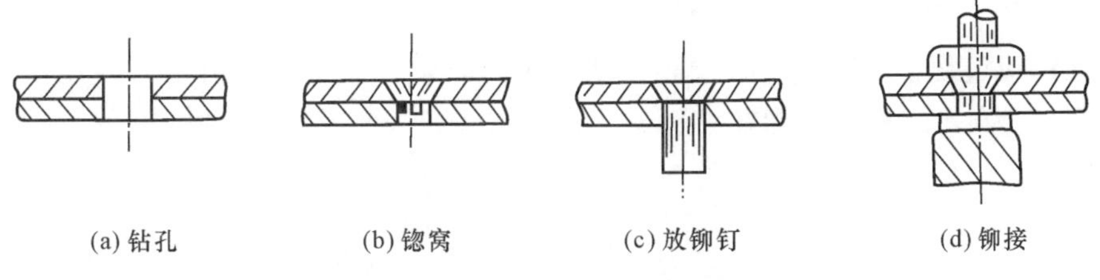

图2-92　D种沉头铆接工艺过程

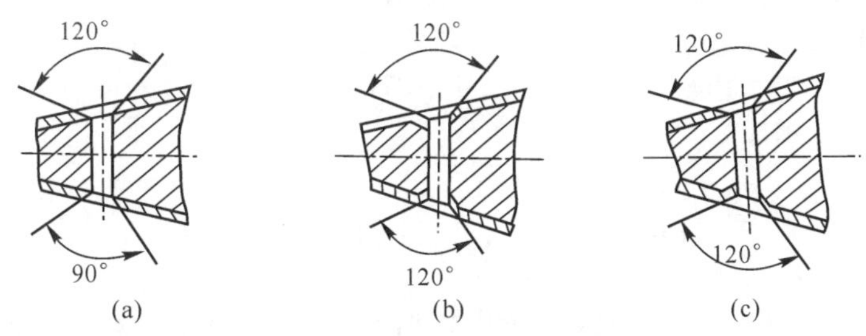

图2-93　双面沉头铆钉铆接形式

b. 在较厚的骨架上锪制沉头铆钉头窝，而在上蒙皮和下蒙皮上分别采用冲击铆钉头和铆钉杆镦粗成型的方法直接压制成沉头铆钉头窝及沉头镦头窝，如图2-93（b）所示，此种形式适合具有较薄的蒙皮（厚度一般在0.8mm以下）结构的连接件铆接。

c. 上、下蒙皮冲窝，在骨架上锪制比铆钉头深0.15δ的窝，如图2-93（c）所示，其铆接工艺过程与C种沉头铆接工艺过程相同。

2.4.4.5　冲击铆接操作要领及技巧

冲击铆接一般由双人配合完成，在结构允许的条件下，也可由一人单独进行铆接，如图2-94所示。

①铆接前，安装好冲头，在木板上进行试枪，检查铆枪冲击是否正常，如图2-95所示。

②双人铆接开始时，握枪人要先轻按铆枪扳机点铆一下，根据声响确认对方顶好后，方可连续冲击铆接。铆接时，握枪人要掌握铆钉锤击成型时间的长短规律，使铆

钉镦头形成一致的合格高度。

图 2-94　单人铆接　　　　图 2-95　空击铆枪试验

③在铆接过程中，冲头中心线和顶铁工作面应始终保持与铆钉中心线相一致（楔形工件铆接除外），冲头不能在铆钉头上跳动，或上下、左右滑动，以免影响铆接质量，如图 2-96 所示。

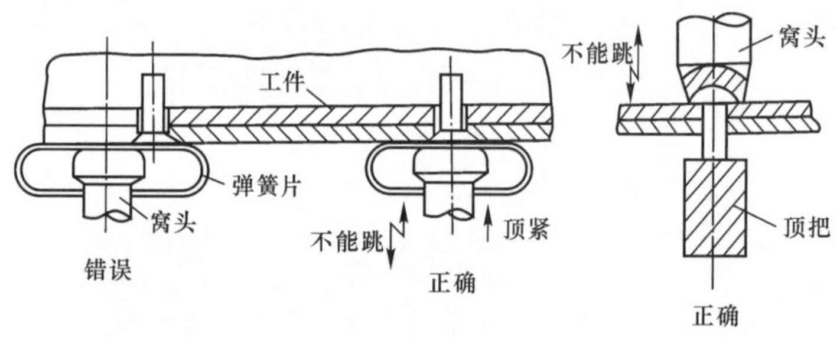

图 2-96　冲头、顶铁在铆接过程中的位置

④铆接时，右手握住铆枪手柄，使用大型铆枪时一般都采用双手握枪，如图 2-97 所示，给冲头一定的压紧力和平衡力，防止冲头跳动，保持铆枪平稳；中指扳住进气按钮，无名指放在按钮下面，两个手指相互配合，根据所需冲击力控制进气量，此种方法比利用调气阀门调节进气量更方便、灵活、快捷；施铆时，用左手向铆钉孔内插入铆钉，两手相互配合，快速、高效地完成铆接过程。

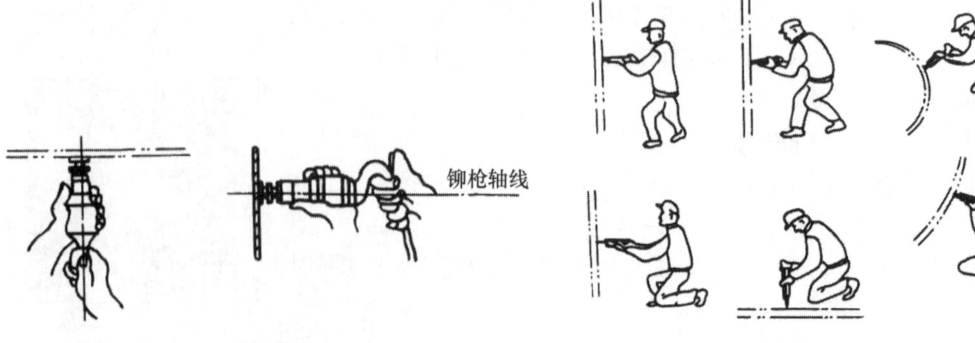

图 2-97　握铆枪的方法　　　　图 2-98　各种不同的铆接姿势

⑤顶铆钉时手握顶铁的顶紧力开始不要过大，待铆钉杆略微镦粗后，再向顶铁加顶紧力，促进铆钉镦头成型，防止铆缝凹下。另外，还要避免顶铁碰伤结构件。

⑥在结构件不开敞的薄蒙皮铆接中，同时看不到顶铁是否顶住铆钉杆的情况下，一定要在铆钉孔内看到顶铁工作面，顶持人和握枪人都确定已顶好，方可插入铆钉铆接，并要一次成型，才能移动顶铁，结构件不开敞的薄蒙皮的冲击铆接要采用短冲时间，多次冲击成型镦头，其目的主要是防止冲击铆接振动大，产生顶铁位移，顶在铆钉杆周围，发生打凹、打裂现象，如图2-98所示。

⑦排除连接件之间的间隙时，要先轻轻点铆，待铆钉杆略微镦粗后，再用顶铁顶在铆钉杆周围，如图2-99所示，或把铆钉杆套在空心冲内，使空心冲紧贴铆钉杆根部零件表面，用顶铁顶住空心冲，轻轻点铆；还可以用冲头或顶铁顶住铆钉头，把铆钉杆套在空心冲内，敲打空心冲，消除间隙，保证平整的铆缝外形。

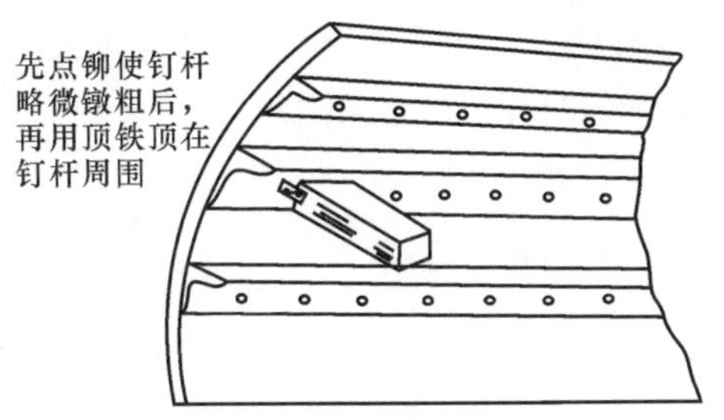

图2-99　消除连接件间隙的方法

⑧采用反铆法铆接厚度大的连接件，且结构空间小，只能放置质量小于0.5kg的顶铁的情况下，铆钉镦头很难成型，需要冲击时间长，铆接变形增大，为了加快镦头成型速度，可在铆钉杆稍镦粗后，轻轻晃动顶铁，待镦头最后成型前，顶铁工作面必须垂直于铆钉杆轴心线，形成合格镦头，如图2-100所示。

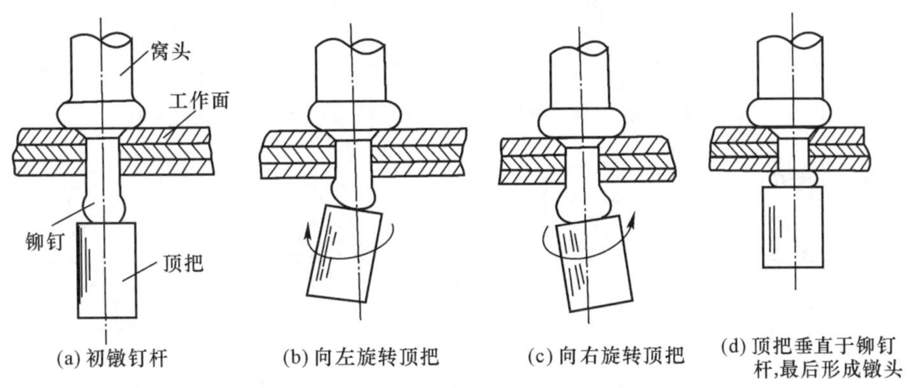

图2-100　镦头成型困难时顶铁的工作情形

⑨采用反铆法铆接较薄的连接件时，尽量使用大面凸头钉冲头。

⑩反铆时，应尽量使用带防护胶皮的冲头或采取在冲头和铆钉头之间垫上玻璃纸的方法，以获取较好的表面质量。

⑪曲面连接件的沉头铆钉铆接应注意使沉头铆钉锥度紧密地贴合于窝孔锥角。铆接开始时，冲头应轻轻地沿沉头铆钉头周围晃动或点铆，使其沉头铆钉头贴紧钉窝后再加大铆枪功率进行铆接，如图 2-101 所示。

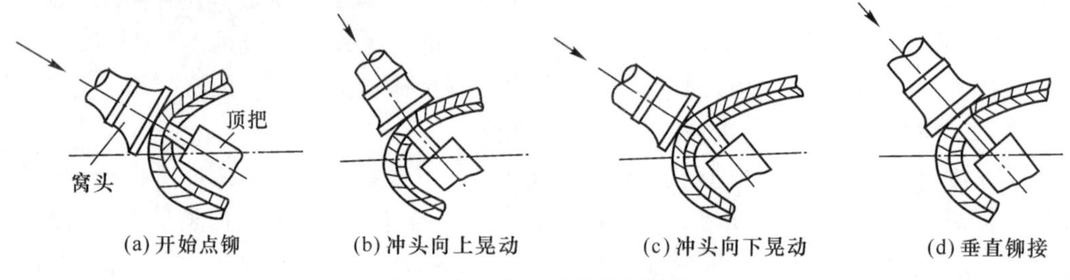

图 2-101　曲面连接件的铆接

⑫楔形连接件的沉头铆钉铆接，冲头要垂直于工件表面，顶铁工作面向楔形的张开方向倾斜 2°~3°，作用于铆钉杆上，镦头稍成型后，再把顶铁垂直于铆钉杆端面，如图 2-102 所示。

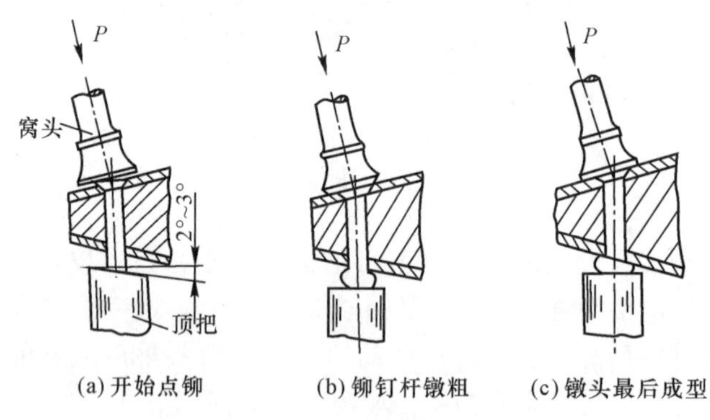

图 2-102　楔形连接件的铆接

⑬铆钉杆初镦时，若铆钉杆有轻微顶歪，可将顶铁工作面沿歪的方向逆顶，矫正铆钉杆后，顶铁工作面仍垂直于铆钉杆铆接，直至镦头成型，如图 2-103 所示。

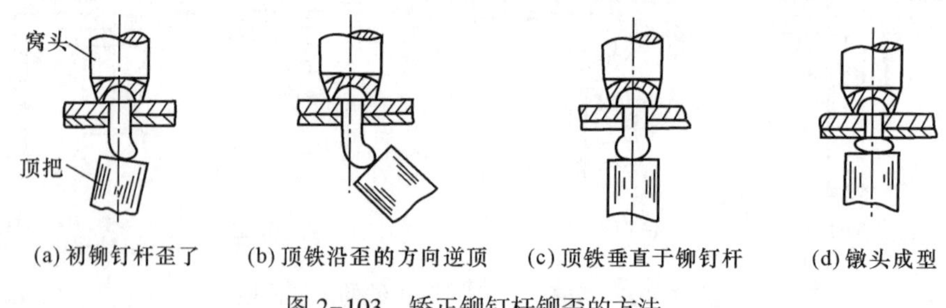

图 2-103　矫正铆钉杆铆歪的方法

⑭当铆接两种不同材料的连接件或铆接材料相同而厚度不同的两个连接件时，为防止铆接变形，应尽量将镦头形成在较硬材料那一面或材料较厚的那一面，如图 2-104 所示。

⑮在铝合金材料上铆接钢铆钉时，一般情况下，为避免工件变形，图样上规定在钢铆钉头下面（指凸头铆钉）和铆钉杆尾部那一面放置相应直径金属垫圈进行铆接。为防止尾部垫圈在铆接时受振动而产生窜动、不贴合工件，可自制叉片按住垫圈后再进行铆接，如图2-105所示。

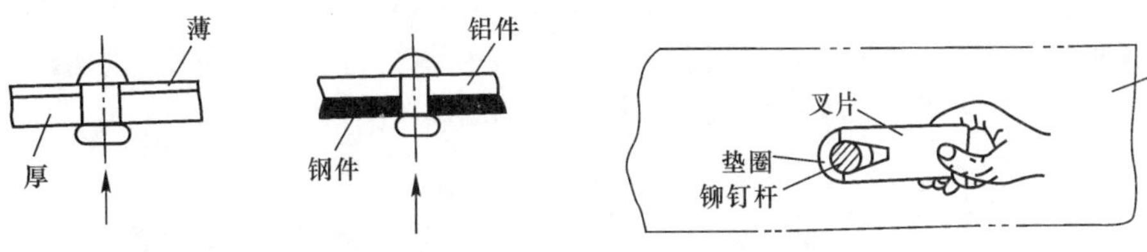

图2-104　不同材料、厚度连接件铆接时镦头形成位置

图2-105　叉片按住铆钉杆根部垫圈

⑯在结构件通路较差，用手指无法直接向铆钉孔放铆钉时，可使用铆钉放钉器，如图2-106所示。

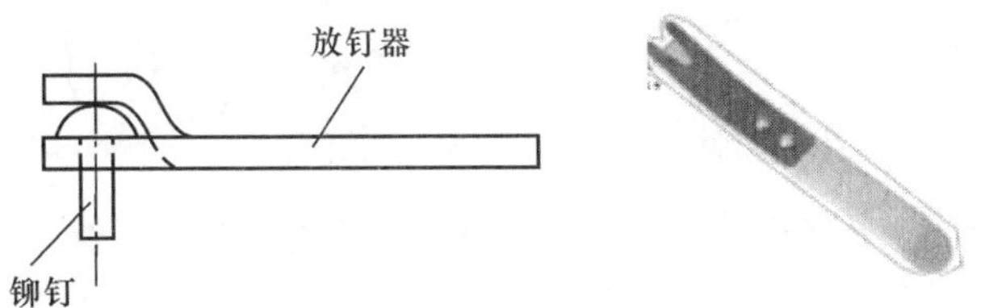

图2-106　铆钉放钉器

⑰为提高铆接结构件的表面质量，应尽量采用正铆法。

⑱双人配合铆接时，握枪人和顶持人要商定各种铆接过程中的配合协商信号，如开始锤击、镦头高、镦头扁、镦头歪、更换铆钉、镦头成型合格，都要用信号通知对方，以掌握铆接情况，及时排除故障，或继续铆接。

⑲为了防止蒙皮铆接后产生鼓动或波纹，要采用中心法铆接，如图2-107所示；或采用边缘法铆接，如图2-108所示。

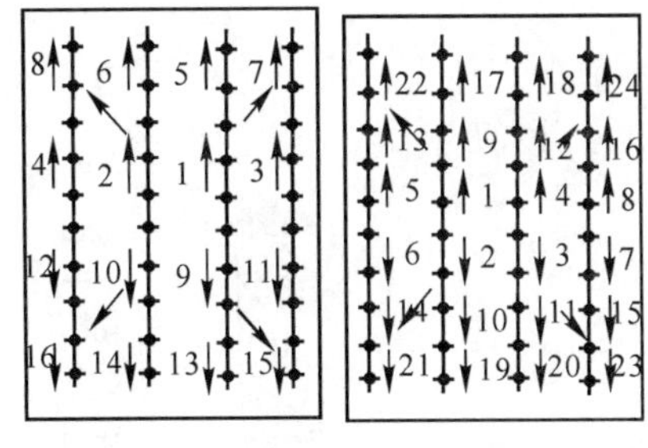

图2-107　中心法铆接顺序示意图

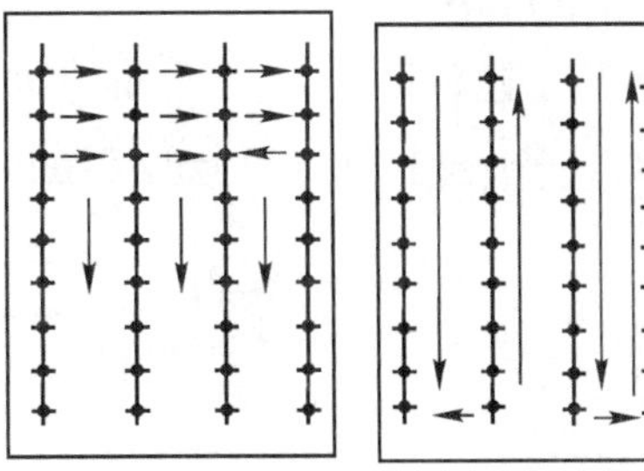

图2-108　边缘法铆接顺序示意图

2.4.4.6　沉头铆钉的修整

为了使铆接后的沉头铆钉头或沉头镦头与工件表面保持平滑，可用铣平器修整沉头铆钉头和沉头镦头。修整沉头铆钉的操作过程及要求如下：

①铣平器只适合于修整铝合金铆钉。正确选择铣平器的刀具尺寸，同时要检查刀刃的锋利情况及刃口有无缺损。

②调整铣平器，将挡圈调至与刀具端面处于同一平齐位置，先在一块平板上进行试切削，如果刀具接触并铣伤试验平板，则需调节挡圈向外延伸，如图 2-109 所示，压下调节锁，逆时针转动调节卡圈 1 个扣，直到刀具碰不到试验板表面为止。

③调整好后，经检验合格方可在产品上修整铆钉，将刀具放在要修整的铆钉头位置，以均匀的压力垂直于铆钉轴线进行铣切，如图 2-110 所示。

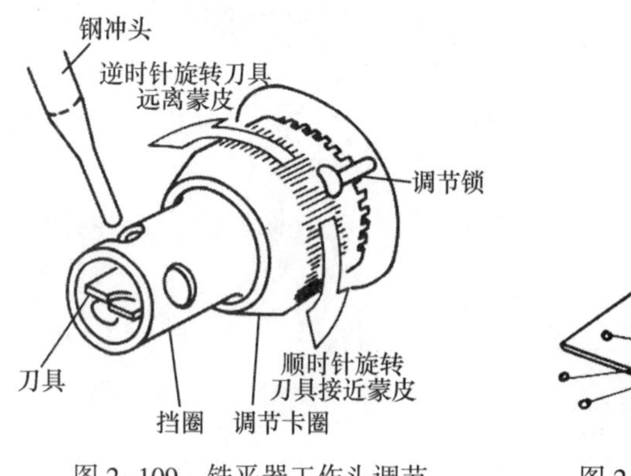

图 2-109　铣平器工作头调节

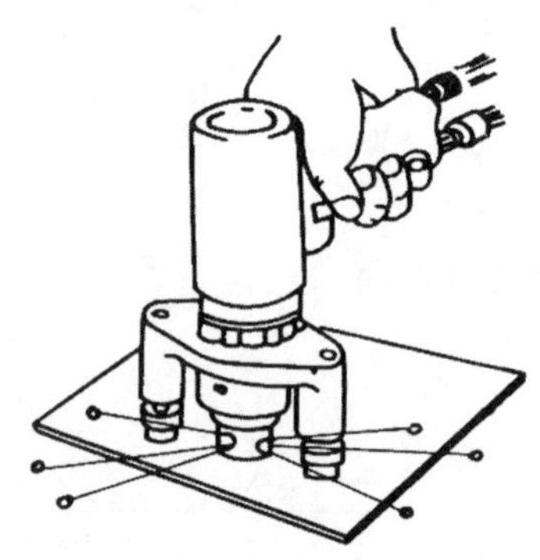

图 2-110　铣平器工作情形

④一般实心沉头铆钉头的修整量，不能超过其直径的 5%。

⑤任何情况下，修整铆钉头或镦头，都不能取掉铣平器上的挡圈进行修整工作。

2.4.4.7　铆接安全技术要求

①铆接前应检查冲头和顶铁，不得有裂纹和毛刺。

②安装在铆枪上的冲头应安装保护弹簧，如图 2-111 所示。冲头装好后，铆枪不准对着人，以免失手扣动扳机，发生意外事故，铆接完毕后应立即取下冲头。

③铆接时，握枪人和顶持人均应带好护耳器或耳塞，以减少噪声刺激。

④在高层型架和工作梯上工作时，必须把工具放置在牢靠、稳妥的位置上，防止工具等物体坠落；在底层型架和工作梯底下工作的人员，必要时应戴上防护帽，防止高层物体坠落伤人。

⑤使用手锤敲打冲头、冲子时，要防止打伤手指，冲头、冲子上的毛边要及时在砂轮机上磨掉，以免敲打时毛边崩出伤人，如图 2-112 所示。

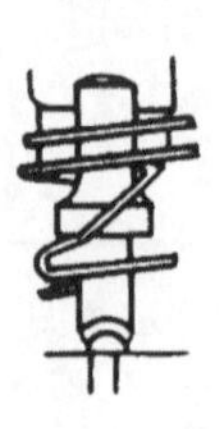

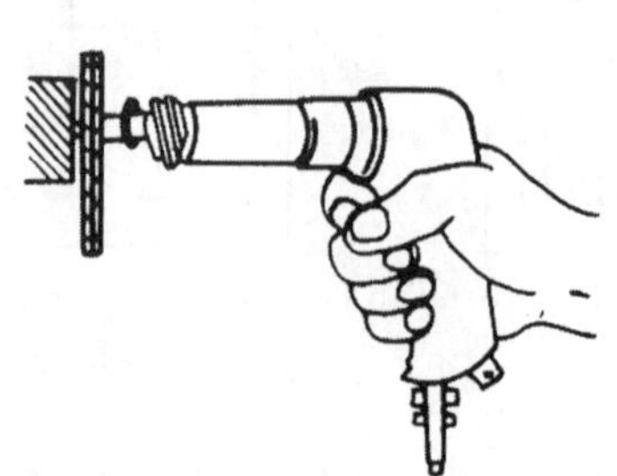

图 2-111　冲头安装保护弹簧

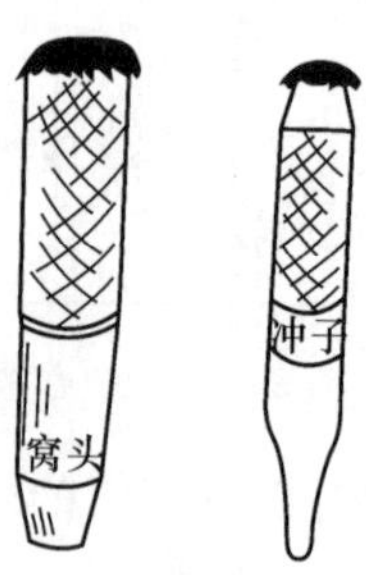

图 2-112　捶打产生的毛边

【练习题】

1. 顶铁的形状应尽量根据铆接部位的可达性进行选择，顶铁的重量应根据所铆接的铆钉的(　　) 选择。

A. 大小　　B. 长短　　C. 好坏　　D. 轻重

2. 在铆接不同强度的材料时，墩头应布置在材料（　　）。

A. 强度较大的一面　　B. 强度较小的一面

C. 钢度较大的一面　　D. 钢度较小的一面

3. 铆接同一材料而厚度不等的构件时，墩头应布置在（　　）。

A. 材料较薄的一面　　B. 材料较厚的一面

C. 钢度较大的一面　　D. 钢度较小的一面

4. 划窝深度必须准确，边划窝，边检查，允许铆钉凸出钉窝不大于（　　）mm，但不允许下凹。

A. 0.05　　B. 0.5　　C. 0.1　　D. 0.8

5. 铆钉孔直径大于（　　）mm 时，应先钻小孔，然后扩孔至最后尺寸。

A. 1　　B. 2　　C. 3　　D. 4

6. 铆接时墩头方向用（　　）支撑。

A. 虎钳　　B. 顶铁　　C. 大力钳　　D. 桌面

7. 铆钉孔一定要去毛刺的原因是（　　）。

A. 便于放铆钉　　B. 防止孔裂纹　　C. 可以减轻重量　　D. 为了美观

8. 铆接时只要结构允许，应优先选用（　　）。

A. 正铆　　B. 反铆　　C. 冲击铆接　　D. 压铆

任务 2.5　铆接质量的检查与控制

【技能点】2.5.1　铆接质量检查

铆接装配工作量约占飞机装配工作量的 30%以上，铆接的质量直接关系到结构强度和疲劳寿命。装配过程中检查和控制铆接各工序的质量，需要合理选择检查方法和正确使用检查工具。

2.5.1.1　提高铆接质量的基本要求

①严格按照图样、工艺文件、装配指令、铆接操作技术要求等进行铆接。

②铆接前，应提高零部件安装的准确度，以及钉孔和沉头窝的质量，在铆接过程中，严格按技术文件要求操作。

③ 注意选用正确的铆接方法，优先考虑使用正铆法铆接，尽量采用压铆代替锤铆。

④采用先进工具，正确使用与保养工具。

2.5.1.2 铆接质量要求

①铆接后，铆钉头表面不准有伤痕、压坑、裂纹等缺陷，铆钉头与铆接件的表面应贴合，允许在范围不超过铆钉头 1/2 圆周的间隙≤0.05mm，但在铆缝中这种铆钉的数量不超过总数的 10%，且不允许连续出现，如图 2-113 所示。

②所有外形的沉头铆钉均不得下沉，沉头铆钉头凸出蒙皮的高度值应尽量在 0.02~0.05mm，如图 2-114 所示。

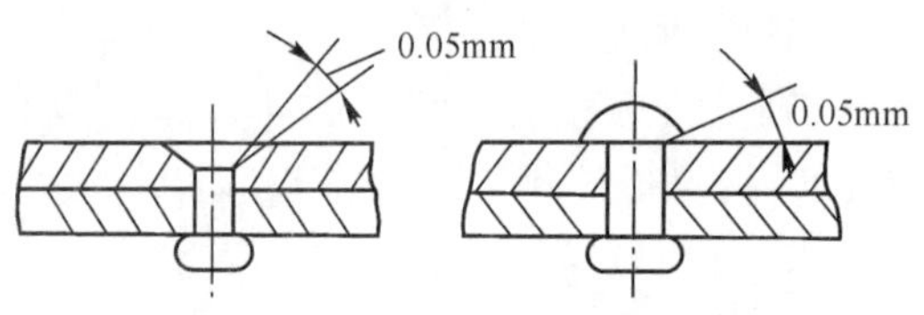

图 2-113 铆钉产生的单面间隙

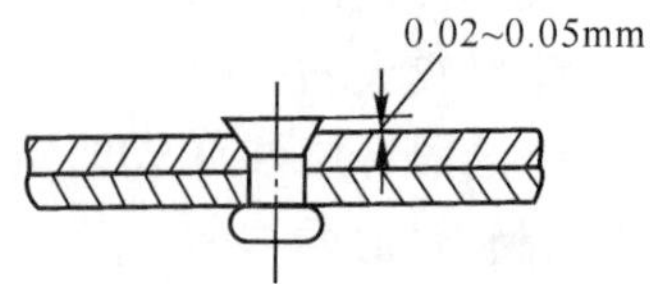

图 2-114 沉头铆钉头凸出值

③铆钉周围的蒙皮和两个铆钉之间的蒙皮，允许有下凹量，按照铆接技术要求执行。

④按图 2-115 所示用检验样板按铆接技术要求检查铆钉镦头的高度、直径。

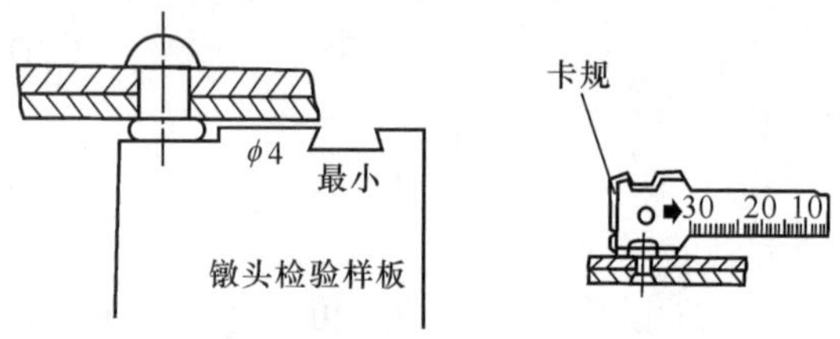

图 2-115 检验镦头用样板

⑤双面沉头铆钉的镦头直径与铆钉头直径相同，铆钉头凸出量见表 2-23，铆钉头凸出量测量方式如图 2-116 所示。

表 2-23 双面沉头铆钉的铆钉头凸出量

mm

部位	一般结构	局部 20%允许值	双面沉头铆钉镦头
翼面类Ⅰ区	0<Δ≤0.1	0.1≤Δ≤0.15	+0.3
翼面类Ⅱ区	0<Δ≤0.15	0.15≤Δ≤0.2	

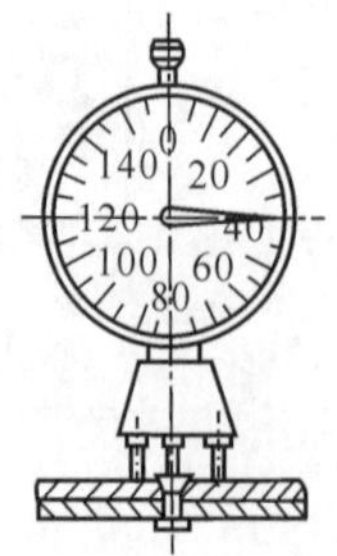

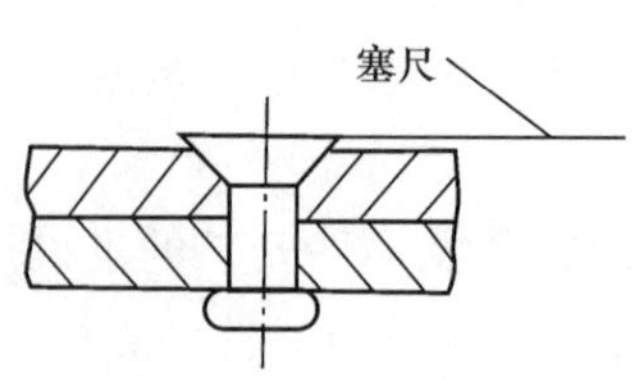

图 2-116 铆钉头凸出量测量方式

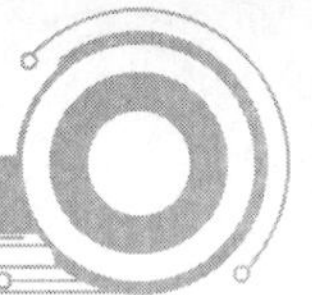

【技能点】2.5.2 铆钉的分解与更换

2.5.2.1 铆钉的分解方法和要求

①分解铆钉时，半圆头铆钉应用锉刀将钉头上锉修出平面，如图 2–117（a）所示；然后在铆钉头中心处打冲点，以避免钻头打滑，伤及蒙皮，如图 2–117（b）所示。

②用小于铆钉孔直径 0.2mm 的钻头钻掉铆钉头，钻孔深度不应超过铆钉头的高度，如图 2–117（c）所示。

③用与钻头大小相同的直杆冲撬掉钉头，如图 2–117（d）所示。

④分解铆钉头时，用顶铁在铆钉镦头一侧顶住铆接件，用与铆钉直径相同的铆钉冲从被分解的铆钉头一侧冲掉剩余的铆钉，如图 2–117（e）所示。

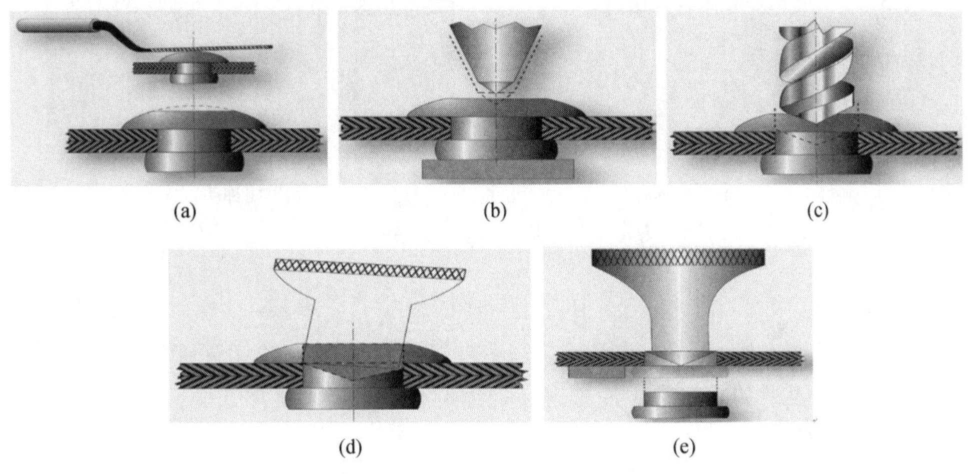

图 2–117 普通铆钉的分解

2.5.2.2 铆钉的更换

铆钉分解后，若铆钉孔的实际偏差符合同号铆钉孔的要求，使用原直径的铆钉铆接。如果分解后，若铆钉孔直径超差，应该用直径大一号的铆钉铆接，加大铆钉的数量要在规定数量范围之内，加大铆钉不得连续分布。

【知识点】2.5.3 其他铆接方法

2.5.3.1 手铆法

手铆法是采用顶铁顶住铆钉头，冲头顶住铆钉杆，用手锤沿铆钉轴线方向敲击冲头，使铆钉杆形成镦头，如图 2–118 所示。

在允许的情况下，应将顶铁夹在工作台的虎钳上进行铆接，如果用手握顶铁，则应按正铆法的要求选择顶铁重量。手铆凸头铆钉时，应在顶铁上按铆钉头尺寸制窝，也可以把铆枪冲头夹在虎钳上代替顶铁进行铆接，如图 2–119 所示。

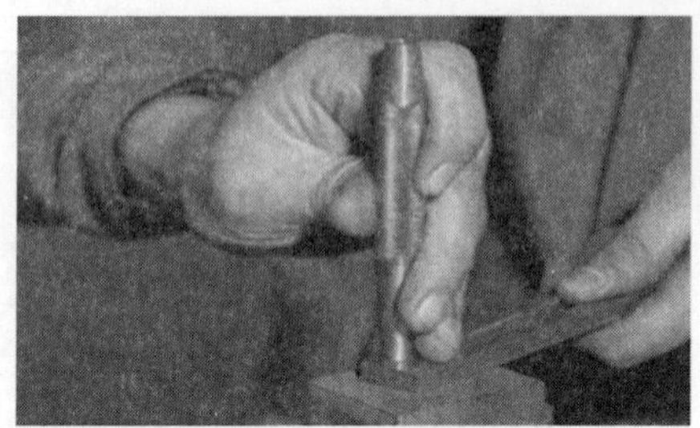

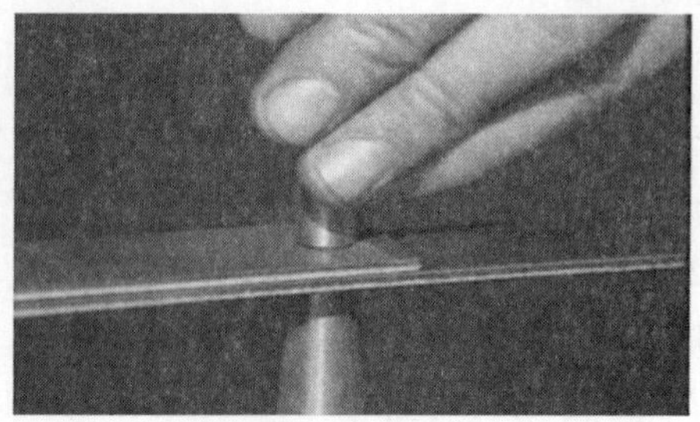

图 2-118　手铆成型过程

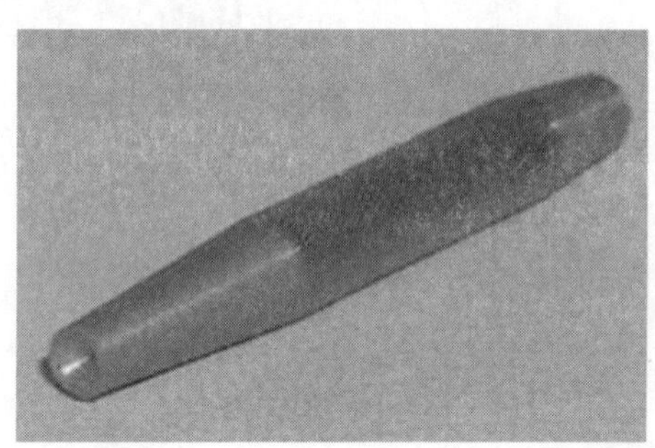

(a) 手用冲头

(b)铆枪冲头

图 2-119　冲头夹持在虎钳上使用

2.5.3.2　锤铆法

不能采用压铆法时，一般采用锤铆法。在锤铆法中优先选用正铆法，特别是对于铆接件表面质量要求高的部位。冲击铆接是锤铆法的主要铆接形式。

2.5.3.3　压铆法

压铆法是用压铆设备的静压力，通过上、下铆模挤压铆钉杆而形成镦头的方法。压铆法使用固定压铆设备和手提压铆设备，铆钉杆能均匀地镦粗填埋铆钉孔，铆接质量稳定、表面质量好、效率高、劳动条件好，但应用范围受产品结构限制，多用于开敞性好（如肋、框、梁、壁板等）的平头铆钉、沉头铆钉的铆接。

①在实际操作中，只要结构工艺性允许，就优先选用压铆法。通常用压铆系数反映装配件中压铆铆钉数与铆钉总数的比例，如式（2-6）所示。即

$$压铆系数 = \frac{压铆铆钉数}{铆钉总数} \tag{2-6}$$

压铆变形抵抗力按式（2-7）计算

$$P = 4\sigma_b \cdot d^2 \tag{2-7}$$

式中：P——压铆变形抵抗力，N；

σ_b——铆钉材料的强度极限，N/mm^2；

d——铆钉直径，mm。

②压铆形成镦头所需的压铆力与铆钉材料和铆钉直径有关，标准镦头所需压铆力见表 2-24，半圆形镦头所需的压铆力为表中压铆力的 2.2 倍。

表 2-24　压铆标准镦头的压铆力

铆钉直径/mm		2.0	2.5	2.6	3.0	3.5	4.0	5.0	6.0	7.0	8.0
压铆力/kN	铝合金铆钉	5	7	8	9.5	15	20	30	50	57	80
	钢铆钉	6.5	10	11	13	22	25	50	60	75	100

③安装在压铆机上的冲模尾部的直径公差带一般为 f_7，压铆斜面上的铆钉，允许在铆模工作面上刻有 0.2mm 深的花纹。

④采用压铆法时，可以用平锥头铆钉代替半圆头铆钉。

⑤压铆典型工艺过程与普通铆接工艺过程基本相同，需要根据压铆件的结构和铆钉的直径、数量和材料来选用压铆机的型号和压铆模。

当铆接半圆头铆钉时，用铆钉头作定位基准，采用正铆法进行铆接，如图 2-120（a）所示。

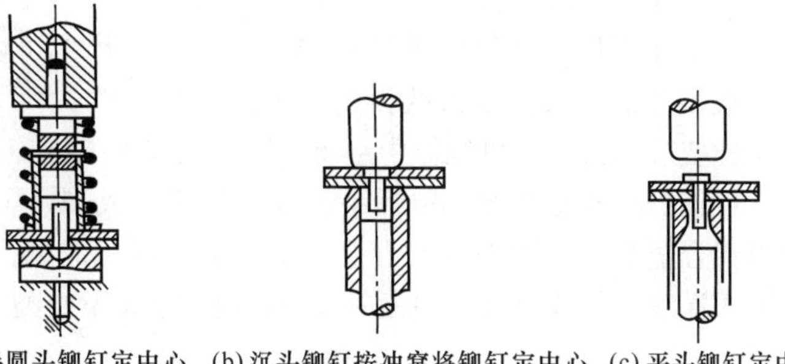

(a) 半圆头铆钉定中心　(b) 沉头铆钉按冲窝将铆钉定中心　(c) 平头铆钉定中心

图 2-120　用压铆模定位方法

当铆接沉头铆钉时，若铆接件为冲窝时，则以冲窝作为定位基准，采用反铆法进行铆接，如图 2-120（b）所示。

当铆接平头铆钉时，一般采用反铆法进行铆接，如图 2-120（c）所示，也可用正铆法，但所选冲头的窝必须与铆钉头的形状相一致。

【练习题】

1. 铆接前应做好哪些工作（　　）。

A. 确保铆钉孔的质量　　B. 确保沉头窝的质量

C. 选择合适的冲头　　D. 工件做好固定，消除间隙

2. 铆接后铆钉头表面不准有（　　）。

A. 伤痕　　B. 压坑　　C. 裂纹　　D. 缺陷

3. 铆钉头与铆接件的表面应贴合，允许在范围不超过 1/2 圆周的间隙（　　）。

A. ≤0.02mm　　B. ≤0.05mm

C. ≤0.10mm　　D. ≤0.15mm

4. 沉头铆钉头凸出蒙皮的高度值应尽量在（　　）。

A. 0.02～0.05mm　　B. 0.05～0.1mm

C. 0. 1～0. 15mm　　D. 0. 2～0. 25mm

5. 检验铆钉镦头的尺寸可以用（　　）。

A. 镦头检验样板　　B. 卡规

C. 游标卡尺　　D. 钢板尺

【知识拓展】2. 6　钣金加工

飞机钣金加工技术是飞机结构制造与装配的重要组成部分，是实现飞机结构特性的重要制造技术之一。现代飞机的壳体主要是钣金铆接结构，统计资料表明，钣金零件数量约占飞机零件数量的 50%，钣金工艺装备占全机制造工艺装备的 65%，其制造工作量占全机工作量的 20%。因此，在学习飞机铆接装配技术的同时，也必须掌握一定的飞机钣金加工技术。

使金属板材产生塑性变形而获得所需形状的方法，称为钣金成型加工。钣金成型是通过塑性变形获得的，所以加工的材料需具有良好的塑性变形能力。飞机维修中主要采用的成型种类有：折边（弯曲）、延展和收缩、挤压、拉伸等。成型的方法包括手工成型和机械成型。飞机结构上使用冷加工成型的材料以铝合金为主。大部分铝合金不需要退火即可成型，但如果是非常特殊的成型操作，要求深度拉伸或复杂的曲面时，应在退火状态下成型。

【知识点】2. 6. 1　弯曲加工术语

熟悉板材弯曲加工术语对理解弯曲加工在实际工作中的应用是十分必要的。板材弯曲加工时的主要术语如图 2-121 所示。

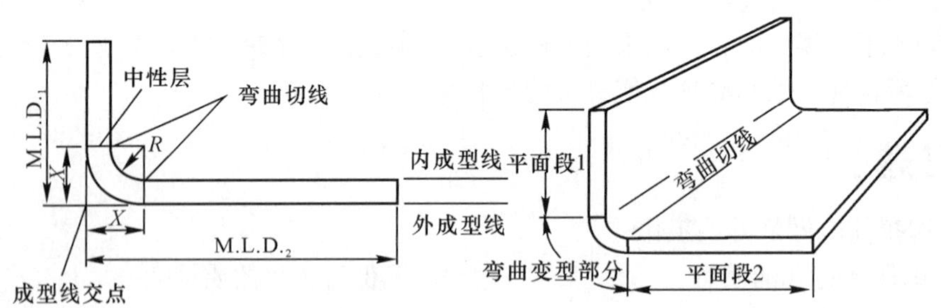

图 2-121　板材弯曲成型

①宽边：弯曲成型后的较长边。

②弯边：弯曲成型后的较短边，如果两边长度相等，则均称为宽边。

③型线：宽边和弯边的外表面延长线，两条延长线的交点称为型线交点。

④弯曲切线：板材的平直部分和弯曲部分的交线。

⑤弯曲半径：从板材的弯曲面内侧测量得到的曲率半径。

⑥基本长度：成型零件的外型尺寸，在图纸上已给出，也可从原件上测量得到。

⑦收缩段：弯曲切线到型线交点的距离。

⑧平面：零件的平面或平直部分，不包括弯曲，等于基本长度减去收缩段。

⑨中性面：弯曲金属板材时，在板的内曲面产生压缩力而在外曲面产生拉伸力，在内曲面和外曲面之间的某一曲面处，既没有压缩力也没有拉伸力，该面称为中性面，如图 2-122 所示。

⑩弯曲加工余量：成型零件弯曲部分弯曲加工所需材料的长度，即为弯曲中性面的长度。

⑪准线：成型金属板上画出的标记，此线与折边机的圆角镶条头部对齐、作为弯曲工作的指示线。在弯曲之前一定要确定材料的哪一端可以很方便地插入折边机，然后从插入端的弯曲切线测量等于弯曲半径的长度，即为准线，如图 2-123 所示。

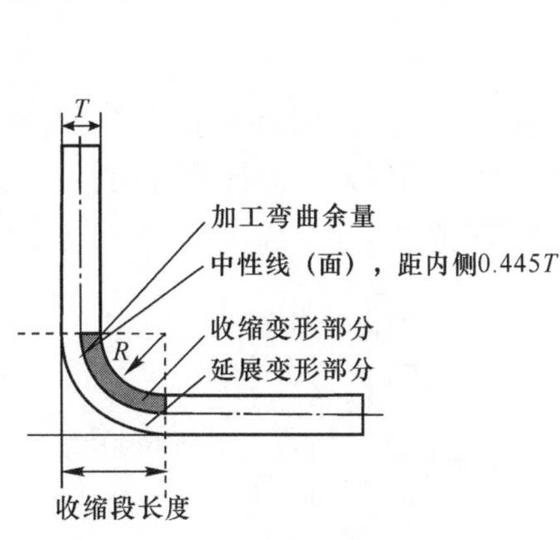

图 2-122　板材弯曲段的中性面

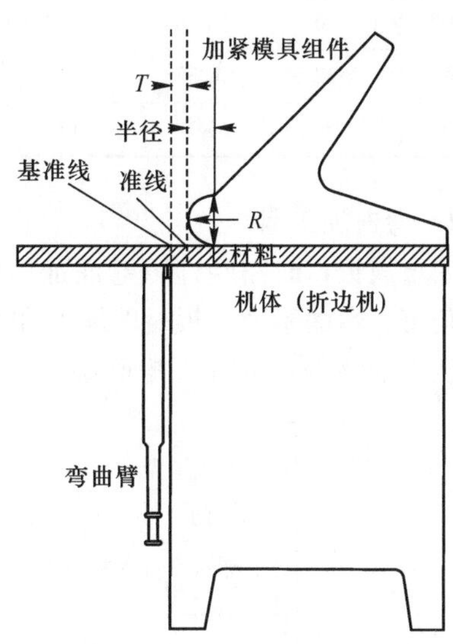

图 2-123　板材弯曲时的准线标记

【知识点】2.6.2　板材直线弯曲

在板材弯曲成型时，要考虑材料的性质、厚度及热处理状态。一般材料越薄、越软，越容易弯曲成型。

2.6.2.1　弯曲半径

板材的最小弯曲半径是其不会产生撕裂破坏的弯曲半径。不同金属板材都有确定的最小弯曲半径。材料的性质、厚度和热处理状态都是影响其最小弯曲半径的主要因素。飞机结构用典型 2024-T 铝合金板材的最小弯曲半径如表 2-25 所示。

表 2-25　2024-T 铝合金板材的最小弯曲半径

板材	半径/in							
	厚度/in							
	0.020	0.025	0.032	0.040	0.050	0.063	0.071	0.080
2024-O	1/32	1/16	1/16	1/16	1/16	3/32	1/8	1/8
2024-T4	1/16	1/16	3/32	3/32	1/8	5/32	7/32	1/4
5052-O	1/32	1/32	1/16	1/16	1/16	1/16	1/8	1/8
5052-H34	1/32	1/16	1/16	1/16	3/32	3/32	1/ 8	1/ 8
6061-O	1/32	1/32	1/32	1/16	1/16	1/16	3/32	3/32
6061-T4	1/32	1/32	1/32	1/16	1/16	3/32	5/32	5/32
6061-T6	1/16	1/16	1/16	3/32	3/32	1/8	3/16	3/16
7075-O	1/16	1/16	1/16	1/16	3/32	3/32	5/32	3/16
7075-W	3/32	1/32	1/8	5/32	3/16	1/4	9/32	5/16
7075-T6	1/8	1/8	1/8	3/16	1/4	5/16	3/8	7/16

2.6.2.2　弯曲加工量

弯曲金属板材时需要计算弯曲加工所需板材的长度，即弯曲加工量，其大小取决于弯曲角度、弯曲半径、板材的厚度和金属的种类等因素。为计算方便，一般可认为中性面位于50%板厚处（即中间层），如图2-124所示。

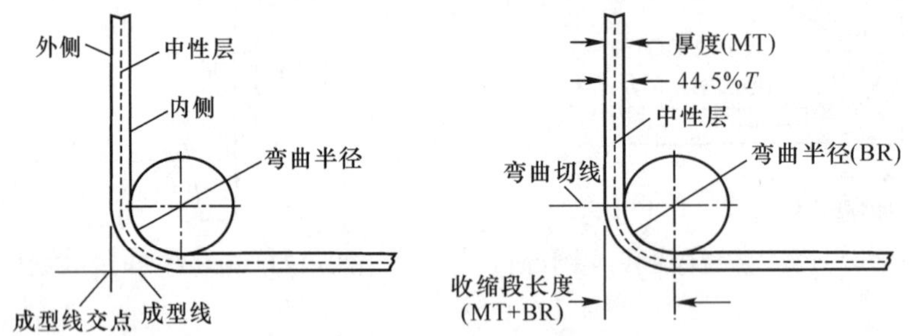

图2-124　板材弯曲时的中性面

（1）90°弯曲的弯曲加工量

弯曲半径（R）加上板材厚度的一半（$\frac{1}{2}T$）近似等于中性面的曲率半径。用中性面的曲率半径乘以2π可计算出圆的周长为$2\pi(R+\frac{1}{2}T)$，因为90°的弯曲是圆周的1/4，用圆周长除以4得出90°弯曲的弯曲加工量为$\frac{\pi(R+\frac{T}{2})}{2}$。

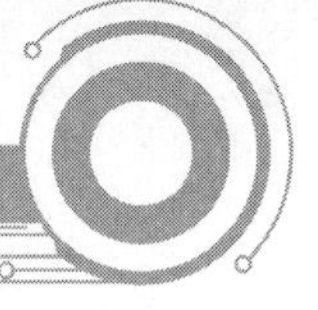

例题：若板材半径为 6.35mm，厚度为 1.3mm，求 90°弯曲的弯曲加工量。

$$90°\text{弯曲的弯曲加工量}=\frac{3.1416\times(6.35+\frac{1}{2}\times1.3)}{2}=\frac{3.1416\times(6.35+0.65)}{2}=\frac{3.1416\times7}{2}=11(\text{mm})$$

因为中性面并不完全位于被弯曲板料的中心线上，所以以上计算结果是有误差的，但由于所用的材料很薄，此误差可以忽略。对于大多数板料弯曲加工来说，上述公式是适用的。

（2）非 90°弯曲的弯曲加工量

当金属板材的弯曲角度不是 90°或尺寸有严格要求时，需要进行精确的计算。为节省计算时间，可使用下列公式获得精确的结果

弯曲加工量=（$0.01743\times R+0.0078\times T$）$\times A$

式中：A——弯曲角度，（°）；

R——弯曲半径，mm；

T——板材厚度，mm。

板料的弯曲加工量还可以直接通过查表（材料手册）的方式得到，在此不再赘述。

2.6.2.3　收缩段

在弯曲一块薄板时，有必要知道弯曲的始点和终点，以便确定平直部分的材料长度。确定这部分长度有两个重要因素：弯曲半径和材料厚度。

（1）90°弯曲的收缩段

计算 90°弯曲的收缩段长度，将弯曲内径加上板材的厚度即可，如图 2-125 所示，即收缩段长度为

$$SB=R+T$$

例如：板材厚度为 1.3mm，弯曲半径为 3.175mm，计算收缩段的长度为

$$SB=R+T=3.175+1.3=4.475\ (\text{mm})$$

（2）非 90°弯曲的收缩段

计算大于或小于 90°的弯曲角度的收缩段长度时，参照图 2-126，计算公式如下

$$SB=K\ (R+T)$$

参考标准的收缩段图表（即 K 值表，查询材料手册，在此不单独列出），然后将 K 值代入上式，就可以得到非弯曲 90°的收缩段长度。

例如：弯曲半径为 3.175mm，板材的厚度为 0.8128mm，计算 120°弯曲的收缩段长度。

查收缩段图表，得到 120°弯曲的 K 值为 1.732，则 120°弯曲的收缩段长度为

$$SB=K\ (R+T)\ =1.732\times\ (3.175+0.8128)\ =6.91\ (\text{mm})$$

一定要在进行弯曲之前确定收缩段尺寸，因为收缩段用来决定弯曲切线的开始位置。

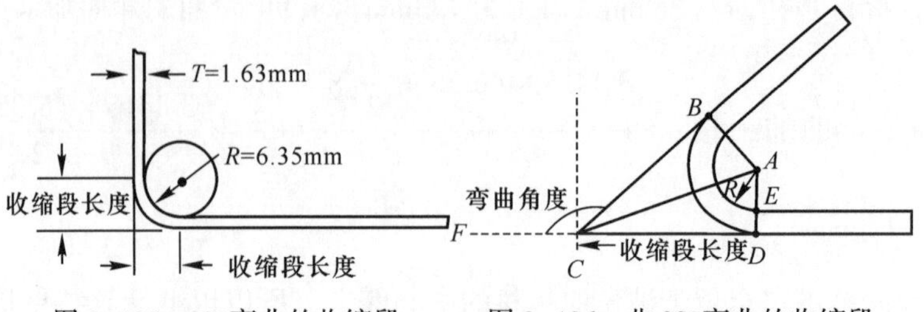

图 2-125　90°弯曲的收缩段　　图 2-126　非 90°弯曲的收缩段

2.6.2.4　弯曲加工平面图形

制作钣金弯曲件之前需要将图纸展开成平面图形，这样可以留出正确的余量以满足收缩段和弯曲加工量的要求，防止浪费材料，保证成品的精度。

例题：展开图 2-127 所示一个 U 形件的平面图形，U 形件的左边高为 50.8mm，右边高为 50.8mm，两平面外表面之间距离为 50.8mm，U 形件的长度为 101.6mm，材料厚度为 0.8128mm，弯曲半径是 3.175mm，弯曲角度为 90°。计算过程如下：

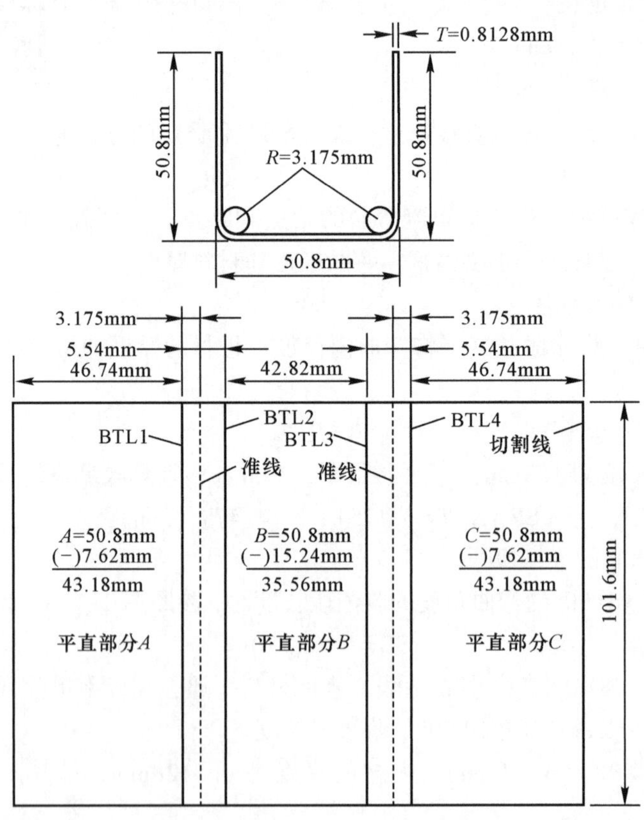

图 2-127　U 形件及其平面展开图

收缩段长度 $=R+T=3.175+0.8128=4.0$（mm）；

平直部分 $A=50.8-4.0=46.8$（mm）；

平直部分 B = 50.8 - (4.0+4.0) = 50.8 - 8.0 = 42.8 (mm);

平直部分 C = 50.8 - 4.0 = 46.8 (mm);

90°弯曲的弯曲加工量 = 5.54 (mm)(查表)。

按上述计算，弯制 U 形材所需板材长度为 46.8+42.8+46.8+2×5.54 = 147.48(mm)。零件的基本尺寸之和为 152.4mm，而计算得出的实际下料长度为 147.48mm，减少了约 4.92mm，这些数据说明了收缩段长度和弯曲加工量对材料长度的影响。当所有尺寸都计算完毕时，就可以切割材料，标出弯曲切线和准线，开始弯曲件加工。

【练习题】

1. 从板材的弯曲面内侧测量得到的曲率半径称为（　　）。

A. 弯曲切线　　B. 弯曲半径

C. 基本长度　　D. 收缩段

2. 为计算方便，一般认为中性面位于板厚处（　　）。

A. 30%　　B. 40%　　C. 50%　　D. 60%

3. 1°到 180°的弯曲加工量计算公式为（　　）。

A. 弯曲加工量 = $(0.01743 \times R + 0.0078 \times T) \times A$

B. 弯曲加工量 = $(0.0078 \times R + 0.01743 \times T) \times A$

C. 弯曲加工量 = $(3.14 \times R + 0.0078 \times T) \times A$

D. 弯曲加工量 = $(0.25 \times R + 0.0078 \times T) \times A$

4.（　　）与折边机的圆角镶条头部对齐作为弯曲工作的指示线。

A. 弯曲切线　　B. 准线

C. 型线　　D. 中性线

5. 弯曲加工量，其大小取决于（　　）。

A. 弯曲角度　　B. 弯曲半径

C. 板材的厚度　　D. 金属的种类

【训练任务】

单项技能训练任务 2-1：常用铆接工具的使用

1. 实训目的

通过任务练习能熟悉风钻、铆枪等常用的铆接工具的使用方法，并在实训过程中能正确维护常用铆接工具。

2. 工具清单

序号	工具名称	型号	单位	数量
1	风钻	前哨 Z0601	把	1
2	铆枪	前哨 M0501	把	1
3	弯角钻	前哨 DA200	把	1
4	铆钉锪窝钻	前哨 QT902	把	1
5	锪窝限制器	前哨 CMS1-4	套	1

3. 工作内容

实训步骤	实训内容	能力要求
普通风钻使用方法	1. 使用前先从进气嘴处注入少许润滑油，保证风钻的工作性能和工作寿命。 2. 用风钻钥匙打开钻夹头，安装好钻头，并用风钻钥匙夹紧，不准用锤击钻夹头的方法夹紧切削工具。 3. 右手持握手柄，食指按下按钮启动风钻，可利用按钮调节转速，保持风钻平稳工作；风钻不应长时间空转，以避免机件急速磨损。 4. 在练习板料上画线，打上铆钉孔的定位点。 5. 按操作要求在板料上钻孔，直至能熟练地控制好风钻转速。 6. 练习结束后，按操作要求进行正确的维护	能正确使用与维护风钻
铆枪使用方法	1. 使用前先从进气嘴处注入少量润滑油，保证铆枪的工作性能和工作寿命。 2. 利用保护弹簧将冲头与枪身连接牢靠，避免冲头飞出伤人。 3. 右手持握手柄，食指按下按钮，启动铆枪，可利用按钮调节压缩空气进气量的大小，保证铆枪平稳工作。 4. 冲头尾部按不同铆枪型号配备，且不同型号之间不能串用，以避免损伤铆枪；使用中不应随意打空枪，避免损坏铆枪。 5. 在板料上安装铆钉进行试铆。 6. 练习结束后，按操作要求进行正确维护	能正确使用与维护铆枪

表（续）

实训步骤	实训内容	能力要求
弯角钻使用方法	1. 使用前先从进气嘴处注入少许润滑油，保证弯角钻的工作性能和工作寿命。 2. 用弯角钻扳手安装切削钻头。 3. 手握机身同时按下切削钻头启动弯角钻，调节转速，开关可调节弯角钻转速，保持弯角钻平稳工作；弯角钻不应长时间空转，以避免机件急速磨损。 4. 按操作要求在板料上钻孔，直至能熟练地控制好弯角钻转速。 5. 练习结束后，按操作要求进行正确的维护	能正确使用与维护弯角钻
铆钉锪窝钻使用方法	1. 用钻钥匙打开钻夹头，安装好锪窝钻。 2. 用钻钥匙夹紧，不准用锤击钻夹头的方法夹紧。 3. 右手持握手柄，食指按下按钮启动铆钉锪窝钻；可利用按钮调节转速，保持铆钉锪窝钻平稳工作；铆钉锪窝钻不应长时间空转，以避免机件急速磨损。 4. 在非加工工件（废料）上试锪窝，熟练掌握锪窝钻的使用方法	能正确使用与维护铆钉锪窝钻
锪窝限制器（锪窝钻套）使用方法	1. 在钻套内先安装锪窝钻。 2. 通过限动器齿状部分螺纹调整锪窝深度。 3. 调整锪窝深度时应在非加工工件（废料）上试锪，深度合格后才能在工件上锪窝。 4. 工作中不得随意拆卸、撞击，保证锪窝钻套的正常使用	能正确使用与维护锪窝钻套

4. 注意事项

（1）实训操作前必须穿戴好劳动保护用品。

（2）实训操作的工具、量具应摆放整齐、有序。

（3）此项目为熟悉工具使用的实训环节，实训操作尽量使用废料，不能在正式加工的零件上进行。

综合技能训练任务 2-2：双层蒙皮铆接（初级工）

1. 实训目的

通过双层铆接件的铆接练习，掌握飞机结构件普通铆接的钻孔、锪窝、铆接等工序的技术要求和操作要点，能独立完成钻孔、锪窝、铆接和质量检查等施工步骤。

2. 实训工卡

任务编号	2-2	实训工卡	工卡编号	001
任务类型	综合技能		版本号	01

机型	N/A	计划工时	4h	工位		页码	第　页 共　页

标题	双层蒙皮铆接
参考技术文件	飞机铆接安装通用技术条件、铆装钳工技能
注意事项	1. 坚持安全、文明生产规范，严格遵守实训室制度和劳动纪律； 2. 穿戴好劳动保护用品，不携带与实训工作无关的物品； 3. 不同型号的铆钉分开存放，检查计量器具效验日期； 4. 铆枪严禁指向人或非铆接零件时打空枪； 5. 使用剪板机、砂轮机等设备时，须在教师指导下进行，应遵守安全操作规程

工具/设备/材料/防护

类别	名称	型号/规格	单位	数量	工作者	检查者
工具	气钻	Z0601	把	1		
	中心冲	标准	把	1		
	钻头	ϕ2. 1mm、ϕ3. 1mm、ϕ3. 6mm	把	各 1		
	铆枪	M0501	把	1		
	顶铁	2#	把	1		
	铁榔头	1. 25P	把	1		
	橡胶榔头	标准	把	1		
	螺纹式定位销	ϕ3. 5mm	个	4		
	平锉刀	8″	把	1		
	刮边器	标准	个	1		
	金属铅笔	2B	支	1		
	毛刷	2″	把	1		
	直杆冲	ϕ3. 0mm	把	1		
	划窝钻	ϕ3. 5mm×120°	个	1		
	锪窝限制器	标准（选用）	套	1		
	钢字码	标准	套	1		
	钢板尺	300mm	把	1		
	卡尺	0. 02mm	把	1		
	孔量规	ϕ3. 5mm	个	1		

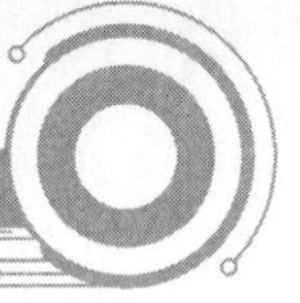

表（续）

工具/设备/材料/防护						
类别	名称	型号/规格	单位	数量	工作者	检查者
工具	铆钉卡规	标准	把	1		
	塞尺	0.05mm	把	1		
	直角尺	标准	把	1		
设备	工作钳台	标准	台	1		
	剪板机	1.5m	台	1		
耗材	LF21CZ 铝板	δ1.2mm	块	按图样		
	半圆头铆钉	HB 6231—3.5×8	个	按图样		
	沉头铆钉	HB 6316—3.5×8	个	按图样		
	清洁剂	酒精	瓶	1		
防护用品	棉布	N/A	块	1		
	耳罩/耳塞	符合个人防护标准	副	1		
	防护手套	符合航空使用标准	副	1		

备注：

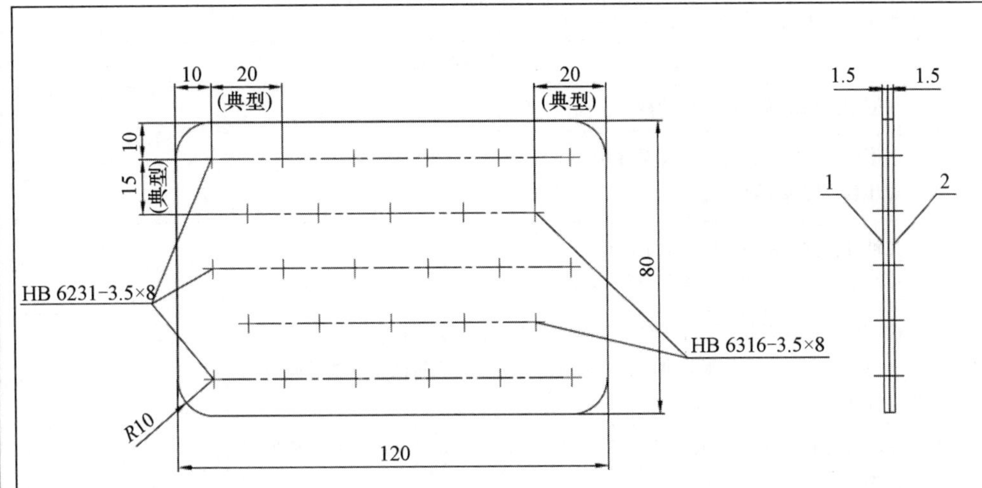

技术要求:
1.制孔、制窝及墩头、钉头均依据通用技术条件。
2.铆接后变形不平度不大于0.3mm。
3.盖板锉斜边。
4.所有边缘打磨光滑，无毛刺。

2	底板	1	LY12CZ-δ1.2	125×85
1	面板	1	LY12CZ-δ1.2	125×85
序号	名称	数量	材料	毛料尺寸

编写		审核		批准	
完工签署					
检查者			完工日期		

表（续）

项目	工作内容	工作者	检查者
一	准备工作		
1	技术资料：查询资料，找到与任务相关的知识内容		
2	工作场地/设备：检查工作场地和设备的运行安全		
3	工具/材料：按工具清单清点工、量具，准备实训材料		
4	劳动防护：按实训要求穿戴劳动保护用品，做好个人安全防护		
二	下料		
1	根据图样确定板料-1、-2的毛料形状和下料尺寸；在板料上画线、剪切下料。 ★注意：下料时按图样画线，保持合适的锉修加工余量（2~5mm）；剪切下料时按剪板机操作规程正确使用		
2	板料表面校平。 ★注意：使用橡胶榔头校平		
3	用平锉刀去板料边缘毛刺，锉修光滑。 ★注意：按图样锉修到规定尺寸		
三	制作铆钉孔		
1	根据图样确定铆钉的头型、材料、直径、长度和数量		
2	根据图样在厚度大的板料表面布置铆钉。 ★注意：用铅笔画线定位		
3	在铆钉孔位置用中心冲打上定位点。 ★注意：定位点的深度不大于0.5mm		
4	在钳台上夹紧板料，用风钻在四角铆钉定位点上打定位孔。 ★注意：在钳台上要用软钳口装夹板料；选用合适规格的钻头按钻孔技术要求打铆钉孔		
5	在对角线上安装定位销，钻其余铆钉孔，在钻孔时先钻初孔，然后用比铆钉直径大0.1mm的钻头扩孔。 ★注意：按钻孔技术要求打铆钉孔，初孔直径=（0.6~0.8）铆钉直径。工件在垫木上操作时应保护表面		
6	钻孔完毕后卸下定位销，铆钉孔边缘用刮边器（或10mm钻头）倒角0.2mm，清除毛刺。 ★注意：两块板料上、下表面的铆钉孔边缘都需要去毛刺（埋头窝正面不需去毛刺）		
7	按钻孔的技术要求检查铆钉孔加工质量		
四	制作沉头铆钉窝		
1	沉头铆钉的孔分别用锪窝钻和锪窝限制器锪窝。 ★注意：按制窝的技术要求锪窝，加工中勤用标准钉对比窝的深度和形状		
2	按锪窝的技术要求检查沉头铆钉窝的质量		

表（续）

项目	工作内容	工作者	检查者
五	铆接施工		
1	按图样要求选择合适铆枪冲头和顶铁，安装铆钉施铆。 ★注意：按铆接技术要求施工；半圆头钉采用反铆法铆接，埋头钉采用正铆法铆接；正铆法铆接需要消除板料间隙		
2	检查铆接施工质量，应符合技术要求。 ★注意：检查蒙皮和钉头表面质量、铆钉镦头直径和镦头高度		
3	若检查发现有不合格铆钉，按以下步骤拆除与重铆。 ★注意：若全部合格则不需进行以下工序		
4	在蒙皮表面标记出不合格铆钉，在铆钉头部用中心冲打上定位点。 ★注意：定位点深度大于 0.5mm		
5	选择与铆钉相同直径（或小 0.5 mm）的钻头在铆钉头上打孔。 ★注意：钻铆钉头时应找准铆钉中心，若偏斜，应及时纠偏，钻孔深度为铆钉头与铆钉杆的结合部位		
6	钻到所需深度后用直杆冲撬除铆钉头		
7	用顶铁在铆钉镦头旁边顶住蒙皮，在另一边用比铆钉杆直径小 0.5mm 的直杆冲打出铆钉杆		
8	检查铆钉孔实际偏差，若符合同号铆钉孔的要求，用原直径铆钉铆接。 ★注意：铆钉孔若有超差时则需加大一级铆钉（用比原孔大 0.5mm 的钻头），并重新钻孔，制作沉头铆钉窝		
9	放入铆钉重新铆接，按技术要求检查重铆质量		
六	结束工作		
1	用记号笔或钢印做好标记（学号），向指导教师提交工件和工卡		
2	清点工具和量具，按要求维护后摆放规范、整齐		
3	清扫工作现场，保持工位干净、整洁，符合安全、文明生产要求		

3. 考核评价

序号	项目/mm	容差/mm	工、量具	配分	评分标准与得分			扣分
					$S\leq T$ $C<5\%$	$T<S\leq 1.5T$ $5\%<C<60\%$	$S\geq 2T$ $C>90\%$	
1	零件外形 80	±0.6	卡尺	5				
2	零件外形 120	±0.6	卡尺	5				
3	四角垂直度 90°	±30′	角度尺	5				
4	外形圆角 $R10$	±0.2	R 规	5				
5	锐边倒角	≤0.2	目测	5				
6	孔位间距 20	±0.5	钢板尺	5				

表（续）

序号	项目/mm	容差/mm	工、量具	配分	评分标准与得分			扣分
					$S\leq T$ $C<5\%$	$T<S\leq 1.5T$ $5\%<C<60\%$	$S\geq 2T$ $C>90\%$	
7	孔位排距 15	±0.5	钢板尺	5				
8	孔位边距 10	±0.4	钢板尺	5				
9	孔精度 ϕ3.6	±0.1	孔量规	5				
10	孔垂直度	±0.2	垂直度量规	5				
11	沉头铆钉头突出量	0~0.1	标准钉	10				
12	窝棱角、毛刺、损伤	±0.4	目测	10				
13	铆钉镦头变形和机械损伤		目测	5				
14	铆钉头的机械损伤		目测	5				
15	单向间隙	0.05	塞尺	5				
16	铆钉镦头尺寸		铆钉卡规	5				
17	夹层间隙	≤0.3	塞尺	5				
18	工件表面变形和轻微机械损伤		目测	5				
19	未列尺寸或项目				每处不合格扣 1 分			
20	安全、文明生产				按轻重程度，酌扣 2~10 分			
总分					100 分			
注：S：制作工时；T：标准工时；C：尺寸超差值。								

综合技能训练任务 2-3：三角对缝修配铆接（中级工）

1. 实训目的

通过三角形板件对缝修配铆接的练习，掌握飞机结构件修配时间隙控制的方法和要求，以及普通铆接的各工序的施工技术要求和操作要点，能独立完成工件下料、间隙修配、钻孔、锪窝、铆接和质量检查等施工步骤。

2. 实训工卡

<table>
<tr><td>任务编号</td><td>2-3</td><td colspan="4" rowspan="2">实训工卡</td><td>工卡编号</td><td>002</td></tr>
<tr><td>任务类型</td><td>综合技能</td><td>版本号</td><td>01</td></tr>
<tr><td>机型</td><td>N/A</td><td>计划工时</td><td>6h</td><td>工位</td><td></td><td>页码</td><td>第　页
共　页</td></tr>
<tr><td>标题</td><td colspan="7">三角对缝修配铆接</td></tr>
<tr><td>参考技术文件</td><td colspan="7">飞机铆接安装通用技术条件、铆装钳工技能</td></tr>
<tr><td>注意事项</td><td colspan="7">1. 坚持安全、文明生产规范，严格遵守实训室制度和劳动纪律；
2. 穿戴好劳动保护用品，不携带与实训工作无关的物品；
3. 不同型号的铆钉分开存放，检查计量器具效验日期；
4. 铆枪严禁指向人或非铆接零件时打空枪；
5. 使用剪板机、砂轮机等设备时，须在教师指导下进行，应遵守安全操作规程</td></tr>
</table>

<table>
<tr><td colspan="7">工具/设备/材料/防护</td></tr>
<tr><td>类别</td><td>名称</td><td>型号/规格</td><td>单位</td><td>数量</td><td>工作者</td><td>检查者</td></tr>
<tr><td rowspan="16">工具</td><td>气钻</td><td>Z0601</td><td>把</td><td>1</td><td rowspan="16"></td><td rowspan="16"></td></tr>
<tr><td>中心冲</td><td>标准</td><td>把</td><td>1</td></tr>
<tr><td>钻头</td><td>ϕ2. 1mm、ϕ3. 1mm、ϕ3. 6mm</td><td>把</td><td>各 1</td></tr>
<tr><td>铆枪</td><td>M0501</td><td>把</td><td>1</td></tr>
<tr><td>顶铁</td><td>2#</td><td>把</td><td>1</td></tr>
<tr><td>铁榔头</td><td>1. 25P</td><td>把</td><td>1</td></tr>
<tr><td>橡胶榔头</td><td>标准</td><td>把</td><td>1</td></tr>
<tr><td>螺纹式定位销</td><td>ϕ3. 5mm</td><td>个</td><td>4</td></tr>
<tr><td>平锉刀</td><td>8″</td><td>把</td><td>1</td></tr>
<tr><td>刮边器</td><td>标准</td><td>个</td><td>1</td></tr>
<tr><td>金属铅笔</td><td>2B</td><td>支</td><td>1</td></tr>
<tr><td>毛刷</td><td>2″</td><td>把</td><td>1</td></tr>
<tr><td>直杆冲</td><td>ϕ3. 0mm</td><td>把</td><td>1</td></tr>
<tr><td>划窝钻</td><td>ϕ3. 5mm×120°</td><td>个</td><td>1</td></tr>
<tr><td>锪窝限制器</td><td>标准（选用）</td><td>套</td><td>1</td></tr>
<tr><td>钢字码</td><td>标准</td><td>套</td><td>1</td></tr>
</table>

表（续）

工具/设备/材料/防护						
类别	名称	型号/规格	单位	数量	工作者	检查者
工具	钢板尺	300mm	把	1		
	卡尺	0.02mm	把	1		
	孔量规	ϕ3.5mm	个	1		
	铆钉卡规	标准	把	1		
	塞尺	0.05mm	把	1		
	直角尺	标准	把	1		
设备	工作钳台	标准	台	1		
	剪板机	1.5m	台	1		
耗材	LF21CZ 铝板	δ1.2mm，δ1.5mm	块	按图样		
	半圆头铆钉	HB 6230—3.5×8	个	按图样		
	沉头铆钉	HB 6315—3.5×8	个	按图样		
	清洁剂	酒精	瓶	1		
防护用品	棉布	N/A	块	1		
	耳罩/耳塞	符合个人防护标准	副	1		
	防护手套	符合航空使用标准	副	1		

备注：

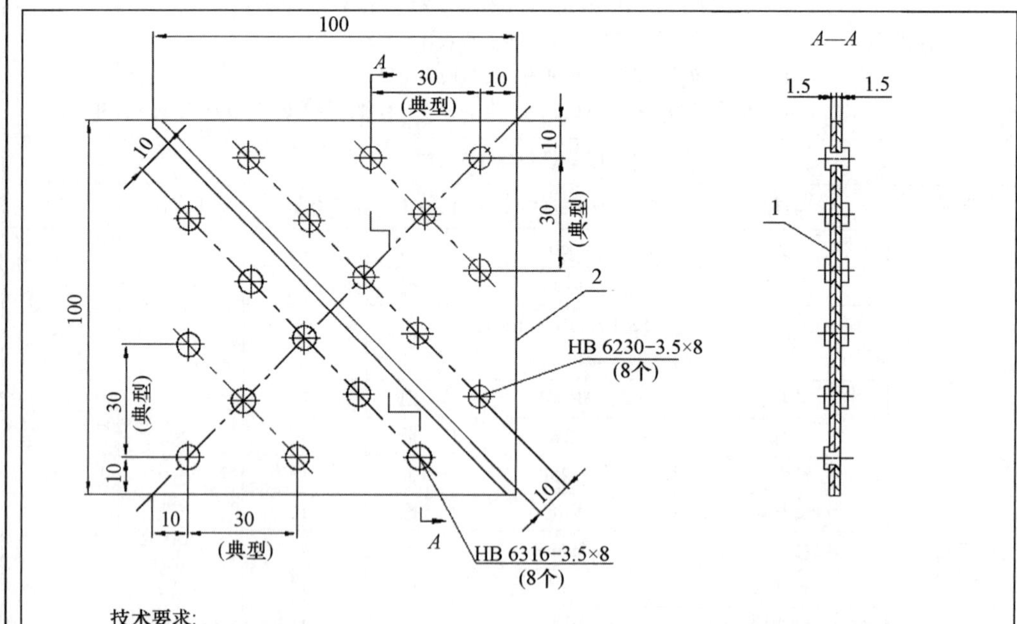

技术要求:
1.对缝间隙0.1~0.6 mm。
2.铆接依据通用铆接技术条件要求。

名称	图号	材料
三角对缝修配铆接练习件	MQ5-04	LY12CZ

编写		审核		批准	
完工签署					
检查者			完工日期		

表（续）

项目	工作内容	工作者	检查者
一	准备工作		
1	技术资料：查询资料，找到与任务相关的知识内容		
2	工作场地/设备：检查工作场地和设备的运行安全		
3	工具/材料：按工具清单清点工、量具，准备实训材料		
4	劳动防护：按实训要求穿戴劳动保护用品，做好个人安全防护		
二	下料		
1	根据图样确定面板、底板的毛料形状和下料尺寸；在板料上画线、剪切下料。 ★注意：下料时按图样画线，保持合适的锉修加工余量（2~5mm）；剪切下料时按剪板机操作规程正确使用		
2	板料表面校平。 ★注意：使用橡胶榔头校平		
3	用平锉刀去板料边缘毛刺，锉修光滑。 ★注意：按图样锉修到规定尺寸		
三	间隙修配		
1	在面板的对角上画对缝加工线，并按加工线剪切		
2	三角面板对缝间隙锉修至 0.1~0.6mm，边缘光滑，无毛刺。 ★注意：将两个三角面板叠放在一起同时锉修，要边锉边对		
3	按图样要求检查对缝间隙，应合格		
四	制作铆钉孔		
1	根据图样确定铆钉的头型、材料、直径、长度和数量		
2	在面板上画铆钉定位线，打定位点。 ★注意：图样上未注尺寸时，铆钉应均匀排布；定位点的深度不大于 0.5mm		
3	在钳台上夹紧面板和底板，用风钻打定位孔。 ★注意：在钳台上要用软钳口装夹板料；选用合适规格钻头按钻孔技术要求打铆钉孔；保持对缝间隙在规定值		
4	在定位孔上装定位销，钻其余铆钉孔，在钻孔时先钻初孔，然后用比铆钉直径大 0.1mm 的钻头扩孔。 ★注意：按钻孔技术要求打铆钉孔，初孔直径=（0.6~0.8）铆钉直径；工件在垫木上操作时应保护表面		
5	钻孔完毕后卸下定位销，铆钉孔边缘用刮边器（或 10mm 钻头）倒角 0.2mm，清除毛刺。 ★注意：两块板料上、下表面的铆钉孔的边缘都需要去毛刺（埋头窝正面不需要去毛刺）		
6	按钻孔的技术要求检查铆钉孔加工质量		

表（续）

项目	工作内容	工作者	检查者
五	制作沉头铆钉窝		
1	沉头铆钉的孔分别用划窝钻和深度限制器锪窝。 ★注意：按制窝的技术要求锪窝，加工中勤用标准钉对比窝的深度和形状		
2	按锪窝的技术要求检查沉头铆钉窝的质量		
六	铆接施工		
1	按图样要求选择合适铆枪冲头和顶铁，安装铆钉施铆。 ★注意：按铆接技术要求施工；半圆头钉采用反铆法铆接，埋头钉采用正铆法铆接；正铆法铆接需要消除板料间隙		
2	检查铆接施工质量，应符合技术要求。 ★注意：检查蒙皮、铆钉头表面质量、铆钉镦头直径和镦头高度		
3	若检查发现有不合格铆钉，按以下步骤拆除与重铆。 ★注意：若全部合格则不需以下工序		
4	在蒙皮表面标记出不合格铆钉，在铆钉头部用中心冲打上定位点。 ★注意：定位点深度大于 0.5mm		
5	选择与铆钉相同直径（或小 0.5 mm）的钻头在铆钉头上打孔。 ★注意：钻铆钉头时应找准铆钉中心，若偏斜，应及时纠偏，钻孔深度为铆钉头与铆钉杆的结合部位		
6	钻到所需深度后用直杆冲撬除铆钉头		
7	用顶铁在铆钉镦头旁边顶住蒙皮，在另一边用比铆钉杆直径小 0.5mm 的直杆冲打出铆钉杆		
8	检查铆钉孔实际偏差，若符合同号铆钉孔的要求，用原直径铆钉铆接。 ★注意：铆钉孔若有超差时则需加大一级铆钉（用比原孔大 0.5mm 的钻头），并重新钻孔，制作沉头铆钉窝		
9	放入铆钉重新铆接，按技术要求检查重铆质量		
七	结束工作		
1	用记号笔或钢印做好标记（学号），向指导教师提交工件和工卡		
2	清点工具和量具，按要求维护后摆放规范、整齐		
3	清扫工作现场，保持工位干净、整洁，符合安全、文明生产要求		

3. 考核评价

序号	项目/mm	容差/mm	工、量具	配分	评分标准与得分			扣分
					$S\leq T$ $C<5\%$	$T<S\leq 1.5T$ $5\%<C<60\%$	$S\geq 2T$ $C>90\%$	
1	底板外形尺寸	±0.6	卡尺	5				
2	三角板外形尺寸	±0.5	卡尺	5				
3	四角垂直度 90°	±30′	角度尺	5				

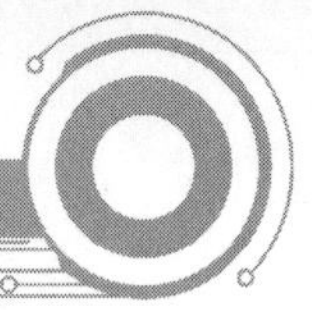

表（续）

序号	项目/mm	容差/mm	工、量具	配分	评分标准与得分			扣分
					$S\leq T$ $C<5\%$	$T<S\leq 1.5T$ $5\%<C<60\%$	$S\geq 2T$ $C>90\%$	
4	三角板对缝间隙	0.1~0.8	塞尺	10				
5	锐边倒角	≤0.2	目测	5				
6	孔位间距 20	±0.5	钢板尺	5				
7	孔位排距 15	±0.5	钢板尺	5				
8	孔位边距 10	±0.4	钢板尺	5				
9	孔精度 ϕ3.6	±0.1	孔量规	5				
10	孔垂直度	±0.2	垂直度量规	5				
11	沉头铆钉头突出量	0~0.1	标准钉	10				
12	窝棱角、毛刺、损伤	±0.4	目测	5				
13	铆钉镦头变形和机械损伤		目测	5				
14	铆钉头的机械损伤		目测	5				
15	单向间隙	0.05	塞尺	5				
16	铆钉镦头尺寸		铆钉卡规	5				
17	夹层间隙	≤0.3	塞尺	5				
18	工件表面变形和轻微机械损伤		目测	5				
19	未列尺寸或项目				每处不合格扣 1 分			
20	安全、文明生产				按轻重程度，酌扣 2~10 分			
总分					100 分			

综合技能训练任务 2-4：盒形件修配铆接（高级工）

1. 实训目的

通过盒形件修配铆接的练习，掌握飞机结构钣金件展开料计算、弯曲加工、型材修配时间隙控制的方法和要求，以及普通铆接的各工序的施工技术要求和操作要点，能独立完成工件下料、钣金件弯曲、型材间隙修配、钻孔、锪窝、铆接和质量检查等施工步骤。

2. 实训工卡

任务编号	2-4	实训工卡	工卡编号	003
任务类型	综合技能		版本号	01

机型	N/A	计划工时	8h	工位		页码	第 页 共 页

标题	盒形件修配铆接
参考技术文件	飞机铆接安装通用技术条件、铆装钳工技能
注意事项	1. 坚持安全、文明生产规范，严格遵守实训室制度和劳动纪律； 2. 穿戴好劳动保护用品，不携带与实训工作无关的物品； 3. 不同型号的铆钉分开存放，检查计量器具效验日期； 4. 铆枪严禁指向人或非铆接零件时打空枪； 5. 使用剪板机、砂轮机等设备时，须在教师指导下进行，应遵守安全操作规程

工具/设备/材料/防护						
类别	名称	型号/规格	单位	数量	工作者	检查者
工具	气钻	Z0601	把	1		
	中心冲	标准	把	1		
	钻头	ϕ2. 1mm、ϕ3. 1mm、ϕ3. 6mm	把	各 1		
	铆枪	M0501	把	1		
	顶铁	2#	把	1		
	铁榔头	1. 25P	把	1		
	橡胶榔头	标准	把	1		
	螺纹式定位销	ϕ3. 5mm	个	4		
	平锉刀	8″	把	1		
	刮边器	标准	个	1		
	金属铅笔	2B	支	1		
	毛刷	2″	把	1		
	直杆冲	ϕ3. 0mm	把	1		
	划窝钻	ϕ3. 5mm×120°	个	1		
	锪窝限制器	标准（选用）	套	1		
	钢字码	标准	套	1		

表（续）

工具/设备/材料/防护						
类别	名称	型号/规格	单位	数量	工作者	检查者
工具	钢板尺	300mm	把	1		
	卡尺	0.02mm	把	1		
	孔量规	ϕ3.5mm	个	1		
	铆钉卡规	标准	把	1		
	塞尺	0.05mm	把	1		
	千分表	0.001mm	把	1		
	直角尺	标准	把	1		
设备	工作钳台	标准	台	1		
	剪板机	1.5m	台	1		
	折边机	1.2m	台	1		
耗材	LF21CZ 铝板	δ1.2mm	块	按图样		
	半圆头铆钉	HB 6230—3.5×8	个	按图样		
	沉头铆钉	HB 6315—3.5×8	个	按图样		
	清洁剂	酒精	瓶	1		
防护用品	棉布	N/A	块	1		
	耳罩/耳塞	符合个人防护标准	副	1		
	防护手套	符合航空使用标准	副	1		

备注：

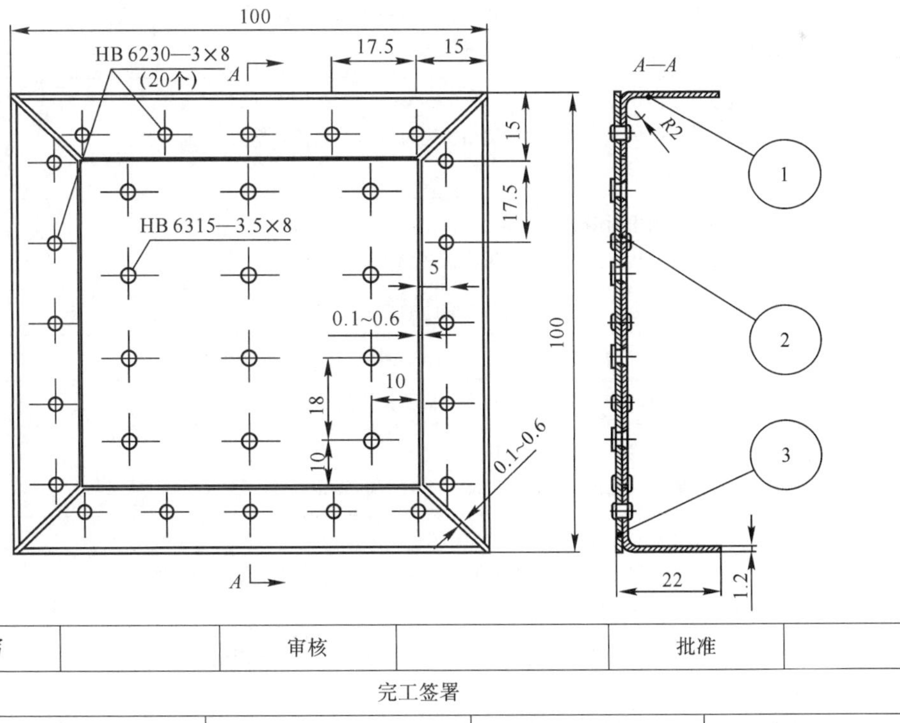

编写		审核		批准	
完工签署					
检查者			完工日期		

表（续）

项目	工作内容	工作者	检查者
一	准备工作		
1	技术资料：查询资料，找到与任务相关的知识内容		
2	工作场地/设备：检查工作场地和设备的运行安全		
3	工具/材料：按工具清单清点工、量具，准备实训材料		
4	劳动防护：按实训要求穿戴劳动保护用品，做好个人安全防护		
二	下料		
1	根据图样确定内板、底板和角材的毛料外形形状和下料尺寸。 ★注意：下料尺寸：内板 76×76，底板 102×102，角材 35×102		
2	在板料上画线、剪切下料。 ★注意：下料时按图样画线，保持合适的锉修加工余量；剪切下料时按剪板机操作规程正确使用		
3	板料表面校平。 ★注意：使用橡胶榔头校平		
4	用平锉刀去板料边缘毛刺，锉修光滑。 ★注意：按图样锉修到规定尺寸		
三	钣金件制作与修配		
1	按图样尺寸要求在角材板料上划折边线，并切角 45°，锉修光滑。 ★注意：剪切时按剪板机操作规程正确使用		
2	用折边机按加工线弯曲角材板料。 ★注意：折边时要装夹软钳口；四边角材同时折边；弯折时用力均匀；弯折角度要超过直角 5°~6°		
3	四边角材按图样要求对缝锉修 0.2~0.6mm。 ★注意：锉修时要边锉边对，用塞尺检查对缝间隙		
4	按图样要求检查钣金件制作质量与对缝间隙的修配，应合格		
四	制作铆钉孔		
1	根据图样确定铆钉的头型、材料、直径、长度和数量		
2	在角材上表面布置铆钉位置，打定位点。 ★注意：用铅笔画线定位；定位点的深度不大于 0.5mm		
3	在钳台上夹紧底板和角材，用风钻打定位孔。 ★注意：在钳台上要用软钳口装夹板料；选用合适规格钻头按钻孔技术要求打铆钉孔；保持对缝间隙在规定值		
4	在定位孔上装定位销，钻其余铆钉孔，在钻孔时先钻初孔，然后用比铆钉直径大 0.1mm 的钻头扩孔。 ★注意：按钻孔技术要求打铆钉孔，初孔直径 =（0.6~0.8）铆钉直径；工件在垫木上操作时应保护表面		

表（续）

项目	工作内容	工作者	检查者
5	钻孔完毕后卸下定位销，铆钉孔边缘用刮边器（或 10mm 钻头）倒角 0.2mm，清除毛刺。 ★注意：两块板料上、下表面的铆钉孔边缘都需要去毛刺（埋头窝正面不需要去毛刺）		
6	按钻孔的技术要求检查铆钉孔加工质量		
五	间隙修配及铆接施工		
1	按图样要求选择合适铆枪冲头和顶铁，安装半圆头铆钉施铆。 ★注意：按铆接技术要求施工；单人操作，用反铆法铆接		
2	内板画线锉修，保持内板与角材的对缝间隙 0.2~0.6mm		
3	在内板上画线、定位铆钉并打冲点		
4	按技术要求在内板上钻孔、锪窝、去毛刺。 ★注意：在内板上钻孔时要装夹定位销，保证对缝间隙；勤用标准钉对比窝的深度和形状		
5	选用沉头铆钉，采用正铆法铆接内板。 ★注意：保证阶差为±0.3；对缝间隙为 0.2~0.6mm		
6	检查铆接施工质量和内板对缝间隙，应符合技术要求。 ★注意：检查板件、铆钉头表面质量、铆钉镦头直径和镦头高度		
7	若检查发现有不合格铆钉，按以下步骤拆除与重铆。 ★注意：若全部合格则不需以下工序		
8	在蒙皮表面标记出不合格铆钉，在铆钉头部用中心冲打上定位点。 ★注意：定位点深度大于 0.5mm		
9	选择与铆钉相同直径（或小 0.5 mm）的钻头在铆钉头上打孔，钻到所需深度后用直杆冲撬除铆钉头。 ★注意：钻铆钉头时应找准铆钉中心，若偏斜，应及时纠偏，钻孔深度为铆钉头与铆钉杆的结合部位		
10	用顶铁在铆钉镦头旁边顶住蒙皮，在另一边用比铆钉杆直径小 0.5mm 的直杆冲打出铆钉杆		
11	检查铆钉孔实际偏差，若符合同号铆钉孔的要求，用原直径铆钉铆接。 ★注意：铆钉孔若有超差时则需加大一级铆钉（用比原孔大 0.5mm 的钻头），并重新钻孔，制作沉头铆钉窝		
12	放入铆钉重新铆接，按技术要求检查重铆质量		
六	结束工作		
1	用记号笔或钢印做好标记（学号），向指导教师提交工件和工卡		
2	清点工具和量具，按要求维护后摆放规范、整齐		
3	清扫工作现场，保持工位干净、整洁，符合安全、文明生产要求		

3. 考核评价

序号	项目/mm	容差/mm	工、量具	配分	评分标准与得分			扣分
					$S \leq T$ $C<5\%$	$T<S \leq 1.5T$ $5\%<C<60\%$	$S \geq 2T$ $C>90\%$	
1	外形尺寸 100	±1	卡尺	10				
2	四角垂直度 90°	±30′	角度尺	5				
3	型材与面板定位齐平		目测	5				
4	铆钉间距	±1	钢板尺	5				
5	铆钉边距	±0. 5	钢板尺	5				
6	铆钉孔径	±0. 1	孔量规	5				
7	铆钉窝质量		标准钉	10				
8	铆钉头变形和机械损伤		目测	5				
9	铆钉头凸出表面	<0. 1	千分表	5				
10	铆钉镦头变形及机械损伤		目测	5				
11	铆钉镦头尺寸		铆钉卡规	10				
12	型材对缝间隙	0. 1~0. 6	塞尺	5				
13	型材与蒙皮之间的间隙	<0. 05	塞尺	5				
14	蒙皮表面机械损伤及变形		目测	10				
15	平面波纹度	<0. 3	直尺	10				
16	未列尺寸或项目				每处不合格扣 1 分			
17	安全、文明生产				按轻重程度，酌扣 2~10 分			
总分					100 分			

项目3　飞机结构特种铆接

【项目简介】

本项目主要介绍了在现代飞机铆接装配技术中广泛采用的环槽铆钉、抽芯铆钉、螺纹空心铆钉和高抗剪铆钉等特种铆接技术。以航空企业飞机铆装钳工职业岗位的特种铆接典型工作任务为载体，融合企业生产案例编写特种铆接技术训练任务工卡。重点掌握飞机特种铆接工作中的常用铆接工具的使用与维护，特种铆接施工的主要工艺过程和操作技能。

【学习目标】

1. 素质目标

(1) 树立航空产品质量第一、团队合作生产意识。

(2) 养成安全、文明生产、爱护工具设备、规范操作的职业素养。

(3) 培育爱岗敬业的劳动精神和精益求精的航空工匠精神。

2. 知识目标

(1) 了解环槽铆钉、抽芯铆钉、螺纹空心铆钉和高抗剪铆钉铆接的技术要求。

(2) 掌握环槽铆钉、抽芯铆钉、螺纹空心铆钉和高抗剪铆钉铆接的工艺步骤、常见故障及排除方法。

(3) 熟悉环槽铆钉、抽芯铆钉、螺纹空心铆钉和高抗剪铆钉铆接质量控制与检查的方法。

3. 能力目标

(1) 能识别环槽铆钉、抽芯铆钉、螺纹空心铆钉和高抗剪铆钉的种类，计算铆钉的长度。

(2) 能按照环槽铆钉、抽芯铆钉、螺纹空心铆钉和高抗剪铆钉铆接技术要求与工艺过程进行铆接施工。

（3）能进行环槽铆钉、抽芯铆钉、螺纹空心铆钉和高抗剪铆钉铆接的质量检查，会排除常见铆接故障。

在飞机结构件连接中应用特种铆接技术，是为了提高飞机结构的强度和疲劳寿命，增强密封结构的可靠性，解决单面通路区的连接问题。特种铆接技术主要应用在结构有特殊要求的部位，其具有效率高、操作简单，能适应结构的特殊要求的特点，还可用于飞机结构损伤的快速修理和故障排除。但特种铆钉由于结构比较复杂，因此制作成本较高，铆接故障不易排除，应用范围受到了一定限制。

任务 3.1　环槽铆钉的铆接

【知识点】3.1.1　环槽铆钉的识别与选择

3.1.1.1　环槽铆钉的类型

国内航空标准的环槽铆钉由带环槽的铆钉和钉套组成。按受力形式分为抗拉型和抗剪型环槽铆钉；按铆接方法分为拉铆型（A 型）和镦铆型（B 型）环槽铆钉，如图 3-1 所示。

(a) 拉铆型(A型)

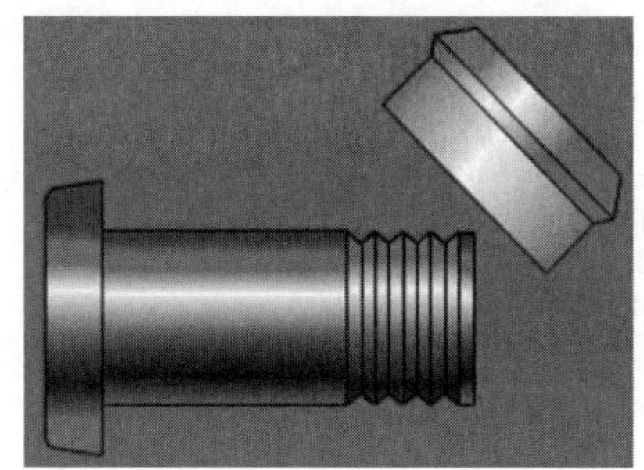

(b) 镦铆型(B型)

图 3-1　国内环槽铆钉

国外常用环槽铆钉的主要类型有平头和沉头等，如图 3-2 所示。

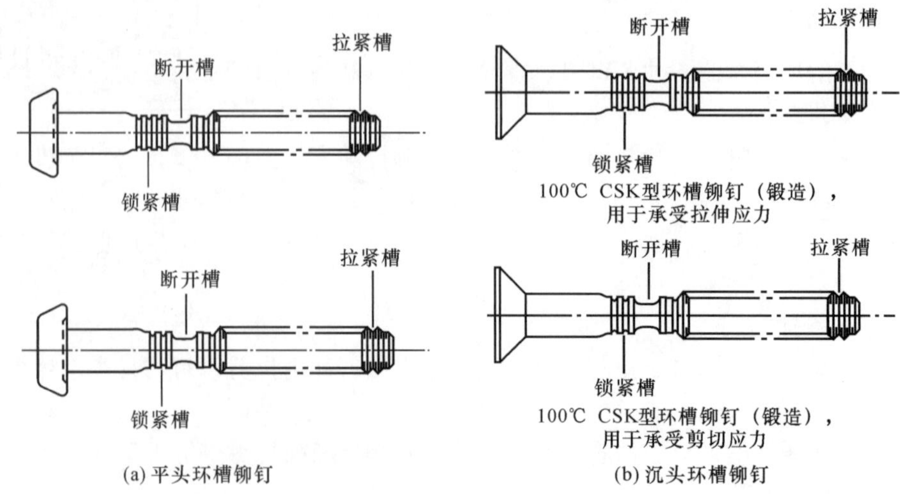

(a) 平头环槽铆钉　　(b) 沉头环槽铆钉

图 3-2　国外环槽铆钉的类型

3.1.1.2　技术要求

①铆钉孔的直径与铆钉直径相同，公差带为 $H10$，表面粗糙度 Ra 不大于 1.6μm。

②孔的间距极限偏差为±1.0mm，边距极限偏差为-0.5～1mm。

③倒角的形状和尺寸见表 3-1。

表 3-1　环槽铆钉孔倒角的形状和尺寸　　mm

倒角形状			
铆钉直径	4	5	6
HB 5501—1983～HB 5504—1983	0.3	0.3	0.3
HB 5505—1983	0.4	0.5	0.5
HB 5506—1983	0.4	0.4	0.4

④沉头窝的角度和深度与铆钉头一致，铆钉头高出零件表面的量应符合设计技术要求。

⑤钉套成型后不得松动，表面应光滑，钉套与结构之间不允许有间隙。

⑥允许铆钉头与结构件之间不完全贴合，其单向间隙应不大于 0.08mm。

3.1.1.3　铆钉长度的选择

（1）环槽铆钉光杆长度的选择

铆钉光杆长度按式（3-1）确定

$$\Sigma\delta \leqslant L \leqslant \Sigma\delta + 1 \tag{3-1}$$

式中：$\Sigma\delta$——夹层厚度（包括垫圈厚度），mm；

L——环槽铆钉光杆长度，mm。

（2）环槽铆钉长度计算

在铆钉光杆长度确定后，根据铆钉类型来计算铆钉长度。

拉铆型环槽铆钉的长度按式（3-2）选取

$$L_1 = L + T + 30 \tag{3-2}$$

镦铆型环槽铆钉的长度按式（3-3）选取

$$L_2 = L + T \tag{3-3}$$

式中：T——环槽铆钉环槽部分长度，mm。

由于夹层误差而使铆钉光杆露出夹层的长度超过 1mm 时应加装厚度为 0.5～1mm 的垫圈，放置的位置如图 3-3 所示。

（3）国外环槽铆钉长度选择

国外环槽铆钉长度是根据制作或维修手册的要求选择的，通常采用铆钉长度尺测量铆钉的长度，如图 3-4 所示。

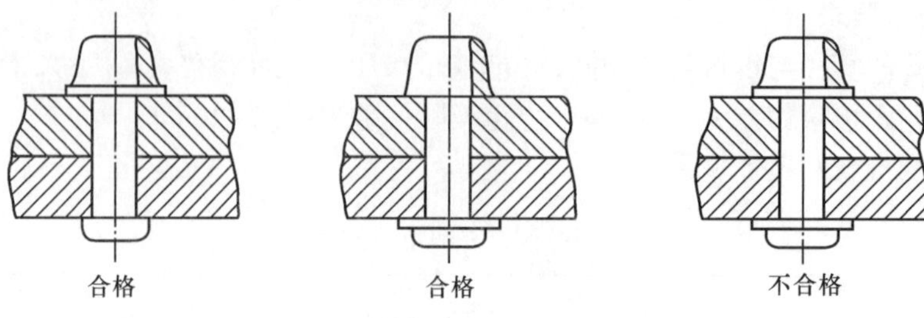

图 3-3　环槽铆钉铆接时垫圈安装位置

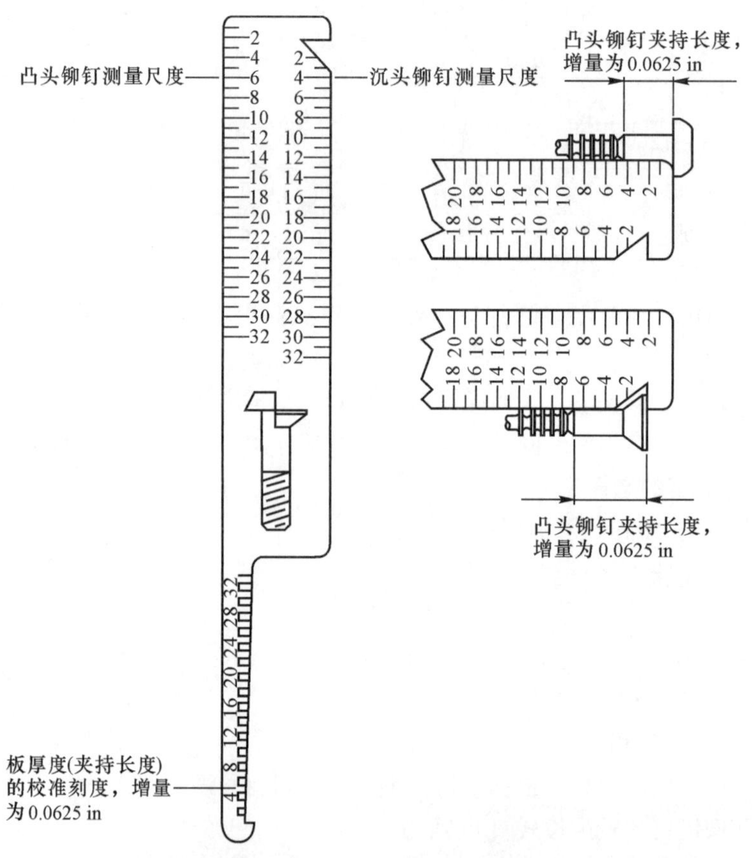

注：1.铆钉的最大夹持长度不得超过材料总厚度的0.0625 in(1.59mm)；
2.在铝合金接箍与铝合金结构之间使用铝垫片；
3.在钢或蒙乃尔接箍与钢或钛结构之间使用钢垫圈。

图 3-4　国外环槽铆钉长度选择

【技能点】3. 1. 2　环槽铆钉的铆接施工

3. 1. 2. 1　制作铆钉孔

制孔方法与工艺过程如表 3-2 所示。

表 3-2 环槽铆钉孔的加工

mm

环槽铆钉直径	钻初孔	钻孔	扩孔	铰孔公差带 $H10$
4	2.5	3	3.8	4
5		4	4.8	5
6		5	5.8	6

3.1.2.2 拉铆成型

（1）拉铆过程

①放入铆钉，套上钉套。钉杆从工件的一侧插入，将钉套套入伸出的尾杆上，注意钉套的套入方向，不可装反，如图 3-5 所示。

②将装在拉枪上的拉头套在尾杆上，拉头中的夹头卡爪自动啮住尾杆拉槽。

③扣动扳机，此时拉枪产生一种作用在钉杆上的拉力，其

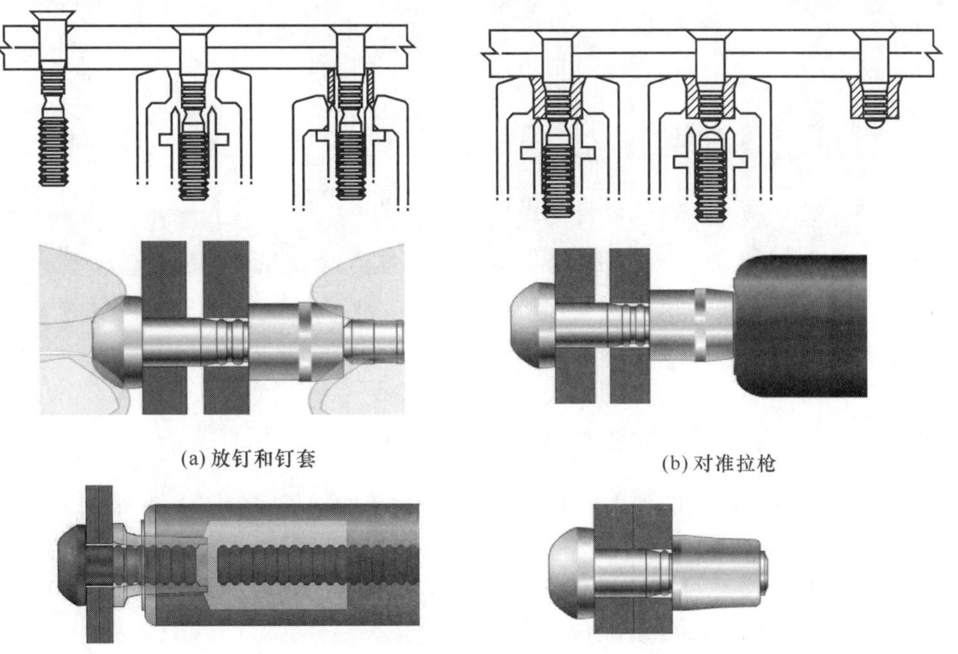

(a) 放钉和钉套　(b) 对准拉枪

(c) 拉铆成型　(d) 拉断尾杆，退出拉枪，完成拉铆

图 3-5 拉铆型环槽铆钉施铆过程

反作用力通过型模顶住钉套，将钉杆拉入钉孔内，并消除夹层之间的结构间隙。当拉力增大时，拉枪的砧座沿钉套移动，迫使钉套的材料挤到钉杆的锁紧环槽内，形成镦头。

④继续扣动扳机，当拉枪的拉力达到预定拉力时，在环槽铆钉的断槽处被拉断，尾杆自动抛出。

⑤形成镦头后检查其质量，并按要求进行防腐处理。

(2) 镦铆过程

铆接镦铆型环槽铆钉应优先选用压铆机压铆，其次用铆枪进行铆接，如图 3-6 所示。

①放入铆钉，套上钉套。若是干涉配合，则用榔头或铆枪将铆钉打入孔中。

②用顶把顶紧铆钉头，将冲头模腔套在钉套上。

③启动铆枪，借冲头的锤击力将套环材料挤入铆钉镦头端的环槽内，并靠冲头的特定窝型将套环成型为要求的形状，以形成牢固的镦头。镦铆时冲头切勿触及钉杆，以防钉杆松动；模腔的倾斜角度不超过 3°。

④完成铆接后按要求进行防腐处理。

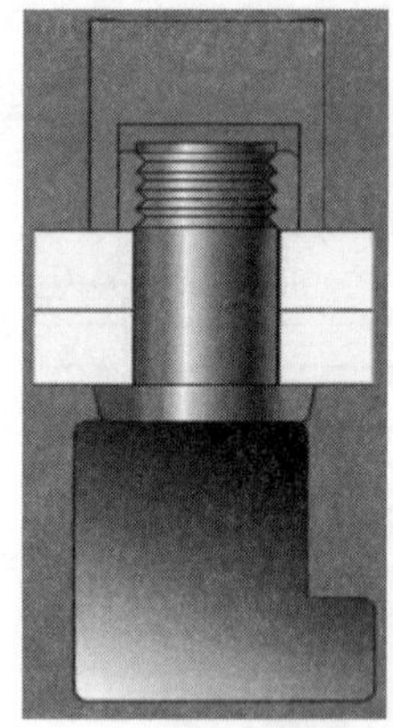
(a) 放钉和钉套

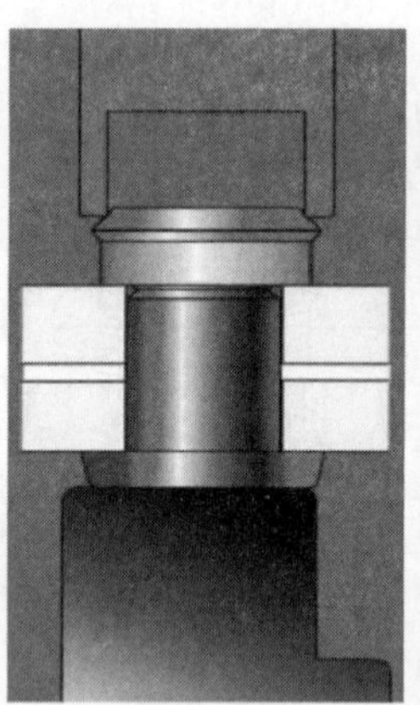
(b) 冲头和顶把对准铆钉

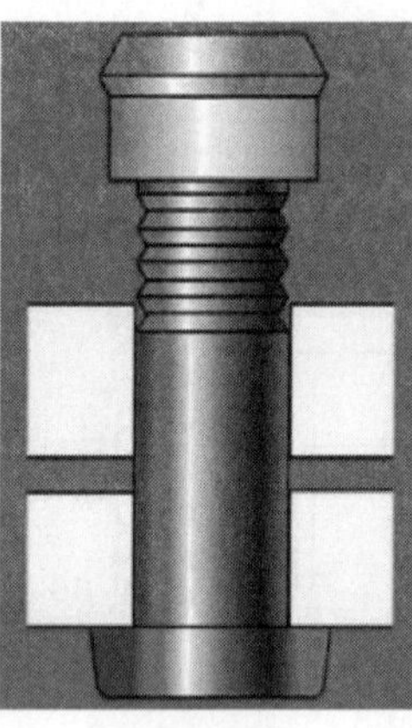
(c) 形成镦头

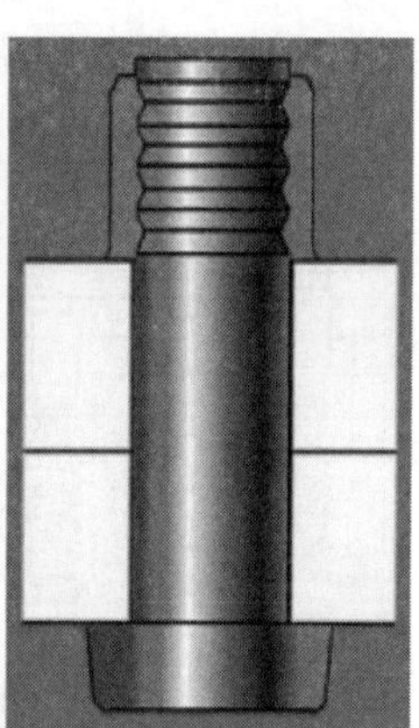
(d) 完成镦铆

图 3-6 镦铆型环槽铆钉铆接施铆过程

【技能点】3.1.3 质量检查与铆钉的分解

用镦头检验样板的过端和止端来检查钉杆和镦头的质量，如图 3-7 所示。

3.1.3.1 用样板的过端检查钉杆

①当样板触角接触钉杆、样板端面与工作表面有间隙时，选择的钉杆长度合适，如图 3-8（a）所示。

②当样板触角没有接触钉杆端头，样板端面接触工件表面时，钉杆短，镦头不合适，如图 3-8（b）所示。

图 3-7 镦头检验样板

3.1.3.2 用样板的止端检查钉套和钉杆

①当样板触角没有接触钉杆，样板端面接触工件而不接触钉套时，选择的钉杆长度合适，钉套成型合格，如图 3-8（c）所示。

②当样板触角接触钉杆，样板端面离开工件表面并接触到钉套时，钉杆太长，钉套镦头不够，不合格，如图 3-8（d）所示。

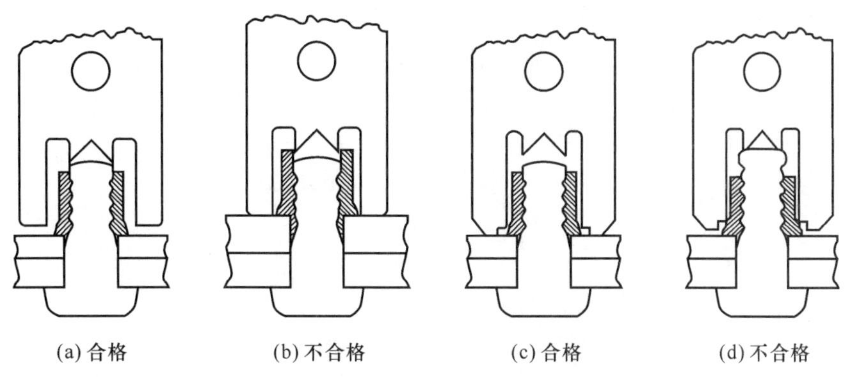

图 3-8　用样板过端检查钉杆质量和样板止端检查镦头质量

3.1.3.3　环槽铆钉的分解

环槽铆钉分解的常用工具如图 3-9 所示。

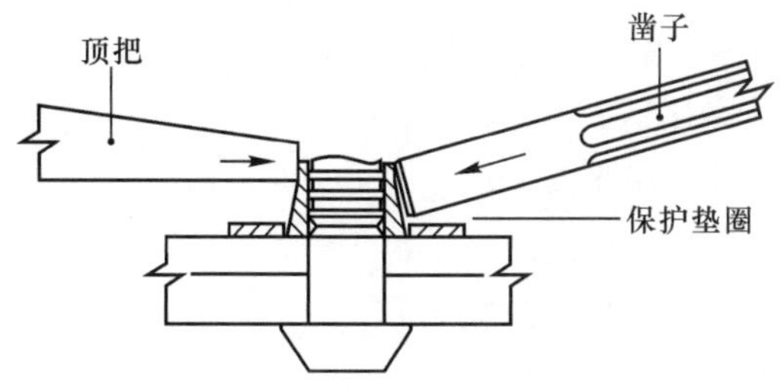

图 3-9　环槽铆钉的分解工具

环槽铆钉的分解过程是：拆钉套→用锉刀锉掉钉杆上因拆套而产生的毛刺→用钉冲将钉杆从孔中冲出，如图 3-10 所示。

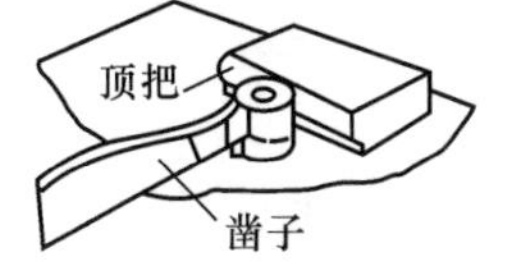

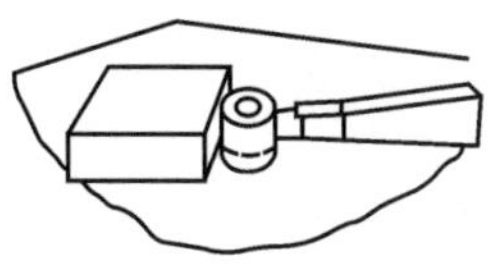

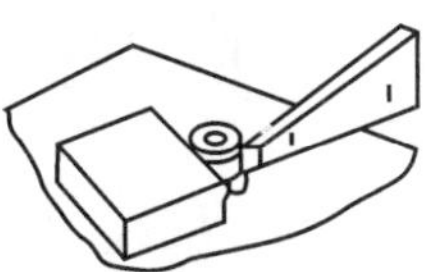

图 3-10　环槽铆钉的分解过程

拆钉套时，还可以用手动拆套钳将钉套剪开，如图 3-11 所示。或用空心铣刀将钉套铣掉，如图 3-12 所示。

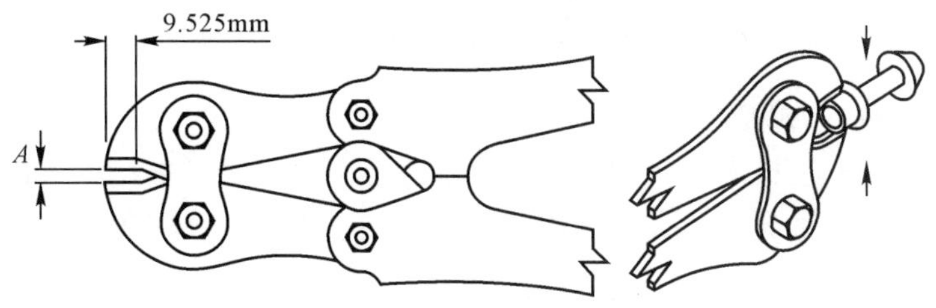

图 3-11　手动拆套钳

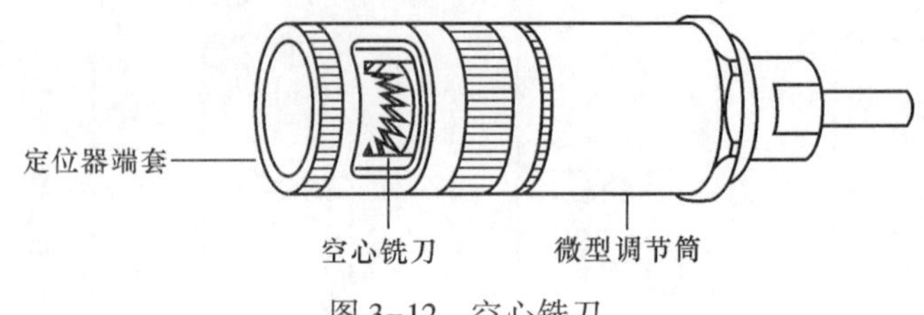

图 3-12　空心铣刀

【练习题】

1. 允许环槽铆钉头与结构件之间不完全贴合，其单向间隙应不大于（　　）。

A. 0. 05mm　　B. 0. 06mm　　C. 0. 07mm　　D. 0. 08mm

2. 环槽铆钉光杆长度的选择公式是（　　）。

A. $\Sigma\delta \leqslant L \leqslant \Sigma\delta + 2$　　B. $\Sigma\delta \leqslant L \leqslant \Sigma\delta + 3$

C. $\Sigma\delta \leqslant L \leqslant \Sigma\delta + 1$　　D. $\Sigma\delta \leqslant L \leqslant \Sigma\delta + 4$

3. 下列关于拉铆型环槽铆钉施工说法正确的是（　　）。

A. 放入钉套的方向没有要求

B. 环槽铆钉被拉断后尾杆要人工取出

C. 铆接完后镦头不需要防腐处理

D. 铆接时尽量使拉枪与钉套贴近垂直

4. 在制作环槽铆钉孔时钻初孔的尺寸为（　　）mm。

A. 3. 1　　B. 3. 2　　C. 3. 5　　D. 2. 5

5. 完成铆接后钉头需要按要求进行（　　）处理。

A. 表面　　B. 防腐　　C. 打磨　　D. 涂油

任务 3. 2　抽芯铆钉的铆接

抽芯铆钉的铆接属于单面铆接。铆钉的种类较多，目前常用的国产抽芯铆钉有拉丝型抽芯铆钉 HB 5844—1996 ~ HB 5893—1996，主要由钉套、芯杆和锁环组成，一般使用双动拉铆枪进行铆接；国外的抽芯铆钉常用的有鼓包型，如美国 CHERRY 系列抽芯铆钉，由钉、芯杆、锁环和垫圈组成，芯杆上带有一个剪切环，以利于形成镦头，该系列铆钉的铆接使用单动拉铆枪即可完成。

【技能点】3. 2. 1　拉丝型抽芯铆钉的铆接

3. 2. 1. 1　拉丝型抽芯铆钉的种类

国内航空用拉丝型抽芯铆钉主要有 100°沉头和平锥头两种类型，如图 3-13 所示；国外拉丝型抽芯铆钉的典型代表是 HUCK 抽芯铆钉，如图 3-14 所示。

3. 2. 1. 2　技术要求

①孔的间距极限偏差为±1mm，边距极限偏差为 $^{+1}_{-0.5}$ mm。

(a) 100°沉头

(b) 平锥头

图 3-13　国内航空用拉丝型抽芯铆钉

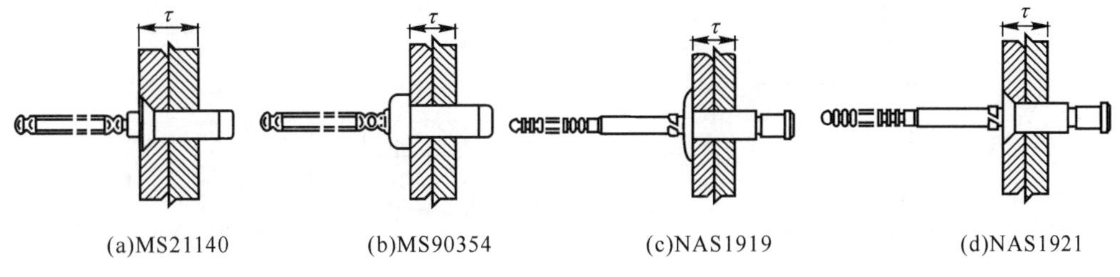

(a)MS21140　(b)MS90354　(c)NAS1919　(d)NAS1921

图 3-14　HUCK 抽芯铆钉

②铆接后的芯杆和锁环应平整，芯杆断槽处光滑台肩（B 面）不高于钉套上表面 0. 5mm 和不低于钉套上表面 0. 25mm，如图 3-15 所示。

③芯杆断槽处光滑台肩（B 面）高出钉套上表面时，锁环不得高于钉套上表面 0. 5mm；如果 B 面与钉套上表面齐平或低于钉套上表面，如图 3-16 所示，那么锁环的凸出量 A 的最大值，见表 3-3。

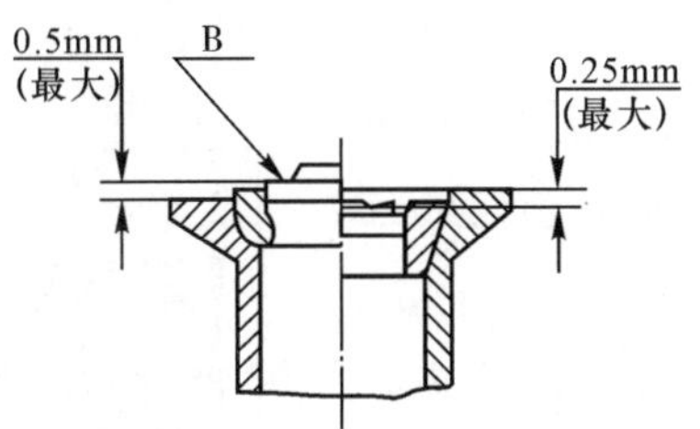

图 3-15　铆接后芯杆断槽处光滑台肩的位置

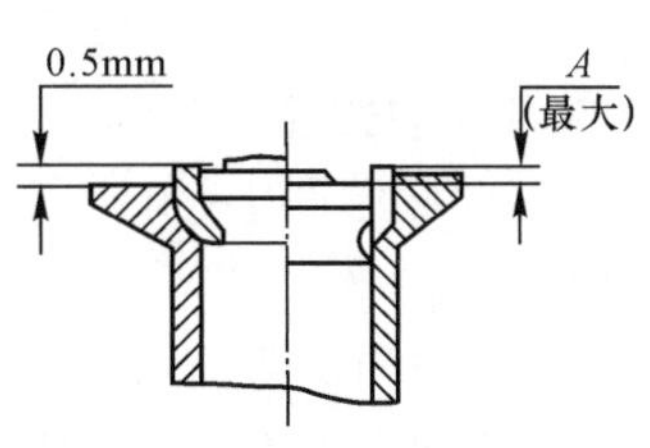

图 3-16　铆接后锁环的位置

表 3-3　锁环铆接位置的凸出量　mm

抽芯铆钉基本直径	4	5
镦头最小直径	0. 5	0. 6

④位于气动外缘表面的芯杆应按设计技术要求铣平高出钉套的凸出量，位于非气动外缘表面的芯杆拉断面不需要铣平。

⑤镦头最小直径见表 3-4。钉套不允许有开裂和裂纹，锁环不允许有松动现象。

表 3-4　拉丝型抽芯铆钉镦头的最小直径　mm

抽芯铆钉基本直径	4	5
镦头最小直径	4. 55	5. 60

3.2.1.3 铆钉长度的选择

根据抽芯铆钉基本直径和夹层厚度确定其长度。首先用夹层厚度尺测量结构的夹层厚度，如图 3-17 所示，当结构为变厚度夹层时，其测量基准应选在孔的最浅处，如图 3-18 所示。依据夹层厚度尺上的读数确定夹层号，按照抽芯铆钉基本直径和夹层型号选取钉套和芯杆的长度，见表 3-5。

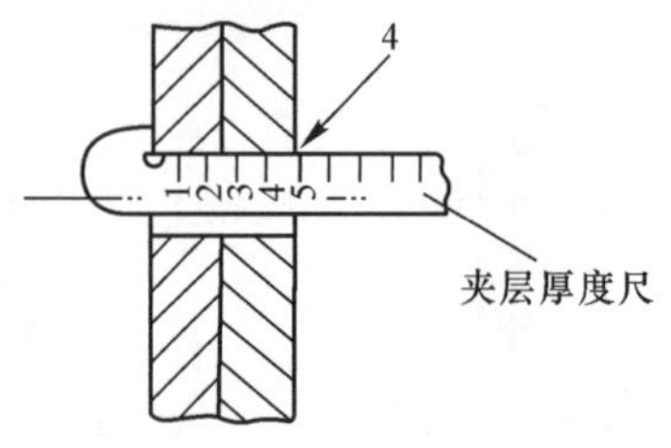

图 3-17 测量结构的夹层厚度

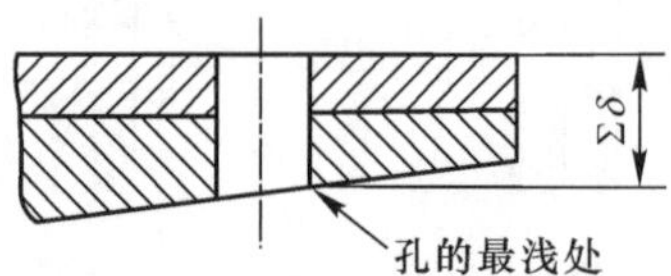

图 3-18 变厚度夹层测量基准

表 3-5 夹层厚度与拉丝型抽芯铆钉钉套长度的选择

mm

夹层型号			1	2	3	4	5	6	7	8	9	10	11	12
抽芯铆钉基本直径 d_0	4	钉套长度 L	5①	6.5	8	9.5	11	12.5	14	15.5	—	—	—	—
	5		5①	6.5	8	9.5	11	12.5	14	15.5	17	18.5	20	21.5
注：① 仅适用于平锥头抽芯铆钉。														

3.2.1.4 铆接工艺过程

①铆钉孔的加工采用钻孔、扩孔方法，优先选用钻扩一体的复合钻加工。

②按铆钉种类和直径选用合适的拉铆枪，并根据产品结构的可达性选用不同形式的拉头或转接器。

③施铆时抽钉拉枪头部应垂直贴紧工作表面，如图 3-19 所示。

④施铆的工艺过程如图 3-20 所示，具体步骤如下：

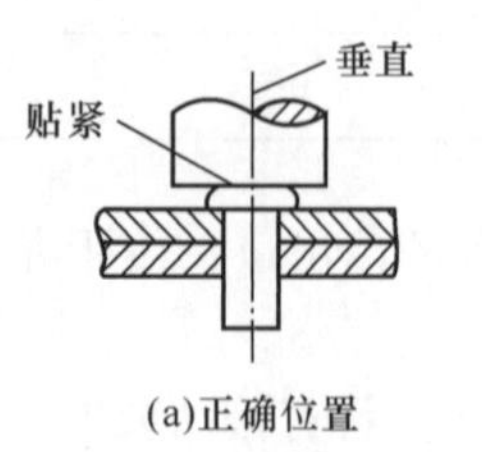

(a)正确位置

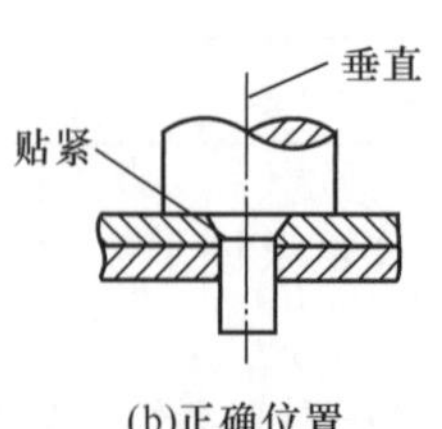

(b)正确位置

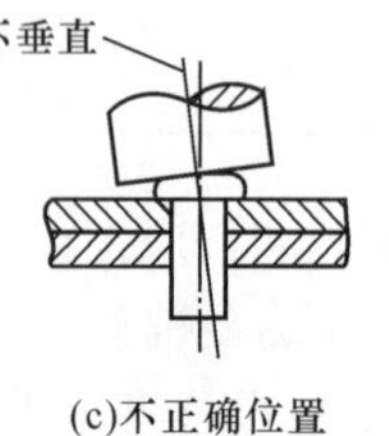

(c)不正确位置

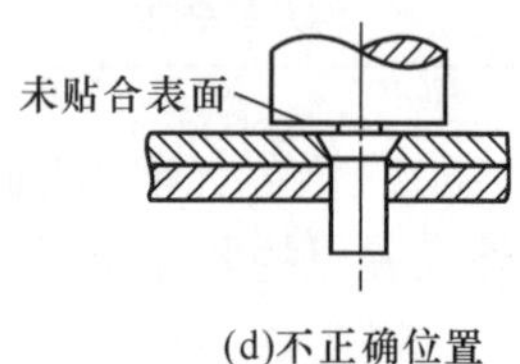

(d)不正确位置

图 3-19 抽钉拉枪头部的工作位置

a. 将铆钉塞入拉铆枪的拉头内，拉头内的卡爪将铆钉夹住。将铆钉放入孔内，使拉铆枪垂直于结构件表面并压紧，以消除结构件之间的间隙。

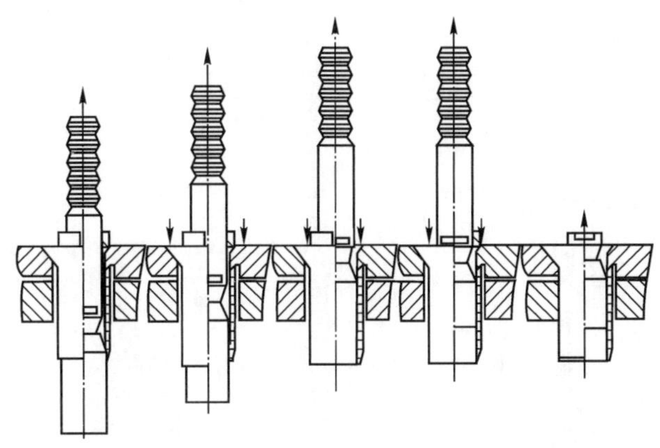

图 3-20　拉丝型抽芯铆钉施铆工艺过程

b. 将芯杆拉入钉套中，扣动扳机，芯杆被向上拉，使芯杆尾端较粗部分进入钉套内，将钉套由下而上地逐渐胀粗，使钉套填满钉孔。当拉铆枪继续抽拉芯杆到一定位置时，结构件被紧紧地贴靠在一起，这样做消除了结构件之间的间隙。

c. 继续抽拉芯杆，产生形似拉丝的动作，并完成孔的填充动作，形成镦头。此时芯杆的断口处已停留在与钉头面齐平处。

d. 压入锁环，拉铆枪的第二个动作是将锁环推入芯杆与钉套的锁紧环槽内。

e. 芯杆被拉断，完成拉铆，用铣平器铣平芯杆的断口。

⑤铆钉的分解方法。

a. 不合格的铆钉，用工作部分与芯杆直径相同的铆钉冲冲出芯杆。

b. 用与铆钉直径相同的钻头钻掉铆钉头，此时的钻孔深度不应超过铆钉头高度。

c. 铆接夹层较厚时，用工作部分与钉套外径相同的铆钉冲冲出钉套；夹层较薄时，用与钉套直径相同的钻头钻出钉套。

d. 清除结构内部的多余物。

【技能点】3.2.2　鼓包型抽芯铆钉的铆接

3.2.2.1　铆钉的结构

鼓包型抽芯铆钉由芯杆、钉套和锁环组成，如图 3-21 所示。

3.2.2.2　技术要求

沉头铆钉窝与钉孔的中心应同轴，窝的直径应符合要求；铆接后的芯杆和锁环应平整；芯杆断层处光滑台肩与钉套的凸凹量如图 3-22 所示；铆接后，钉套不允许出现裂纹，锁环锁紧要牢靠，且不允许出现松动。

3.2.2.3　铆接工艺过程

根据铆钉孔精度采用钻、扩的方法制作铆钉孔，可优先选用钻扩一体的复合钻。施铆的工艺过程如图 3-23 所示。具体步骤如下：

①将铆钉塞入拉铆枪的拉头内，拉头端面应与钉套上的垫圈相贴合，拉头内的卡爪将铆钉夹住（注意此时的铆钉不可从拉头内退出，若要退出，必须分解拉头）。将铆

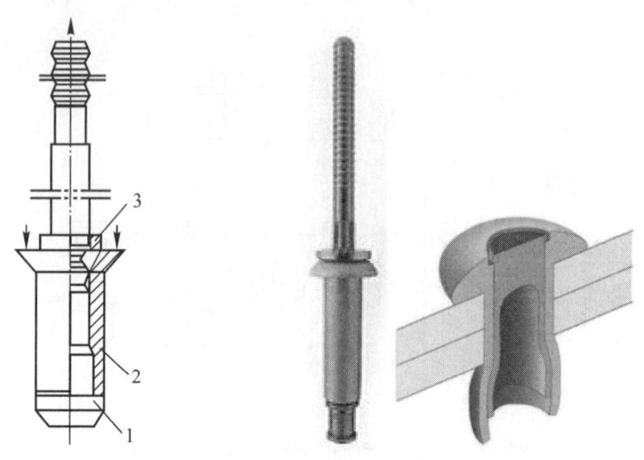

图 3-21　鼓包型抽芯铆钉的结构

1—芯杆；2—钉套；3—锁环

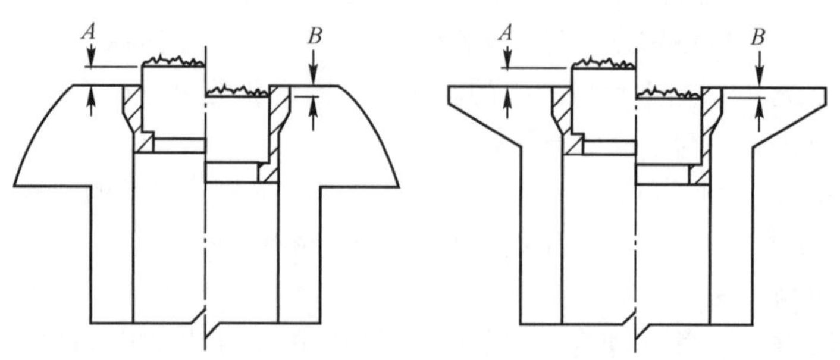

注：1.尺寸A：所有抽芯铆钉，其最大允许值为0.25mm;
2.尺寸B：直径超过3.20mm的抽芯铆钉，其最大允许值为0.50mm;直径为3.20mm的铆钉,该尺寸为0.38mm。

图 3-22　芯杆断槽台肩相对钉套的凸凹量（A320 SRM 手册）

钉放入孔内，使拉铆枪垂直于结构件表面并压紧，以消除结构件之间的间隙。

【教学资料】
单鼓包型抽芯铆钉的铆接（动画）

②将芯杆拉入钉套，扣动扳机，拉头紧顶住垫圈，芯杆被向上抽拉。

③芯杆继续向上抽拉，芯杆上剪切环被剪切并留在镦头内，开始压入锁环。

④锁环填满芯杆的凹槽中，形成镦头，当拉铆枪的拉铆力达到一定值后，芯杆在断槽处断裂，被拉断的残尾杆从拉铆枪中自动弹出。

3.2.2.4　铆钉的分解

鼓包型抽芯铆钉由于其结构较为复杂，芯杆和钉套的材料不相同，干涉量较小，分解铆钉的难度较大。其分解过程如图 3-24 所示。

铆钉分解的步骤：首先用中心冲在钉头上打出中心点，用与芯杆直径相同的钻头

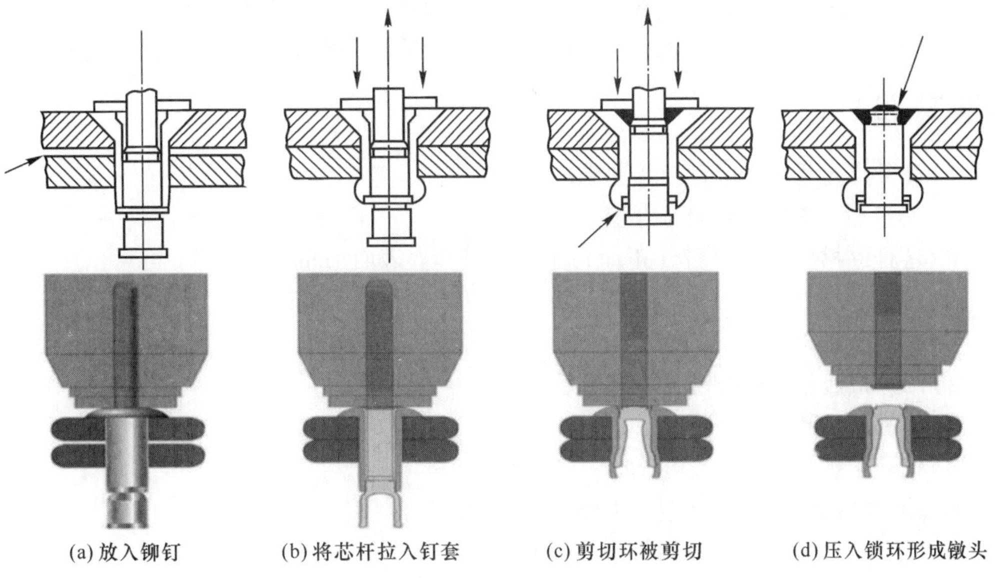

(a) 放入铆钉　(b) 将芯杆拉入钉套　(c) 剪切环被剪切　(d) 压入锁环形成镦头

图 3-23　鼓包型抽芯铆钉铆接工艺过程

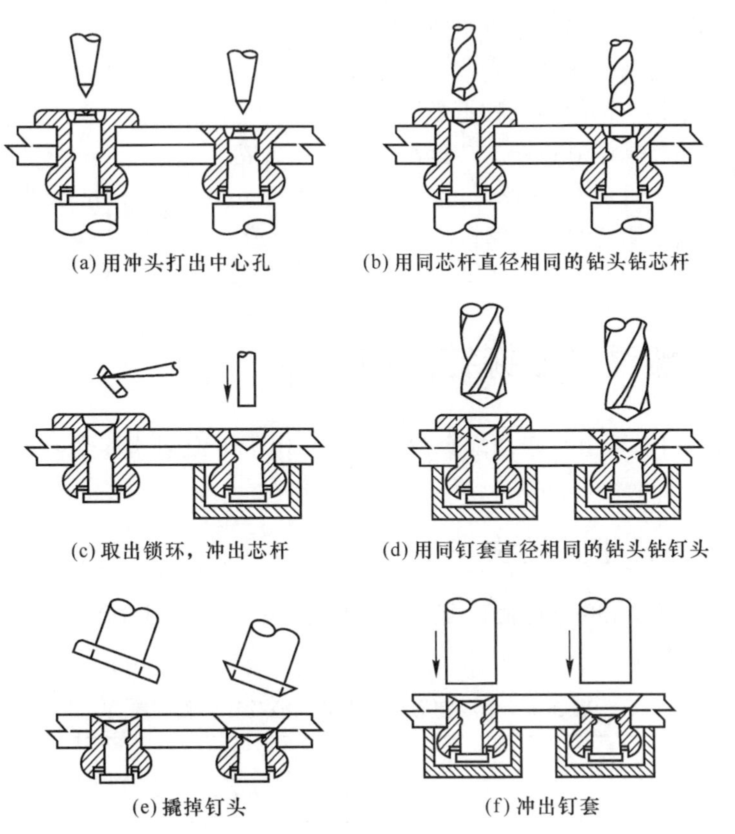

(a) 用冲头打出中心孔　(b) 用同芯杆直径相同的钻头钻芯杆

(c) 取出锁环，冲出芯杆　(d) 用同钉套直径相同的钻头钻钉头

(e) 撬掉钉头　(f) 冲出钉套

图 3-24　鼓包型抽芯铆钉的分解过程（A320 SRM 手册）

钻芯杆至锁环深度，将锁环取掉，并用冲头冲出芯杆；然后用与钉套直径相同的钻头钻钉套的钉头，其深度不能超过钉套的高度，用冲头冲掉钉套头，再用销冲打出钉套。

【练习题】

1. 符合拉丝型抽芯铆钉技术要求的是（　　）。

A. 铆接后的芯杆和锁环应平整

B. 芯杆断槽处光滑台肩（正面）不高于钉套上表面 1mm

C. 芯杆断槽处光滑台肩（正面）不低于钉套上表面 0.5mm

D. 位于气动外缘表面的芯杆凸出量不用铣平

2. 拉丝型抽芯铆钉施铆的工艺流程有（　　）。

A. 钻孔、扩孔、铰孔

B. 钻孔、扩孔

C. 施铆时抽钉拉枪头部应垂直贴紧工件表面

D. 完成拉铆后要用铣平器铣平芯杆的断口

3. 下列对拉丝型抽芯铆钉的分解方法描述正确的是（　　）。

A. 不合格的铆钉用工作部分比芯杆直径稍大的铆钉冲冲出芯杆

B. 用与铆钉直径相同的钻头钻掉铆钉头

C. 分解铆钉时钻孔深度不应超过铆钉头高度

D. 分解后结构内部的多余物不必清理

4. 鼓包型抽芯铆钉由芯杆、钉套和（　　）组成。

A. 锁环　　B. 钉头　　C. 镦头　　D. 螺母

5. 鼓包型抽芯铆钉的沉头铆钉窝与钉孔的中心应（　　）。

A. 偏斜　　B. 同轴　　C. 相反　　D. 不同

任务 3.3　螺纹空心铆钉的铆接

螺纹空心铆钉主要由钉套和配套螺栓组成，用于单面通路和受力较小结构部位的铆接。

【知识点】3.3.1　技术要求

①螺纹空心铆钉孔的直径及其极限偏差见表 3-6。制作铆钉孔的其他要求应按照普通铆钉孔的规定执行。

表 3-6　螺纹空心铆钉孔的直径及其极限偏差　　mm

铆钉直径	4	5	6
铆钉孔直径	4.1	5.1	6.1
孔径极限偏差	+0.2 0		

②用于安装凸头铆钉的孔，应在铆钉头一侧制出深为 0.2mm 的 45°倒角。

③螺纹空心铆钉的镦头直径见表 3-7。

表 3-7　螺纹空心铆钉的镦头直径 mm

d_0 D	d	4	5	6
	D_{min}	5.5	6.5	8

【知识点】3.3.2　铆钉长度的选择

根据夹层厚度选择合适的铆钉长度。可按式（3-4）确定

$$L = \Sigma\delta + 9^{+0.5}_{-0.4} \tag{3-4}$$

盲孔螺纹空心铆钉的长度可按式（3-5）确定

$$L = \Sigma\delta + 12^{+0.5}_{-0.4} \tag{3-5}$$

式中：L——所需要的铆钉长度，mm；

$\Sigma\delta$——连接夹层的总厚度，mm。

【技能点】3.3.3　铆接工艺过程

螺纹空心铆钉铆接的典型工艺过程：定位与夹紧→确定孔位→制孔→制窝（仅用于沉头铆钉）→放钉→施铆→在螺纹空心铆钉上安装螺栓（螺钉）。如图 3-25 所示。

①采用钻孔的方法制铆钉孔。

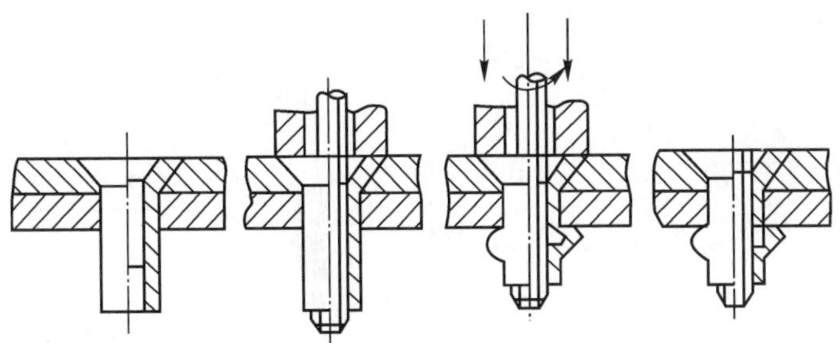

图 3-25　螺纹空心铆钉的施铆过程

②施铆前，根据铆钉的形状、直径和长度选择所需要的工具，如抽钉枪和抽钉钳等；然后在试片上进行试铆，检查工具并调整工具参数，直至合格为止，如图 3-26 所示。

③首先将铆钉安装于抽钉工具上。安装通孔螺纹空心铆钉时，抽钉工具中抽拉芯杆的螺纹头部应露出铆钉的尾部，如图 3-27（a）所示；安装盲孔螺纹空心铆钉时，抽钉工具中的抽拉芯杆的螺纹头部应旋到铆钉的底部，如图 3-27（b）所示。

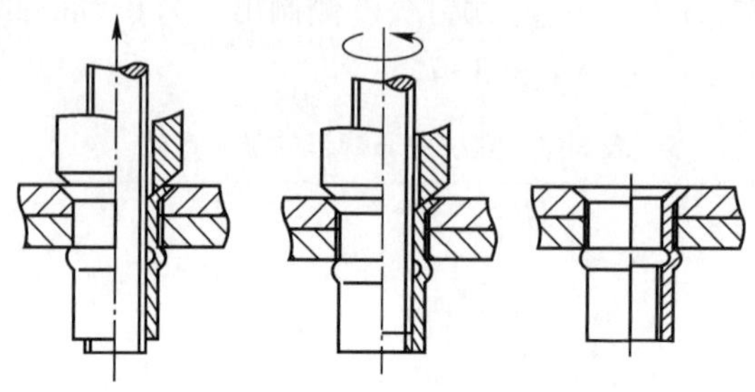

图 3-26　调整工具参数

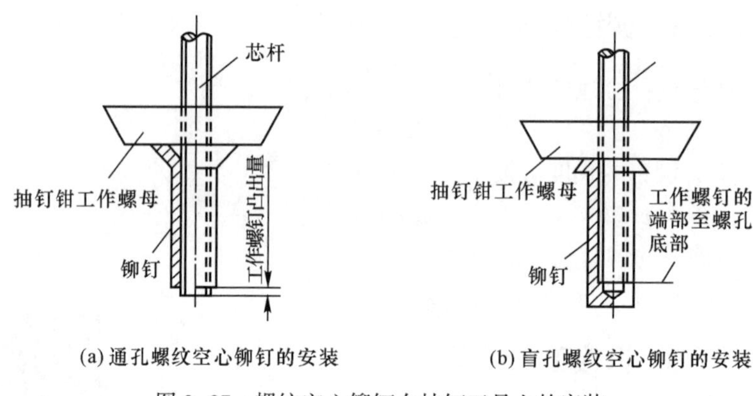

(a) 通孔螺纹空心铆钉的安装　　(b) 盲孔螺纹空心铆钉的安装

图 3-27　螺纹空心铆钉在抽钉工具上的安装

④使用抽钉钳抽铆螺纹空心铆钉时，如图 3-28（a）所示，用调节制孔螺母和止动块距离来控制抽拉芯杆的行程；使用长柄抽钉钳时，用调节工作头的螺母来控制抽拉芯杆的行程，如图 3-28（b）所示。

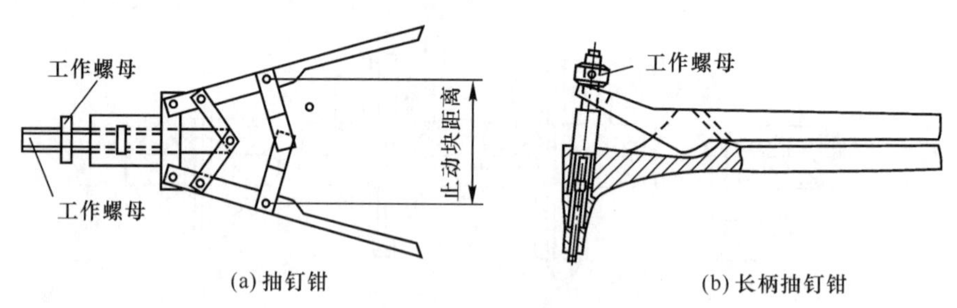

(a) 抽钉钳　　(b) 长柄抽钉钳

图 3-28　螺纹空心铆钉抽钉钳

⑤将铆钉穿入孔中，抽钉工具的工作头应垂直紧贴结构件的表面，如图 3-29 所示。若铆钉松动，应继续调整抽钉工具中的螺母，进行二次抽拉，直至拉紧为止。

⑥在铆钉孔内安装螺栓，一般要在孔内或螺栓的螺纹上并涂厌氧胶粘接，以防止螺栓松脱。安装的螺栓的头部相对于铆钉平锥头端面的凸出量 h 应不大于 0.4mm，如图 3-30 所示。

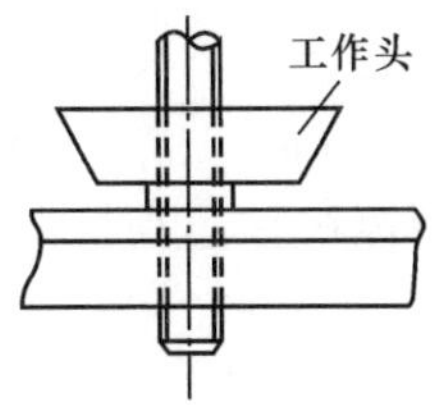

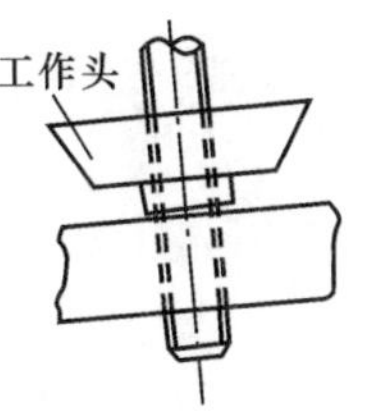

图 3-29　抽钉工具工作头的工作位置

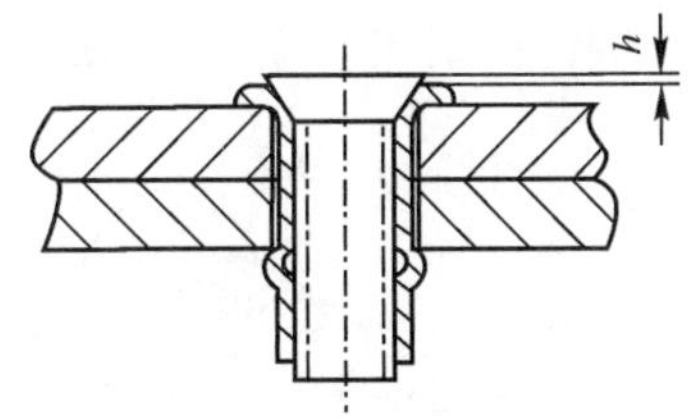

图 3-30　螺纹空心铆钉螺栓安装凸出量

【练习题】

1. 在安装的螺栓头部相对于铆钉平锥头端面的凸出量 h 应不大于（　　）。

A. 0. 4mm　　B. 0. 5mm　　C. 1mm　　D. 1. 5mm

2. 螺纹空心铆钉铆接的典型工艺过程包括（　　）。

A. 定位与夹紧

B. 确定孔位

C. 制孔

D. 放钉、施铆、在螺纹空心铆钉上安装螺栓

3. 螺纹空心铆钉铆接过程中出现铆钉松动应（　　）。

A. 进行二次抽拉即可

B. 应继续调整抽钉工具中的螺母

C. 松动没有关系，不影响施工质量

D. 进行二次抽拉直到拉紧为止

4. 根据夹层厚度选择合适的螺纹空心铆钉长度的计算公式是（　　）。

A. $L = \Sigma\delta + 6^{+0.5}_{-0.4}$

B. $L = \Sigma\delta + 7^{+0.5}_{-0.4}$

C. $L = \Sigma\delta + 8^{+0.5}_{-0.4}$

D. $L = \Sigma\delta + 9^{+0.5}_{-0.4}$

5. 在铆接螺纹空心铆钉后，安装螺栓，一般要在孔内或螺栓的螺纹上并涂（　　），以防止螺栓松脱。

A. 润滑油　　B. 厌氧胶　　C. 油漆　　D. 防松剂

任务 3.4　高抗剪铆钉的铆接

高抗剪铆钉的铆接按铆接方法可分为拉铆型螺纹抽芯高抗剪铆钉和镦铆型高抗剪铆钉。

【技能点】3.4.1　螺纹抽芯高抗剪铆钉的铆接

螺纹抽芯高抗剪铆钉分六角头和120°沉头两种类型，由铆钉、螺钉和锁圈组成。国外 Bolt-Blind 螺纹抽芯高抗剪铆钉的组成如图 3-31 所示。

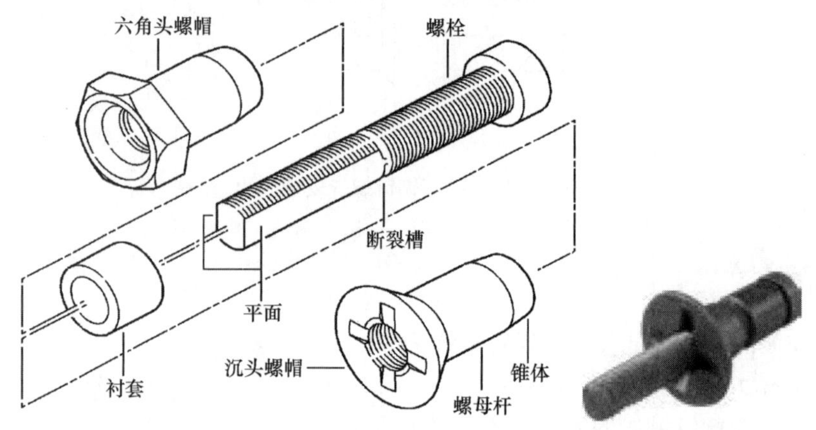

图 3-31　Bolt-Blind 螺纹抽芯高抗剪铆钉的组成

3.4.1.1　技术要求

①铆钉孔的直径与铆钉直径相同，公差带为 $H11$，表面粗糙度 Ra 值应不大于 6.3μm；孔的间距极限偏差为±1.0mm，边距极限偏差为$^{+1.0}_{-0.5}$mm。

②国内航空标准螺纹抽芯高抗剪铆钉铆接后凸出铆钉体头部表面的量不得大于 0.2mm，在非气动表面的部位不得大于 0.5mm；凹进铆钉体头部表面的量不得大于 0.5mm，如图 3-32（a）所示；Bolt-Blind 螺纹抽芯高抗剪铆钉铆接后表面凸凹量如图 3-32（b）所示，具体要求见表 3-8。

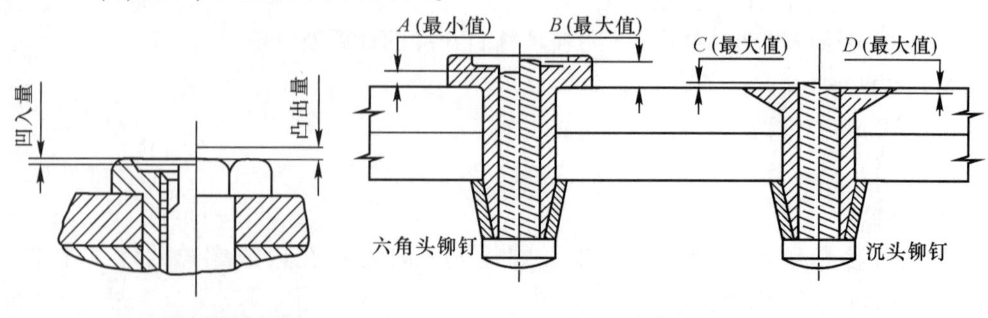

注：忽略螺母、螺纹的连续性，以清楚显示螺栓断开点。

图 3-32　螺纹抽芯高抗剪铆钉铆接后螺钉断面凸凹量

表 3-8 Bolt-Blind 螺纹抽芯高抗剪铆钉铆接后断面凸凹量 mm

铆钉直径（普通 Bolt-Blind）	DIM. A（最小）	DIM. B（最大）	DIM. C（最小）	DIM. D（最大）
3.81	0.00	2.26	0.51	1.70
4.57	0.25	2.65	0.41	2.11
6.35	1.20	3.45	0.25	2.00
7.87	0.84	3.70	0.30	2.10

③铆接后镦头的环圈应呈喇叭形。允许呈双喇叭形，但这种铆钉数量不得超过铆钉排总数的10%；不允许环圈未形成喇叭形、呈偏喇叭形或呈反喇叭形，如图3-33所示。

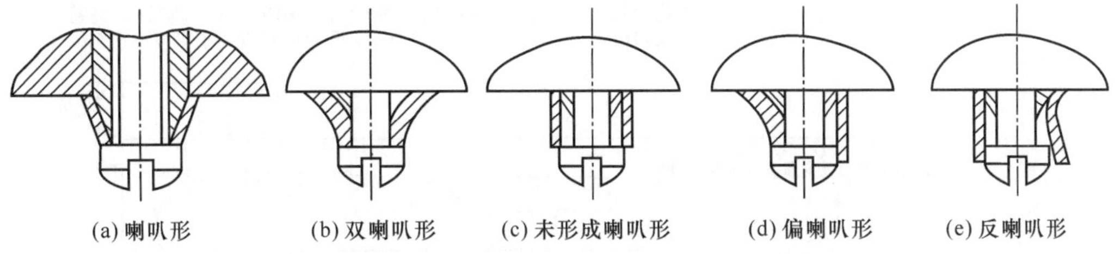

图 3-33 螺纹抽芯高抗剪铆钉铆接后镦头环圈的形状

④按铆钉总数的10%抽检铆钉的铆紧程度，按表3-9所示转矩值，用转矩扳手顺时针方向转动检查，铆钉不应转动。注意：不允许沿逆时针方向转动转矩扳手。

表 3-9 螺纹抽芯高抗剪铆钉铆紧程度检查的转矩值

铆钉直径/mm	5	6	7	8
转矩值/（N·cm）	115	166	217	266
转矩允许误差/（N·cm）	±10			

3.4.1.2 铆钉长度的选择

按被连接件的夹层厚度选择铆钉的长度，其铆钉体的光杆部分应露出夹层量不大于1.0mm，不允许凹入，如图3-34所示。

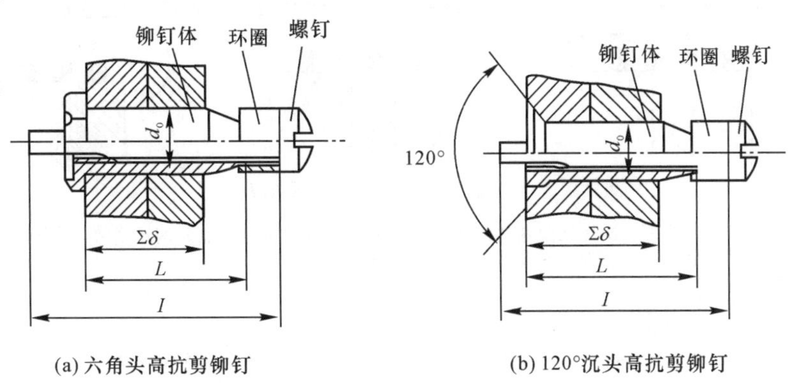

图 3-34 铆钉长度的选择

Bolt-Blind 螺纹抽芯高抗剪铆钉的长度可使用专用钩尺测量，如图3-35所示。其中示例 A、B、C 为三种不同情况下的读数方法。

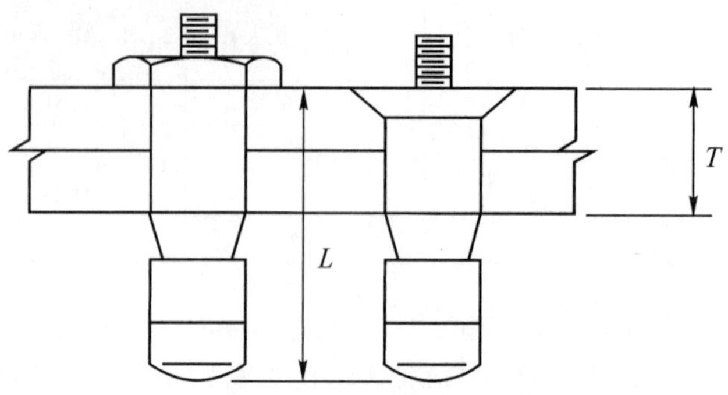

钩尺这一侧的这一端内用于测量六角头Bolt-Blind铆钉的夹持长度(在0.0625in的厚度)。图中显示的铆钉支撑长度为0.625in

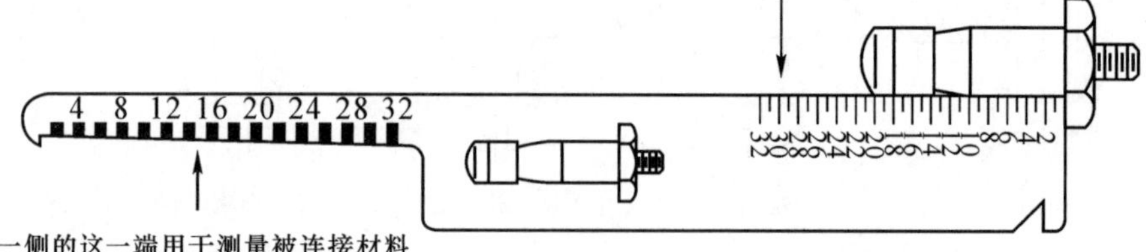

钩尺这一侧的这一端用于测量被连接材料的夹持长度(总厚度)。用法举例如下所示

钩尺这一侧的这一端用于测量沉头Bolt-Blind铆钉的夹持长度。图例中铆钉的夹持长度为0.625in

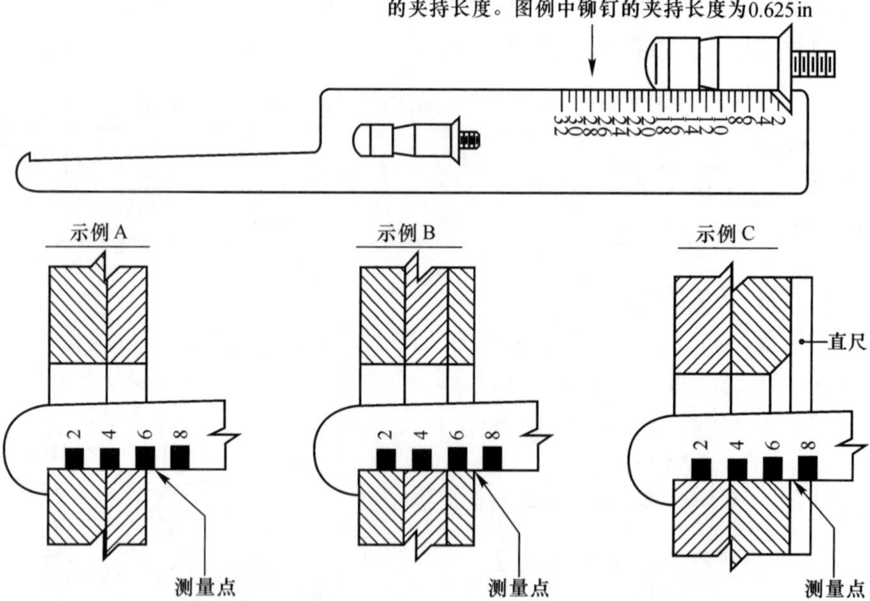

将钩尺置于孔内，钩住装配零件的背面，如上图所示读出测量点外钩尺读数，上图例表明必须有一个具有后续夹持长度的Bolt-Blind铆钉。

示例A—0.375in;

示例B—0.4375in;

示例C—0.4375in。

注：因尺寸限制，钩尺上仅有偶数，奇数由每对偶数之间的空格或线条表示。

图 3-35 Bolt-Blind 铆钉长度的测量（A320 SRM 手册）

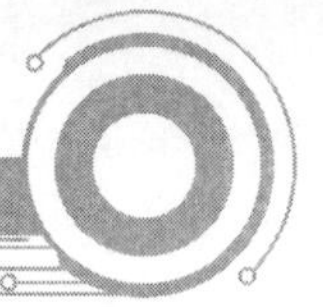

3.4.1.3　制孔的方法

制孔的方法及过程见表 3-10。孔的精加工优先采用风钻铰孔方法。

表 3-10　螺纹抽芯高抗剪铆钉孔的加工　mm

铆钉直径	钻孔	扩孔钻扩孔	铰孔 $H11$
	孔径		
5	4	4.8	5
6	5	5.8	6
7	6	6.8	7
8	7	7.8	8

3.4.1.4　铆接工具

螺纹抽芯高抗剪铆钉铆接所使用的工具有手动和风动两类，其原理是使铆钉体固定不动，同时拧螺钉抽拉。手动工具是手动螺纹抽铆扳手，如图 3-36 所示；风动工具常用的是专用气扳机，如图 3-37 所示。

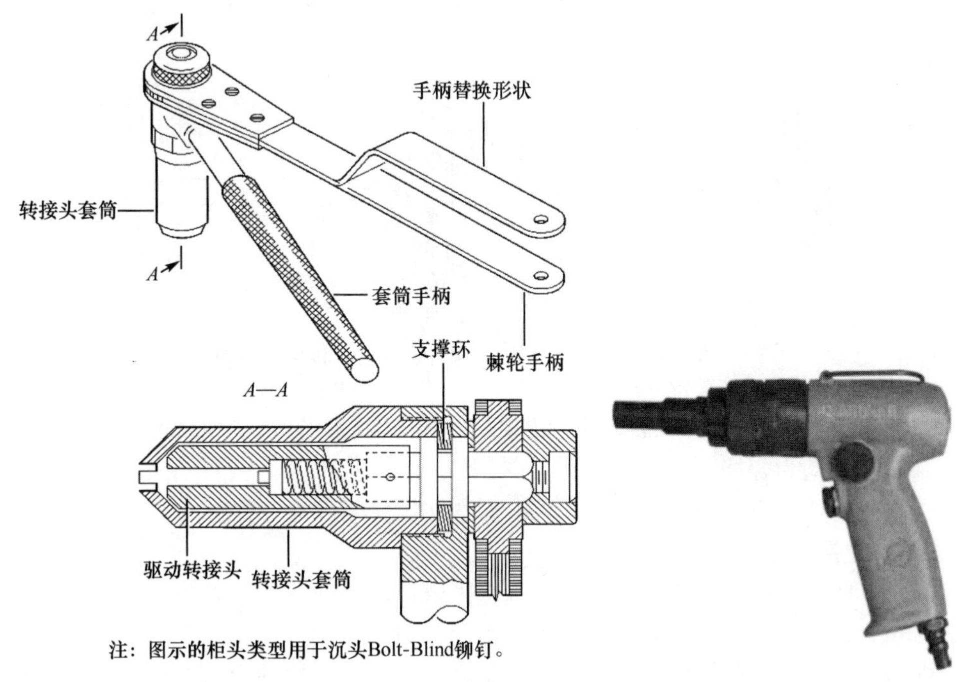

图 3-36　手动螺纹抽铆扳手（A320 SRM 手册）

图 3-37　高抗剪气扳机

3.4.1.5　施铆过程

①正式铆接前应先进行试铆。检查铆钉型号是否与铆接件厚度相符合，在试件上试铆的数量应不少于 5 个。

②组合高抗剪铆钉时，应在螺钉上涂润滑脂；为保证环圈与铆钉、螺钉头在径向

无阶差，铆钉体与螺钉间应有预紧力。

③六角头铆钉施铆时应将转接头六角方孔套在铆钉体头上；120°沉头铆钉施铆时应将转接头解锥对准铆钉体头部的一字槽，如图 3-38 所示。

④铆接工具的转接头应垂直贴紧工件表面，采用抽铆方法铆接，如图 3-39 所示。

⑤若尾杆未扭断，则用夹钳或其他工具将尾杆剪断，但不允许铆钉松动；将螺钉尾杆凸出部分铣平或打磨掉。

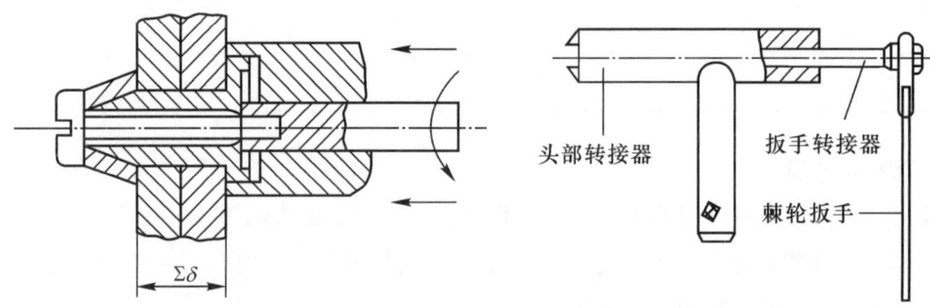

图 3-38　手动螺纹抽铆扳手成型螺纹抽芯高抗剪铆钉

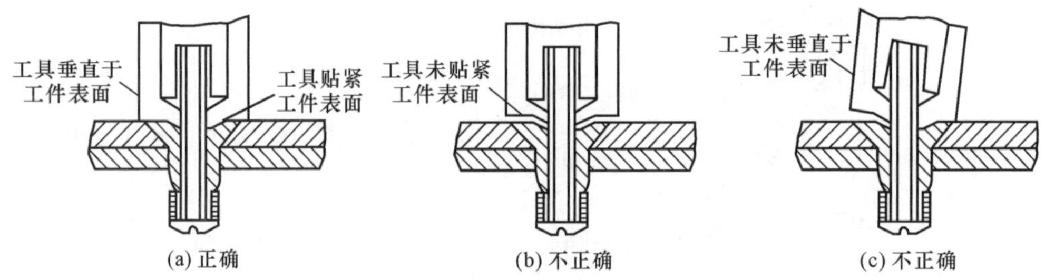

图 3-39　螺纹抽芯高抗剪铆钉铆接工具转接头位置

⑥用定力扳手或定力解锥按规定转矩值抽检铆接连接力。顺时针方向扭转铆钉体头，铆钉不转动为合格。

⑦在铆钉体和螺钉端头间冲三点保险后，在螺钉断面涂漆保护。

3.4.1.6　拉铆注意事项

①制孔时应保证孔的垂直度，孔与窝壁光洁、无毛刺，并且无其他缺陷。

②螺钉尾杆的断裂口应露出钉套面，不允许凹入。

③铆钉头与铆接件之间的单面间隙应符合有关技术文件的要求。Bolt-Blind 铆钉铆接后质量检查要求如图 3-40 所示。

【技能点】3.4.2　镦铆型高抗剪铆钉的铆接

3.4.2.1　技术要求

①铆钉孔的直径与铆钉直径相同。

②将铆钉放入孔内后，光杆凸出夹层的伸出量应在铆钉光杆的伸出量的 0.3～

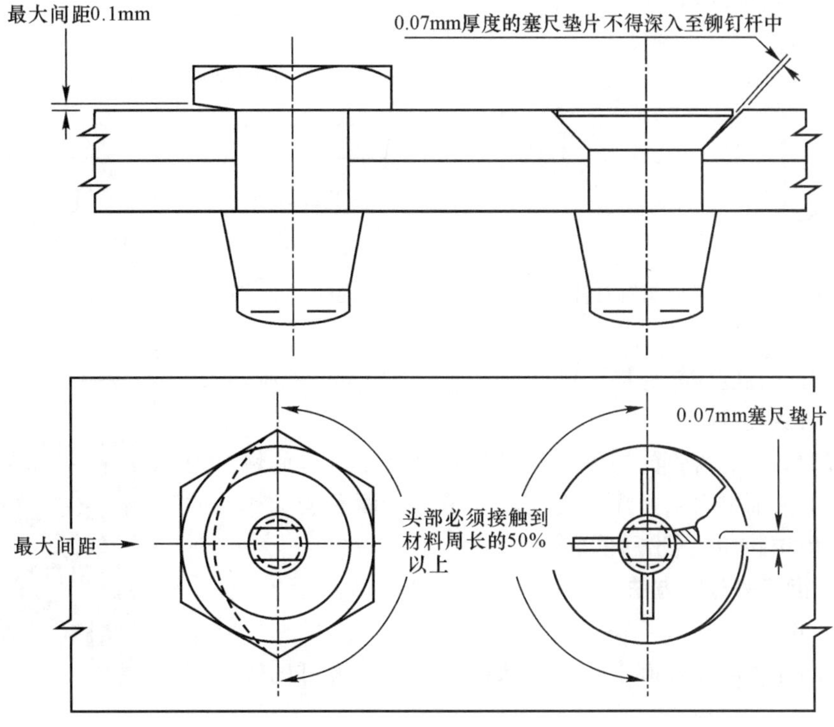

图 3-40　Bolt-Blind 铆钉铆接后质量检查要求（A320 SRM 手册）

1.2mm 范围内，如图 3-41 所示。

③铆钉镦头应呈馒头形状，如图 3-42 所示，其尺寸见表 3-11。

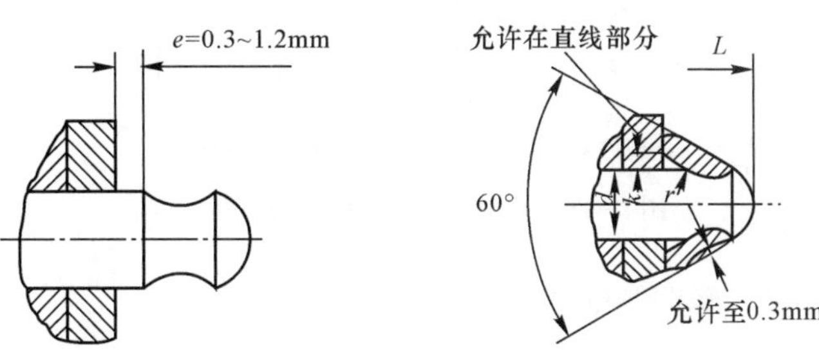

图 3-41　光杆的伸出量　　　图 3-42　镦头尺寸要求

表 3-11　镦铆型高抗剪铆钉的镦头尺寸　　　mm

d	5	6	7	8
k_{max}	0.8		1	
注：k 由工具保证。				

④形成镦头的环圈，相对铆钉中心的偏移量不大于 0.5mm，如图 3-43 所示。

⑤形成镦头的环圈周边被冲头挤出的压边应不大于 0.8mm，环圈的任何方向不允

许起鼓包，如图 3-44 所示。

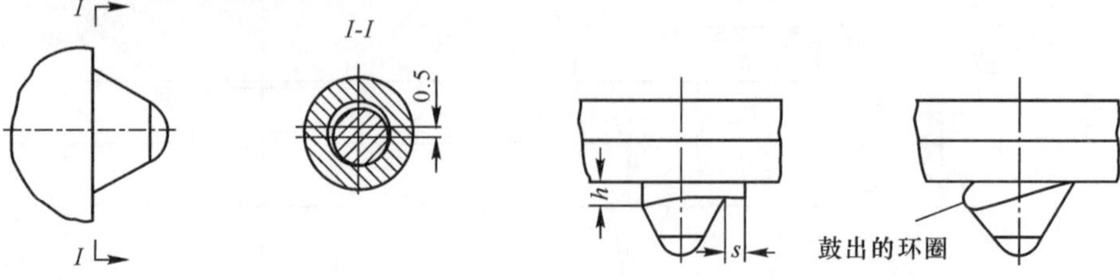

图 3-43　镦头环圈相对钉杆的位置　　图 3-44　带压边、鼓形的镦头形状

⑥铆钉的长度应按夹层厚度选择，其长度应符合手册要求。

3.4.2.2　施铆过程

镦铆型高抗剪铆钉的施铆过程如图 3-45 所示。在施铆过程中，环圈的大部材料被挤压在钉尾的环槽内，而多余材料从冲头 60°斜角的排屑槽漏出后形成镦头。

3.4.2.3　铆钉的分解方法

（1）冲击法

将专用导套放在环圈上面，冲头沿导套引向铆钉尾端，铆钉头用空心顶把顶住，轻叩铆枪将铆钉冲出，如图 3-46 所示。

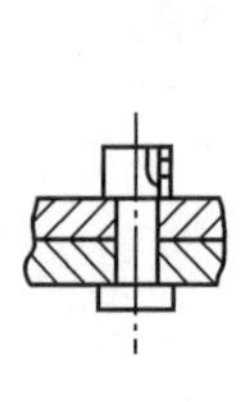
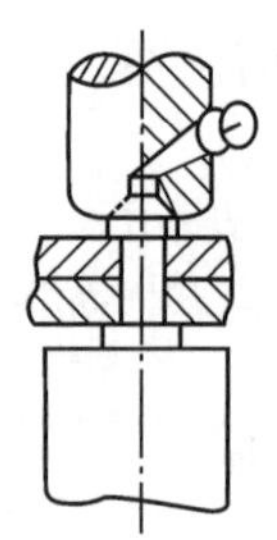
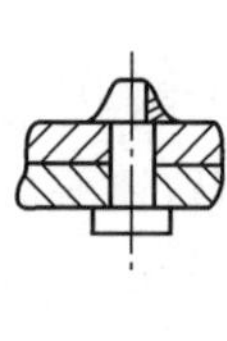

(a) 放铆钉和环圈　(b) 模腔对准铆钉头后用顶把顶住　(c) 施铆　(d) 铆完成型

图 3-45　镦铆型高抗剪铆钉的施铆过程

（2）钻击法

将钻套放在环圈上面，先用与铆钉直径相同的钻头钻铆钉尾端，钻削的深度以钻通铆钉细颈区为限，然后用铆钉冲将铆钉冲出，如图 3-47 所示。

（3）环圈拆除法

先用空心铣刀铣切环圈，在铣去足够量的环圈材料后，用铆钉冲将铆钉冲出。

（4）环圈劈开法

先用小錾子沿纵向劈开环圈，然后用铆钉冲把铆钉冲出。

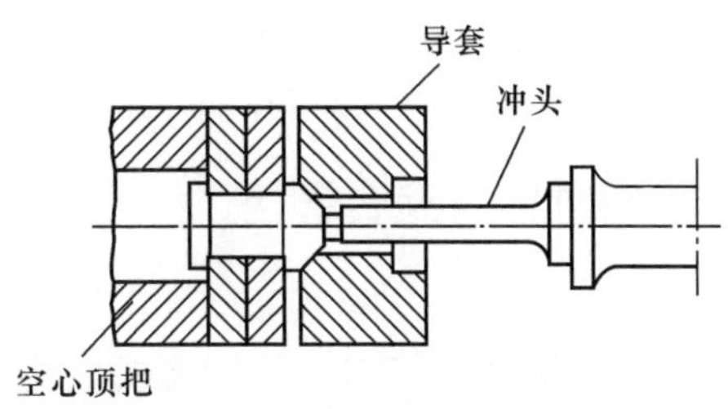

图 3-46　冲击法分解铆钉

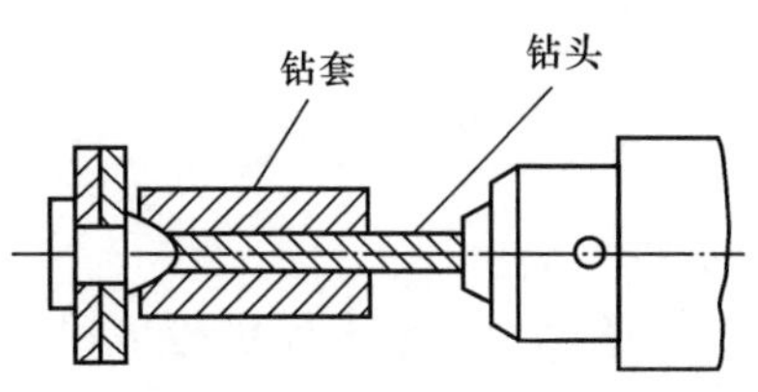

图 3-47　钻击法分解铆钉

【练习题】

1. 螺纹抽芯高抗剪铆钉孔的间距极限偏差为（　　）。

A. ±0. 5mm　　B. ±1. 0mm　　C. ±1. 5mm　　D. ±2. 0mm

2. 螺纹抽芯高抗剪铆钉孔的边距极限偏差为（　　）。

A. ${}^{+0.5}_{-1.5}$mm　　B. ${}^{+1.5}_{-1.0}$mm　　C. ${}^{+1.0}_{-0.5}$mm　　D. ${}^{+2.0}_{-0.5}$mm

3. 高抗剪铆钉铆接完后镦头应是（　　）。

A. 双喇叭形　　B. 喇叭形　　C. 偏喇叭形　　D. 反喇叭形

4. 高抗剪铆钉的铆钉杆长度应符合（　　）。

A. 铆钉体的光杆部分应露出夹层量不大于 1. 5mm

B. 铆钉体的光杆部分应露出夹层量不大于 1. 0mm

C. 允许凹入

D. 不能使用钩尺测量长度

5. 铆接拉铆型高抗剪铆钉时所用的工具为（　　）。

A. 拉铆枪　　B. 普通铆枪　　C. 高抗剪气扳机　　D. 压铆枪

【训练任务】

综合技能训练任务 3-1：特种铆钉组合铆接

1. 实训目的

在完成本项目的基本知识学习后，通过特种铆接件的练习，掌握飞机结构件特种铆接的钻孔、锪窝、铆接等工序的施工技术要求和操作要点，能独立完成钻孔、锪窝、铆接和质量检查等施工步骤。

2. 实训工卡

任务编号	3-1	实训工卡	工卡编号	004
任务类型	综合技能		版本号	01

机型	N/A	计划工时	6h	工位		页码	第　页 共　页

标题	特种铆钉组合铆接
参考技术文件	飞机铆接安装通用技术条件、铆装钳工技能
注意事项	1. 坚持安全、文明生产规范，严格遵守实训室制度和劳动纪律； 2. 穿戴好劳动保护用品，不携带与实训工作无关的物品； 3. 不同型号的铆钉分开存放，检查计量器具效验日期； 4. 拉铆枪按工具使用手册操作； 5. 使用剪板机、砂轮机等设备时，须在教师指导下进行，应遵守安全操作规程

工具/设备/材料/防护						
类别	名称	型号/规格	单位	数量	工作者	检查者
工具	气钻	Z0601	把	1		
	中心冲	标准	把	1		
	钻头	ϕ3. 1mm、ϕ3. 8mm、ϕ4. 1mm、ϕ4. 8mm	把	各 1		
	拉铆枪	ML501（国产）	把	1		
	拉枪头	按铆钉配套	把	1		
	铰刀	ϕ5H10、ϕ4H10	把	各 1		
	环槽铆钉拉枪	G85D（进口）	把	1		
	环槽铆钉卡规	ϕ5mm	把	1		
	铁榔头	1. 25P	把	1		
	橡胶榔头	标准	把	1		
	螺纹式定位销	ϕ4mm、ϕ5mm	个	各 4		
	平锉刀	8″	把	1		
	刮边器	标准	个	1		
	金属铅笔	2B	支	1		
	毛刷	2″	把	1		
	钢字码	标准	套	1		
	钢板尺	300mm	把	1		
	卡尺	0. 02mm	把	1		

表（续）

工具/设备/材料/防护						
类别	名称	型号/规格	单位	数量	工作者	检查者
工具	孔量规	ϕ4mm、ϕ5mm	个	各 1		
	铆钉卡规	标准	把	1		
	塞尺	0.05mm	把	1		
	直角尺	标准	把	1		
设备	工作钳台	标准	台	1		
	剪板机	1.5m	台	1		
耗材	LF21CZ 铝板	δ2mm	块	按图样		
	环槽铆钉	平头 HB 5501-4×4， 钉套 HB 5508-5	个	按图样		
	抽芯铆钉	拉丝型平锥头 HB 5845—4	个	按图样		
	螺纹空心铆钉	平锥头 HB 1—601—4×8， 配套螺钉 HB 1—152—3×8	个	按图样		
	高抗剪铆钉	铆钉体 HB 1—604—5×10， 螺钉 HB 1—605—5×10， 环圈 HB 1—606—5×4	个	按图样		
防护用品	棉布	N/A	块	1		
	防护手套	符合航空使用标准	副	1		

备注：

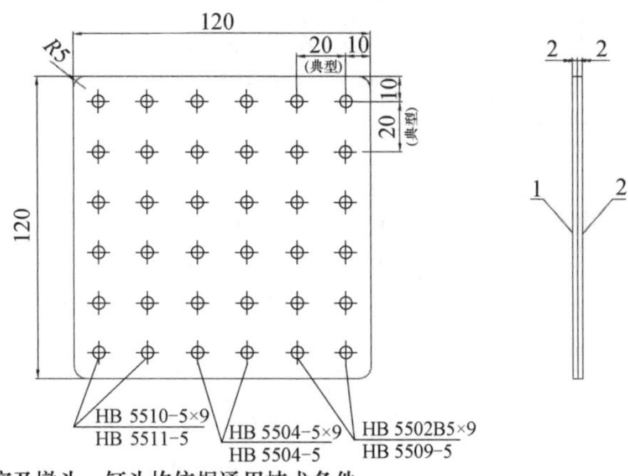

技术要求:
1.制孔、制窝及墩头、钉头均依据通用技术条件。
2.铆接后变形不平度不大于0.3mm。
3.盖板锉斜边。
4.所有边缘打磨光滑，无毛刺。

编写		审核		批准	
完工签署					
检查者		完工日期			

表（续）

项目	工作内容	工作者	检查者
一	准备工作		
1	技术资料：查询资料，找到与任务相关的知识内容		
2	工作场地/设备：检查工作场地和设备的运行安全		
3	工具/材料：按工具清单清点工、量具，准备实训材料		
4	劳动防护：按实训要求穿戴劳动保护用品，做好个人安全防护		
二	下料		
1	根据图样确定板料-1、板料-2的毛料形状和下料尺寸。在板料上画线、剪切下料。 ★注意：下料时按图样画线，保证合适的锉修加工余量（2~5mm）；剪切下料时按剪板机操作规程正确使用		
2	板料表面校平。 ★注意：使用橡胶榔头校平		
3	用平锉刀去板料边缘毛刺，锉修光滑。 ★注意：按图样锉修到规定尺寸		
三	制作铆钉孔		
1	根据图样确定铆钉的头型、材料、直径、长度和数量		
2	用钢板尺和铅笔在板料-2夹板上画出铆钉位置线		
3	钻初孔 $\phi3.0$。以板料-2为基准件，将板料-1与板料-2定位，用弓形夹夹紧，并按板料-2上的初孔钻出板料-1上的 $\phi3.0$ 初孔		
4	用 $\phi3$ 定位销夹紧固定，松开弓形夹		
5	环槽铆钉的制孔工艺过程为：钻初孔 $\phi3.0$，钻孔 $\phi4.0$，扩孔 $\phi4.8$。 按已定位的工件上的初孔，用 $\phi4.0$ 的钻头钻孔 $\phi4.0$（保证垂直度），用环槽铆钉专用扩孔钻扩孔 $\phi4.8$		
6	用专用铰刀铰孔 $\phi5H10$		
7	按钻孔和铰孔的技术要求检查铆钉孔加工质量		
四	铆接施工		
1	在工件上做好标记，拆掉定位销，清洗工件上的杂物后重新将工件定位，用定位销夹紧		
2	按图纸和标准施工要求，安装环槽铆钉		
3	按图纸和标准施工要求，安装抽芯铆钉		
4	按图纸和标准施工要求，安装螺纹空心铆钉		
5	按图纸和标准施工要求，安装高抗剪铆钉		
6	按要求在钉套一边涂专用胶		
7	检查铆接施工质量，应符合技术要求。若检查发现有不合格铆钉，按特种铆接技术要求拆除与重铆。 ★注意：检查蒙皮、铆钉头表面质量、铆钉镦头直径和镦头高度		

表（续）

项目	工作内容	工作者	检查者
五	结束工作		
1	用记号笔或钢印做好标记（学号），向指导教师提交工件和工卡		
2	清点工具和量具，按要求维护后摆放规范、整齐		
3	清扫工作现场，保持工位干净、整洁，符合安全、文明生产要求		

3. 考核评价

序号	项目/mm	容差/mm	工、量具	配分	评分标准与得分			扣分
					$S \le T$ $C<5\%$	$T<S \le 1.5T$ $5\%<C<60\%$	$S \ge 2T$ $C>90\%$	
1	外廓尺寸	±1	卡尺	10				
2	四角垂直度 90°	±30′	角度尺	10				
3	铆钉间距	±0.5	钢板尺	10				
4	铆钉边距	±0.4	钢板尺	10				
5	铆钉孔径	*H*10	孔量规	15				
6	沉头铆钉窝的质量		标准钉	15				
7	沉头铆钉头高出表面	<0.3	千分表	10				
8	环槽铆钉头与表面间隙	<0.05	塞尺	10				
9	孔径的垂直度	<0.02	垂直度量规	10				
10	未列尺寸或项目				每处不合格扣 1 分			
11	安全、文明生产				按轻重程度，酌扣 2~10 分			
总分					100 分			

项目 4　飞机结构密封铆接

【项目简介】

本项目主要介绍了飞机结构铆接中常用的密封铆接技术。密封铆接与普通铆接的不同之处是堵塞渗漏通道，使结构具有密封性，它是一项技术要求高、施工难度大、环境控制严格、各工序较为烦琐和细致的工作。

【学习目标】

1. 素质目标

（1）树立航空产品质量第一、团队合作生产意识。

（2）养成安全、文明生产、爱护工具设备、规范操作的职业素养。

（3）培育爱岗敬业的劳动精神和精益求精的航空工匠精神。

2. 知识目标

（1）了解密封剂的类型、牌号、工艺性能及使用要求。

（2）掌握密封剂的涂覆工艺要求。

（3）熟悉密封铆接施工工艺过程。

3. 能力目标

（1）能按照密封剂的使用要求进行调配与涂覆施工。

（2）能按照密封铆接技术要求与工艺过程进行铆接施工与质量检查。

在飞机结构要求防漏气、漏油、漏水和防腐的部位，通常采用在铆接夹层中涂覆密封剂、在铆钉处、铆缝贴合面处涂覆密封剂以及安装密封元件等方法，防止气体或液体从铆接件内部泄漏。

任务 4.1　飞机结构密封剂

密封结构是一种飞机常见结构，密封铆接是现代飞机制造过程中必不可少的工序。

飞机上要求密封的结构，主要是气密舱、整体油箱等，为了防止渗漏需要在结构上采用各种密封形式，以便使结构获得良好的密封性能。图 4-1 所示的增压区域和油箱区域为 A320 飞机的密封结构部位。

通常把飞机的密封措施分为密封胶密封和封严件密封两大类。密封胶密封主要用于飞机结构的密封，是维持座舱气密条件、防止整体油箱漏油及结构腐蚀的主要方法。整体油箱属于绝对级密封，其密封部位不允许有任何轻微的渗漏发生。为了达到结构的密封性要求，需要合理选择密封剂、密封元件、密封形式和试验检查方法等，还应正确制定密封剂混炼、使用的要求和程序。

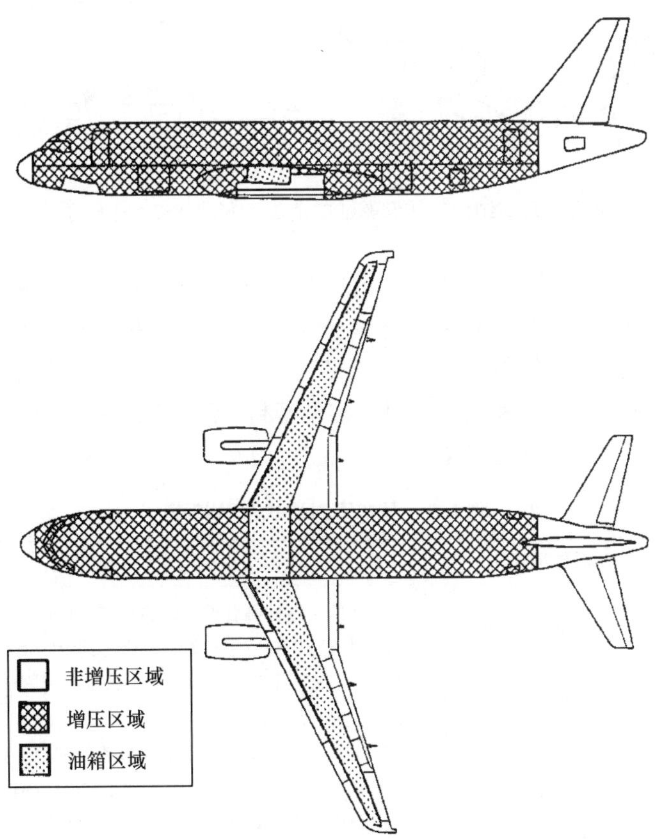

图 4-1　A320 飞机密封区域

飞机结构在制造装配过程中大量使用铝合金、钢等合金材料，使用过程中容易在外界环境影响下引起腐蚀失效。飞机腐蚀是不可避免的问题，因腐蚀问题造成的飞行事故，直接影响飞行安全，并造成维修费用的提高和飞机寿命的降低。因此，需要根据腐蚀的特点及表现形式，找到相应的检查及去除方法，有针对性地提出各种防护措施。

【知识点】4.1.1 基本密封形式

气体和燃油的泄漏途径有两种，一是沿着铆钉与钉孔之间的缝隙泄漏，二是沿着零件之间的缝隙泄漏，如图 4-2 所示。

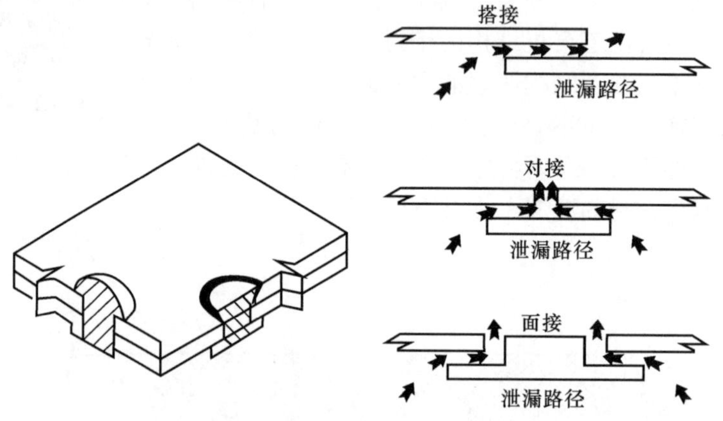

图 4-2 密封结构气体和燃油的泄漏途径（A320 SRM 手册）

结构的密封程度与在连接处所采用的密封形式有密切关系，按密封结构是否使用密封材料，可将密封形式分为有密封材料（含密封元件）密封和干涉配合紧固件连接密封两大类。按密封面在结构上的位置，又可将基本密封形式分为缝内密封、缝外密封、表面密封、紧固件密封和混合密封，常见密封形式见图 4-3。

基本密封形式及其特点见表 4-1。

表 4-1 基本密封形式及其特点

基本密封形式	具体形式	特点
缝内密封	1. 贴合面涂胶密封； 2. 贴合面铺胶膜密封； 3. 贴合面铺腻子密封； 4. 贴合面铺密封带密封； 5. 沟槽注胶密封； 6. 沟槽注腻子密封	1. 在两个零件贴合面之间涂覆密封材料； 2. 对缝隙密封效果较好；其中，铺胶膜密封与涂胶密封的可靠性相似，而且显著地改善了劳动条件；铺腻子密封没有施工期的限制，使用方便； 3. 工艺过程复杂，劳动条件较差；其中涂胶密封的工序烦琐，工作量大；铺腻子密封的耐热性和耐油性都较差； 4. 缝内密封能堵住零件之间缝隙的泄漏，以及堵住铆钉、螺栓与孔之间缝隙的泄漏
紧固件密封	1. 涂胶密封； 2. 干涉配合铆接密封； 3. 干涉配合螺接密封； 4. 加胶圈的密封铆接和密封螺接； 5. 加纯铝套铆接密封	1. 在铆钉、螺栓等紧固件上附加密封剂、密封元件，或者紧固件自身能起密封作用； 2. 采用干涉配合铆接的密封效果最好，同时它还能提高疲劳强度；干涉配合铆接对孔的要求比普通铆接更高； 3. 涂胶密封效果比较好，但施工工序复杂，劳动条件差； 4. 加胶圈等密封原件的密封操作比较方便；纯铝套的制作困难； 5. 能堵住铆钉、螺栓与孔之间缝隙的泄漏

表4-1（续）

基本密封形式	具体形式	特点
缝外密封	1. 缝外涂胶密封； 2. 缝外铺腻子密封； 3. 空洞、嵌缝堆胶密封	1. 在两个相连零件的接缝处涂覆密封剂； 2. 密封效果较差，一般与缝内密封同时采用； 3. 工序简单，便于修补和排除故障，对气动外缘还起整流作用； 4. 能堵住零件之间缝隙的泄漏，多起补充密封作用
表面密封	表面涂胶密封	1. 将稀释的密封剂涂在密封区的全部表面上； 2. 不但有密封作用，而且有防腐作用，便于修补和排除故障； 3. 用胶量较大，增加飞机重量； 4. 对缝外密封有补充密封和保护作用，是一种辅助密封方法
混合密封		两种或两种以上的基本密封形式搭配使用，增加密封的可靠性

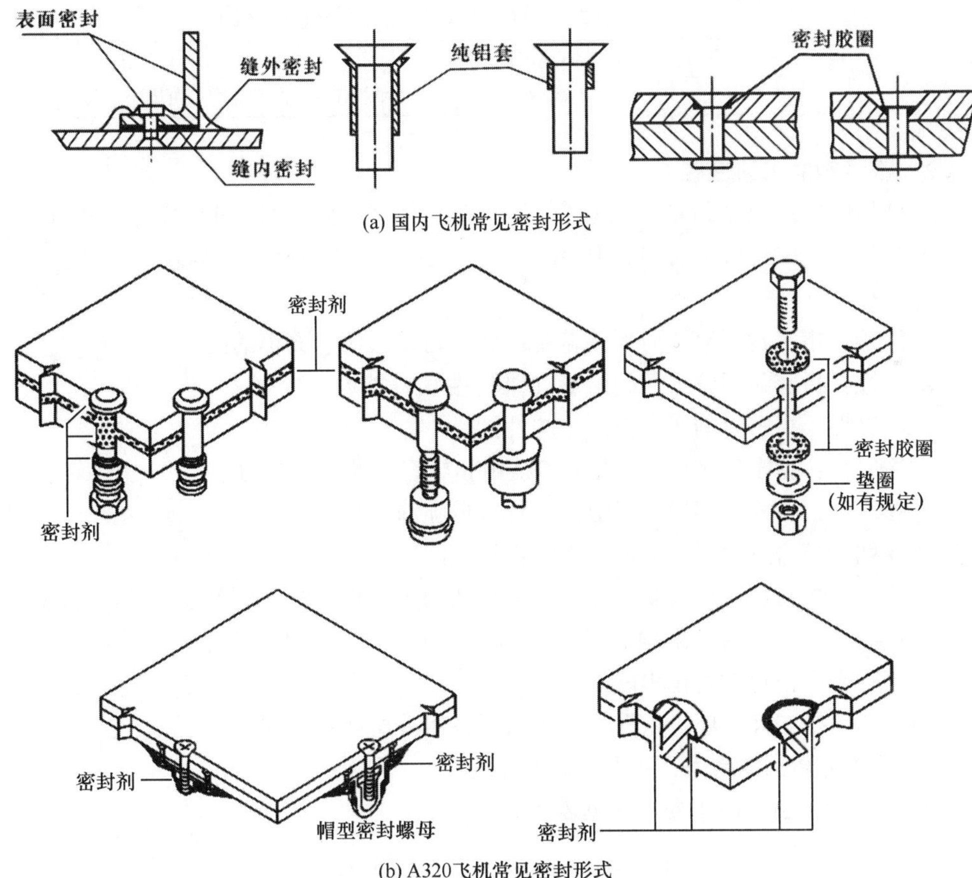

图4-3　常见密封形式示例

【知识点】4.1.2　密封剂

密封剂是一种能够阻止飞机结构中流体泄漏和阻隔不同材料界面接触的物质，起密封和防腐的作用。密封剂具有密封性能好、适用范围广、成本低、使用方便等特点，因而在飞机结构装配中广泛使用。密封剂的主要成分为基料（如橡胶），次要成分有补强剂和增强剂；具有硫化特性的密封剂中还有硫化剂、促进剂。

4.1.2.1 密封剂的类型

密封剂一般分为硫化型密封剂和不硫化型密封剂。通常前者称为密封胶，后者称为密封腻子。密封剂的分类和主要特点见表 4-2。

表 4-2 密封剂的分类和主要特点

密封剂类型	种类	特点
硫化型密封剂	膏状密封胶	1. 聚硫橡胶密封剂具有良好的耐油性、耐水性、耐老化性、不透气性、低温曲挠性，对其他材料具有粘接性，大部分能室温硫化。 2. 硅橡胶密封剂是一种高耐热性密封剂，具有较大的工作温度范围，能在-70~230℃下长期使用，大部分能室温硫化
	稀胶	
	胶膜	
不硫化型密封剂	腻子	1. 没有施工期限制。 2. 与金属粘接力不强，耐油性差，而且工作温度范围小
	腻子布	

4.1.2.2 密封剂的工艺性能

飞机结构中应用的密封剂应具有良好的密封性、弹性、塑性和粘接力，并且应耐温、耐油、耐水、耐气候；无腐蚀作用，毒性小，对人体的健康影响较小。其主要工艺性能包括：

①流淌性：指密封剂涂覆后保持自身形状、自动流淌、充填的能力。

②堆砌性：指密封剂施工后的定形（维持性状）能力。

③可刮涂性：指密封剂用刮板刮涂的性能。

④可注射性：指密封剂用注射枪在 0.5MPa 压力下的注射能力。

⑤可喷涂性：指密封剂经有机溶剂稀释后可喷涂的性能。

⑥活性期：指密封剂能保持适用于涂覆稠度的时间。

⑦施工期：指密封剂自配制后算起，保持适用于铆接装配要求塑性的最长时间。

⑧硫化期：指密封剂自配制后算起，达到一定硬度所需要的时间，它不同于正硫化点，仅相对表征密封剂硫化程度。

⑨储存期：指在规定环境条件下，密封剂各组分所能存放的期限。

4.1.2.3 国内密封剂的牌号、主要性能及用途

（1）硫化型密封剂的主要性能见表 4-3。

表 4-3 硫化型密封剂的主要性能

牌号	外观	密封性能	活性期	施工期	其他性能
XM15	深褐色均匀膏状物	耐大气老化，耐 2 号喷气燃料和耐水浸泡。在-55~110℃范围内长期使用，在 130℃短期使用均可保证密封。脆性温度不高于-40℃	在标准环境条件中为 2~6h	在常温中为 4~12h	涂覆后容易自动流平，可刮涂、注射，用有机溶剂稀释后可刷涂

表 4-3（续）

<table>
<tr><th>牌号</th><th>外观</th><th>密封性能</th><th>活性期</th><th>施工期</th><th>其他性能</th></tr>
<tr><td>XM16</td><td>深褐色
均匀膏状物</td><td>耐大气老化，耐 2 号喷气燃料和耐水浸泡。在-55~110℃范围内长期使用，在 130℃短期使用均可保证密封。脆性温度不高于-40℃</td><td>在标准环境条件中为2~6h</td><td>在标准环境条件中为3~10h</td><td>在 18℃以上涂覆后能自动流平，可刮涂、注射，用有机溶剂稀释后可刷涂</td></tr>
<tr><td>XM18</td><td>深褐色
均匀膏状物</td><td>耐热空气老化性能、耐湿热和耐水性能较差。在-55~130℃范围内长期使用，在 150℃短期使用均保证密封。脆性温度不高于-40℃</td><td>在标准环境条件中为2~8h</td><td>在标准环境条件中为4~16h</td><td>可压注、刮涂，用有机溶剂稀释后，可以刷涂</td></tr>
<tr><td>XM21A</td><td rowspan="2">黑色略带
黏性半固态</td><td rowspan="2">具有耐 2 号喷气燃料、耐空气老化性能。在-50~100℃范围内长期使用，在 130℃短期使用可保证密封。脆性温度不高于-38℃</td><td>在标准环境条件中为4~12h</td><td>在标准环境条件中为8~24h</td><td rowspan="2">混炼成型后为膜状室温硫化型材料。硫化前为可塑性柔软膜，硫化后为弹性膜。施工方便，容易保证铆接质量</td></tr>
<tr><td>XM21B</td><td>在标准环境条件中为72~120h</td><td>在标准环境条件中为72~120h</td></tr>
<tr><td>XM22A</td><td rowspan="2">黑色
膏状物</td><td rowspan="5">耐大气老化，耐 2 号喷气燃料和耐水浸泡。在-55~110℃范围内长期使用，在 130℃短期使用均可保证密封。脆性温度不高于-40℃</td><td rowspan="3">在标准环境条件中为2~8h</td><td rowspan="5"></td><td>在活性期内能自行流平。稀胶液刷涂性良好</td></tr>
<tr><td>XM22B</td><td>具有触变性，可稀释，稀胶液刷涂性良好</td></tr>
<tr><td>XM22C</td><td>浅棕
色膏状物</td><td>可稀释，稀胶液刷涂性良好</td></tr>
<tr><td>XM22D</td><td rowspan="2">黑色
膏状物</td><td rowspan="2">在标准环境条件中为1~3h</td><td>有良好修补工艺性</td></tr>
<tr><td>XM22E</td><td>具有触变性</td></tr>
<tr><td>XM23</td><td>深黑色
黏稠均匀
膏状物</td><td>耐湿热和淡水浸泡，在-50~110℃范围内长期使用，在 130℃短期使用可保证密封。脆性温度不高于-40℃</td><td>在标准环境条件中为2~15h</td><td>在常温中为8~30h</td><td>堆砌性较好，不易流淌，可刮涂、注射，用有机溶剂稀释后可刷涂</td></tr>
<tr><td>XM28 Ⅰ</td><td rowspan="3">驼灰（T）、深灰（S）、钢灰（G）、咖啡（K）、深绿（L）色稠状物</td><td rowspan="3">具有耐 2 号喷气燃料、耐空气老化性能。在-50~100℃范围内长期使用，在 130℃短期使用可保证密封。脆性温度不高于-38℃</td><td rowspan="3">在标准环境条件中为72~120h</td><td rowspan="3">在标准环境条件中为72~120h</td><td>具有流动性，可刮涂、注射，用有机溶剂稀释后可刷涂</td></tr>
<tr><td>XM28 Ⅱ</td><td>可刮涂、注射，在垂直面和仰面涂覆不流淌</td></tr>
<tr><td>XM28 Ⅲ</td><td>不含增黏剂，适用于可拆卸密封</td></tr>
</table>

表 4-3（续）

牌号	外观	密封性能	活性期	施工期	其他性能
XM31-1	红色黏稠膏状物	具有耐大气老化、耐水浸泡、耐湿热、耐盐雾性能。在-60~230℃范围内长期使用可保证密封。脆性温度不高于-55℃	在标准环境条件中为0.5~8h		在标准环境条件中不黏期不小于24h
XM31-5	橙色黏稠膏状物				
XM33-6	棕色黏稠膏状物				
XM40	咖啡色膏状物	具有耐热空气老化、耐煤油的良好性能。在-35~120℃范围内长期工作能保证密封。低温柔软性温度不低于-54℃	在标准环境条件中为2~4h		具有极好的堆砌性能。可压注和刮涂
XM41	棕色、黑色膏状物	具有耐热空气老化、耐煤油的良好性能。在-35~120℃范围内长期工作能保证密封。低温柔软性温度不低于-54℃	在标准环境条件中为2~4h		具有良好的堆砌性能和压注涂覆性能
XS1、XS1A	黑色黏塑性半固态	具有耐喷气燃料、耐老化性能，在-50~130℃范围内长期工作能保证密封。低温柔软性温度不高于-40℃	在20℃左右环境条件中为8h		易混炼，形成各种厚度的膜装密封带

（2）不硫化型密封剂的主要性能见表4-4。

表 4-4　不硫化型密封剂的主要性能

牌号	外观	黏附、密封性能	工艺性能
XM17	绿色半固态	对铝、镁合金有良好的黏附性、耐久的气密性，使用温度范围为-55~100℃，在130℃可短期使用	可塑性、可拆卸性好，可进行堵填修理
XM30	白色半固态	对金属的黏附性能良好。具有良好的耐高、低温性能，长期使用温度范围为-54~200℃，在230℃可短期使用，在270℃左右可瞬时使用	可塑性、可拆卸性好，可随时用于堵填
XM34	蓝灰色黏稠体	对金属有良好的黏附性。具有良好的耐喷气燃料性能，与金属的密封性好，长期使用温度范围为-54~130℃	可注射、拆卸，在载油情况下其可用于及时修补
XM48	灰白色匀质黏稠状物	对金属有良好的黏附性，使用温度范围为-55~130℃	可塑性好
1601	绿色半固态	与阳极化铝合金、氧化处理的镁合金的粘接性和气密性良好。粘接剪切强度不低于14kPa。使用温度范围为-50~70℃	可塑性、可拆卸性良好
CH102	灰色或灰褐色塑性体	对铝合金表面粘接的剪切强度不低于14.7kPa，具有良好的黏附性能，使用温度范围为-35~80℃	可塑性、可拆卸性良好，铺贴方便

4.1.2.4 国外航空用密封剂

（1）基本术语

①密封时限

施工时限（application time）：密封剂混合好或解冻后直到涂抹到部件上的施工时间。在标准条件下，Calss A、B、D、E 后跟的数字指的是施工时间。例如：BMS5-95 Class B-1/2 标准条件下施工时间为 0.5h；BMS5-45 Class A-2 标准条件下施工时间为 2h。

挤出时限（squeeze-out time）：密封剂混合好或解冻后直到完成部件紧固件安装的最大允许时间。在标准条件下，Calss C、G 后跟的数字指的是挤出时间。例如：Class C-48 标准条件下挤出时间为 48h。

无黏性时限（tack-free time）：密封剂从施工到呈无黏性状态的最短时间。

固化时限（curing time）：在温度 20~26℃和相对湿度 45%~55%条件下密封剂由糊状变为橡胶状的时间。

②密封剂的密封等级

绝对密封（absolute）：所有开口区域包括紧固件都需要密封（满足 BAC 5047 有自密封功能的紧固件不用做胶，但图纸另有要求的除外）。

完全密封（extensive）：所有的孔、缝隙、下陷处和接合处需要密封的地方都应当密封。同时还需要密封附件：金属结构和复合结构符合 NAS 618 或 BDM-1460 的Ⅱ级或更大孔的螺栓；非 O 形密封圈型的螺母法兰。

中等密封（intermediate）：所有的孔、缝隙、下陷处和接合处需要密封的地方都应当密封。

限制密封（limited）：所有的孔、缝隙和下陷处需要密封的地方都应当密封。

（2）密封剂的分类

密封剂是一种合成橡胶材料，在涂抹时要保持液态，之后通过化学变化转变为具有一定弹性的同体物质。密封剂的分类如下：

①按组成成分分为聚硫化物和有机硅树脂两类。聚硫化物（也称为蒙亚胺酯）密封剂，耐高温性能较差，用于对温度要求不高的区域；有机硅树脂密封剂（含硅）一般用于有特定要求的工作区域，如高温区等。

②按配制的类型分为单料和双料密封剂（含催化剂和基料两种材料）。

③在相同的航材型号中，密封剂根据稠稀度和施工时限（波音航材规范）等参数的不同进行分类，施工时可根据施工条件选择不同类别的密封剂，国外密封剂的分类见表 4-5。

表 4-5 国外密封剂的分类

类别	施工形式	说明
A 类	刷涂密封	用于刷涂密封，不允许用溶剂稀释刷涂密封剂
B 类	填角、贴合密封、注射、预先填充以及紧固件密封	较稠，有良好的触变性

表 4-5（续）

类别	施工形式	说明
C 类	仅用于贴合面密封的密封	中等稠度，有良好的可延展性
D 类	填孔施工	填孔密封剂，与 B 类密封剂类似，性质比较稳定
E 及 F 类	喷涂施工	可喷涂密封剂，E 类喷涂后可作为涂层，F 类喷涂后可作为底漆层
G 类	可喷涂、刷涂，也可辊涂密封	具有较长的挤出时限寿命和较好的流动性，黏性较低

④按包装和存放形式分为罐装、套装、预混冷冻及冷冻散装。罐装式可根据需要的用量按比例自行配制；套装式则由已经既定的可用量配制好催化剂和基料的剂量，用推杆将催化剂挤入基料，用搅拌杆进行充分混合后即可使用，配备了喷嘴，使用方便，但此类密封剂不适合在小剂量的场合使用；预混冷冻式适用于混合后可冷冻保存，以延长施用时限的密封剂，如 BMS5-45、BMS5-63、BMS5-95 等，BMS5-95 的主要性能指标如表 4-6 所示。

表 4-6　BMS5-95 密封剂主要性能说明　　h

型号	类别	材料说明	用途	施工时限	挤出时限	无黏性时限	固化时限
BMS5-95	B-1/2	双料密封剂，具有防腐性能	贴合、预先填充、注射、填角	1/2	1/2	10	20
	B-2		贴合、预先填充、注射、填角	2	6	36	48
	C-20		贴合表面	12	20	20（最小）	160

【知识点】4.1.3　密封剂使用要求

4.1.3.1　对环境和人员的要求

①密封剂的混炼与施工应在清洁的环境中进行，否则会影响密封剂的机械性能。要求环境中无灰尘、无油污，所使用的压缩空气应经过去油、去水处理。

②密封剂混炼温度范围一般为 18～28℃，施工温度范围为 15～30℃。温度过低，会使密封剂的活性期延长且影响其黏附力；温度过高，密封剂的活性期缩短，影响施工。经冷冻存放的密封剂，其活性期和硫化期均缩短。

③除专门规定外，密封剂混炼和施工的相对湿度应控制在 40%～80%内。相对湿度低于 40%可以延长密封剂的活性期和常温硫化时间；相对湿度高于 80%可以缩短其活性期，且影响密封剂的机械性能。

④对密封剂进行混炼和施工的工作人员必须经过培训，并取得操作合格证；施工人员的工作服、手套、脚套及使用的工具，不准有油脂、纤维附着。施工人员在表面涂覆密封剂的结构处操作时，其工作服上不准有硬质纽扣和金属附加物裸露。

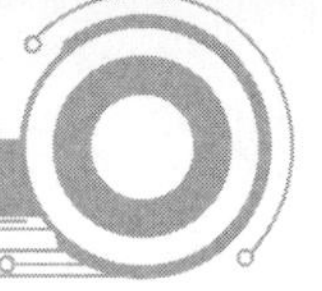

4.1.3.2　对涂覆表面和密封剂使用的要求

（1）对涂覆表面的要求

涂覆密封剂的表面应清洁干净。在贴合面密封剂未达到硫化期之前，只要未被污染，可不经过清洗而直接涂覆密封剂。聚硫型密封剂可涂覆在阳极化（在 6 个月内）的铝合金、氧化处理的镁合金、钝化处理或涂防锈漆的钢上，或者涂于与密封剂相容的底漆（如 SF-9）的表面上。涂覆于与密封剂不相容的底漆表面上，除设计上另有要求外，均应将底漆从涂密封剂的部位清除掉。清除方法是交替使用去漆剂退漆和用砂纸打磨。如果过程中氧化膜被擦伤，则用冷氧化液进行补充处理。对于难粘密封剂的表面，为了提高粘接力，在结构表面清洗后涂覆偶联剂。

（2）密封剂在使用中的要求

刷涂型密封剂调制后，在使用中不允许加溶剂稀释；刮涂用的密封剂调制后，不允许搅拌，以免混入空气；注射用的密封剂，在调制后应立即装入注胶枪塑料筒内，密封剂应从枪嘴的安装口注入；密封剂的涂覆必须在活性期内进行。刮涂密封剂时需经常检查，检查方法是每隔 15min 用刮刀以约 5m/s 的速度挑起密封剂，若出现明显回缩，即表示活性期结束。

4.1.3.3　密封剂的涂覆方法

密封剂施工是保证结构密封的重要环节。密封剂涂覆方法可按密封剂的状态确定。膏状的密封剂用刮刀刮涂或注胶枪注射，液态的密封剂采用刷子刷涂或喷枪喷涂，半固态的密封剂可制成胶膜进行铺贴或者直接堆砌。密封剂涂覆方法的分类及所用密封剂的类型、特性见表 4-7。

表 4-7　密封剂涂覆方法的分类及所用密封剂的类型、特性

<table>
<tr><th>涂覆方法</th><th>特性</th><th>用途</th><th>类别代号
（HB/Z 106—2011）</th></tr>
<tr><td>喷涂法</td><td rowspan="2">1. 不挥发成分含量不大于 80%；
2. 最大黏度不大于 30PA. S</td><td rowspan="3">表面密封</td><td rowspan="2">D</td></tr>
<tr><td>灌注法</td></tr>
<tr><td>刷涂法</td><td>1. 不挥发成分含量不大于 80%；
2. 最大黏度不大于 30PA. S</td><td>A</td></tr>
<tr><td rowspan="2">刮涂法
与
注射法</td><td>1. 不挥发成分含量不大于 97%；
2. 流淌性不大于 20mm；
3. 基膏黏度不大于 1600PA. S</td><td>缝隙处缝外密封，沟槽处缝内密封</td><td>B</td></tr>
<tr><td>1. 不挥发成分含量不大于 90%；
2. 基膏黏度不大于 400PA. S；
3. 易流平但不具有流淌性，有较长的施工期</td><td>贴合面处密封</td><td>C</td></tr>
<tr><td>堆砌法</td><td>1. 密度小于 1.3g/cm^3，有高触变性；
2. 流淌性不大于 5mm</td><td>填补大孔洞并保持形状不变</td><td>E</td></tr>
<tr><td>铺设法</td><td>1. 永久变形不大于 15%；
2. 相对伸长率不小于 30%</td><td>贴合面处密封</td><td></td></tr>
</table>

【练习题】

1. 常见的密封形式有（　　）。

A. 缝内密封　　B. 缝外密封　　C. 表面密封　　D. 紧固件密封

2. 缝内密封所采用的形式有（　　）。

A. 贴合面涂胶　　B. 贴合面铺胶膜　　C. 贴合面铺腻子　　D. 贴合面铺密封带

3. 紧固件密封所采用的形式有（　　）。

A. 涂胶密封　　B. 干涉配合铆接密封

C. 干涉配合螺接密封　　D. 加胶圈的密封铆接和密封螺接密封

4. 密封剂的工艺性能包括（　　）。

A. 流淌性　　B. 堆砌性　　C. 可刮涂性　　D. 可注射性

5. 密封时限是指（　　）。

A. 施工时限　　B. 挤出时限　　C. 无黏性时限　　D. 固化时限

6. 密封剂的混炼与施工应在清洁的环境中进行，具体要求有（　　）。

A. 环境中无灰尘　　B. 环境中无油污

C. 压缩空气应经过去油处理　　D. 压缩空气应经过去水处理

任务 4.2　密封剂的涂覆工艺

【技能点】4.2.1　涂覆表面的清洗

4.2.1.1　清洗要求

【教学资源】
常用航空密封剂的使用(视频)

①涂覆密封剂表面的清洗一般使用汽油、丙酮、乙酸乙酯清洗剂。在危险区可使用不燃性清洗剂。铺设密封腻子且涂有H06-2或XY-401胶的表面，只允许用汽油擦拭。

②清洗宽度应大于涂覆密封剂的宽度，在两侧各宽出10mm以上。

③涂覆密封剂前的最后清洗，除铺设密封腻子且涂胶的表面外，均应用浸有丙酮或乙酸乙酯的抹布重复更换、擦拭，直至最后一块白细布上无可见的污色（允许有底漆的本色）为止；最后一遍清洗距涂覆密封剂的时间，应不大于1h，不小于20min；每次清洗的紧固件，要在一天内使用。

④清洗干净的表面禁止与脏物接触，不允许手接触或用笔做标记，陈放环境应清洁。

4.2.1.2　清洗方法

①从溶液瓶内倒出清洗剂润湿抹布，如图4-4所示。

②用湿抹布清洗结构表面时，只能顺一个方向擦拭，如图4-5所示；同时，用干抹布沿一个方向擦去已溶解污物的清洗剂。不允许清洗剂在结构表面自然干涸；每擦洗一遍应更换一块新的抹布；不允许在结构表面喷洒、刷涂清洗剂，否则会造成溢流，

致使油污溶解后扩散并渗透到缝隙内。

③对于油污过多的表面，应先用抹布擦拭，然后用汽油润湿的抹布清洗。

④对于密封的孔洞、下陷和小空间部位，应用合适直径的去污布条清洗，如图 4-6所示。

图 4-4　用清洗剂润湿抹布

沿一个方向擦拭

图 4-5　用抹布擦拭密封贴合面

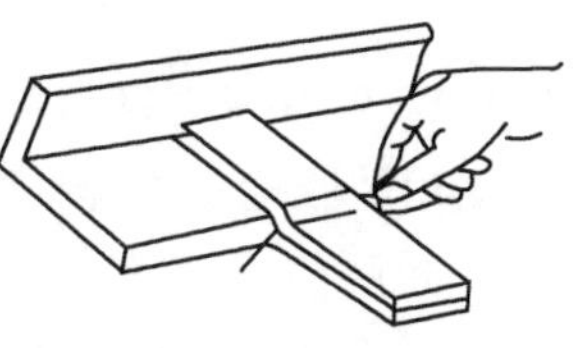

图 4-6　下陷处擦拭

⑤铆钉、螺钉等小件的脱脂清洗，应用清洗剂浸泡的方法，并要求将清洗剂更换一至两次，浸泡用的容器必须加盖。

【技能点】4.2.2　密封剂的涂覆工艺

4.2.2.1　密封工具

（1）注胶枪

注胶枪如图 4-7 所示。将灌满密封剂的胶筒装入注胶枪内，进入枪体的压缩空气推动柱塞前移，使胶筒内的胶从注胶头挤出。250 型注胶枪的手柄可以从枪体上取下，以便在不开敞部位使用。

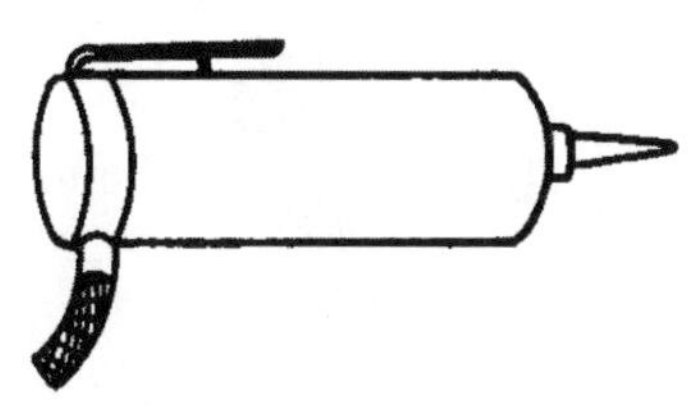

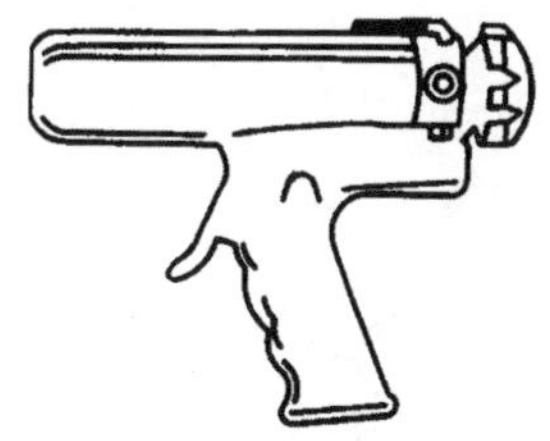

图 4-7　注胶枪

（2）刮刀、刮板及穿针

用于修平或刮匀密封剂的常用刮刀和刮板如图 4-8 所示。通过铆钉孔刺穿铆缝中的密封带用的穿针如图 4-9 所示。

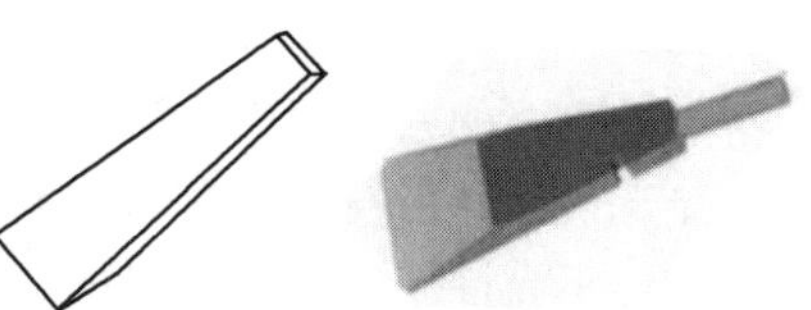

图 4-8　常用刮刀和刮板

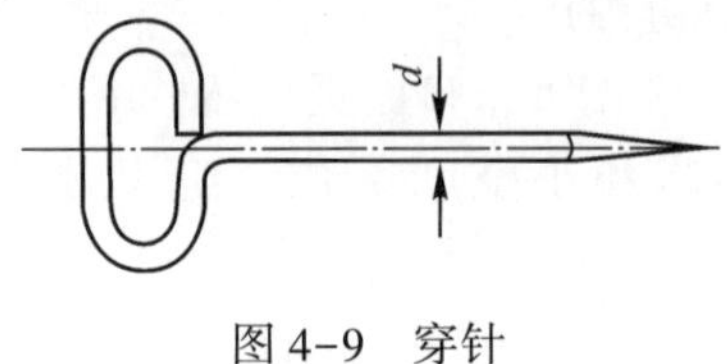

图 4-9　穿针

4. 2. 2. 2　缝外密封密封剂的涂覆

①用注胶枪涂覆缝外密封剂。

a. 枪嘴应对准缝隙并使之基本垂直于注胶线路。枪嘴的移动速度应使挤出的密封剂的量同缝外密封最后尺寸相适合，如图 4-10（a）所示。

b. 枪嘴应紧贴结构表面，不准悬空，如图 4-10（b）所示。

c. 注胶时应始终保证挤出的密封剂超前于枪嘴移动方向，使密封剂向缝隙内有一定挤压力，并使可能裹入的空气自动爆裂，如图 4-10（c）所示。

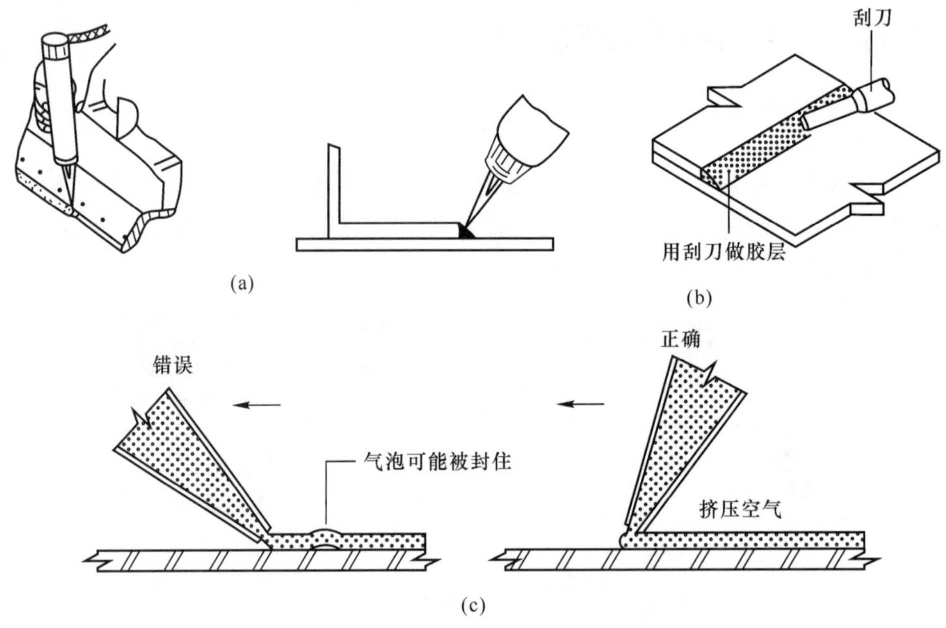

图 4-10　用注胶枪涂覆缝外密封剂示意图

②尺寸较大的缝外密封，应分两次进行，待第一道缝外密封剂整形并达到不粘期后再涂第二道。仰面涂胶或垂直面涂胶时，密封剂的涂覆量应适当，避免过量造成流淌或变形。

③缝外涂覆的密封剂应在活性期内用整形工具整形，如图 4-11 所示。整形时工具应紧压结构表面并沿缝隙均匀、平行地移动，使最终成型的缝外密封剂光滑、流线及尺寸正确。不允许使用任何润滑的方法整形，整形时应随时注意用清洗剂湿润的纱布擦除粘在工具上的密封剂，如图 4-12 所示。

④对接缝、气动整流缝、不易保证密封剂涂覆尺寸的密封缝，在规定的胶缝两侧边

缘贴隔离保护胶纸，如图 4-13 所示。涂胶、刮平后将胶纸揭掉，铲除多余的密封剂。

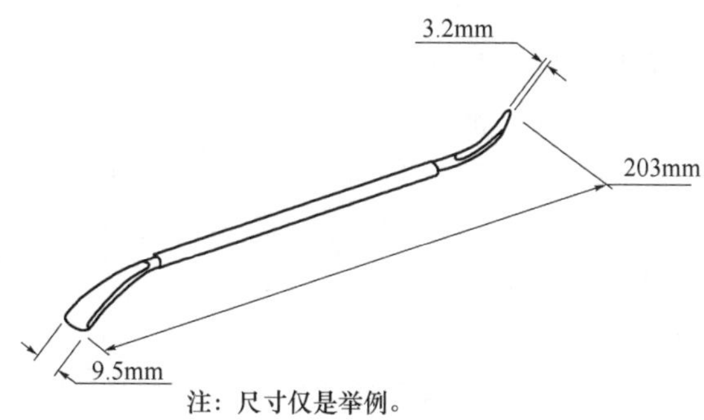

图 4-11　国外常用整形工具（A320 SRM 手册）

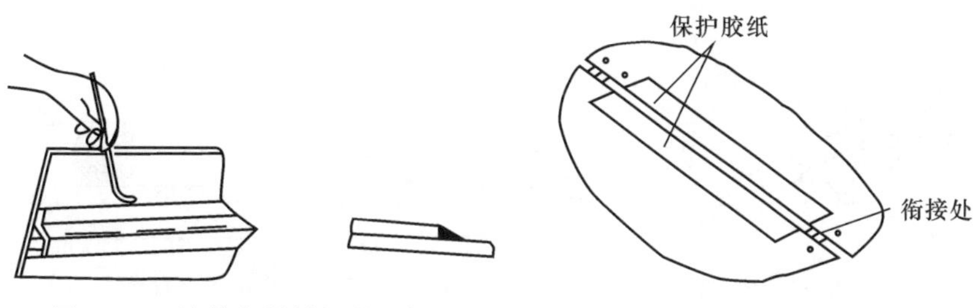

图 4-12　缝外密封剂整形示意图　　图 4-13　保护纸的粘贴

⑤对可拆的缝外密封（如地板、座椅、铁道轨缝等）应在涂密封剂以前，在缝底部埋设细尼龙线，并将线头露在缝外密封剂的外面，以便拆除时撕开缝外密封剂，如图4-14所示。

⑥空洞、嵌缝的堆胶，以及大的空洞和间隙的密封，应配制流淌性小的密封剂。深的空隙应在涂密封剂之前，先填充软质填料（如铝棉、海棉橡胶）或用密封剂浸渍后填充。

⑦缝外密封完成以后，应在活性期内检查涂覆质量，对缺陷、气泡或有异物夹杂的部位，进行及时补胶或排除；必要时允许部分铲除并重新涂覆，如图 4-15 所示。

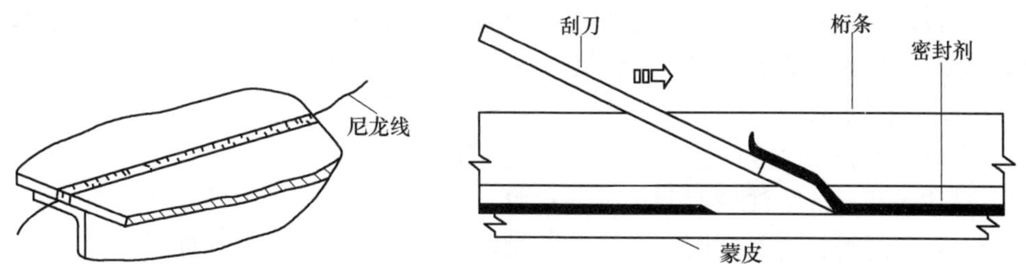

图 4-14　可拆缝外密封剂涂覆　　图 4-15　用非金属刮刀去除密封剂（A320 SRM 手册）

4.2.2.3　缝内密封密封剂的涂覆

缝内所使用的密封材料种类较多，按产品功能（如气密座舱、整体油箱）不同所选用的密封材料不尽相同，故铺放的方法也不同。

【教学资料】
密封铆接的涂胶（视频）

（1）贴合面涂胶法

用刮刀、硬板刷、涂胶辊或齿形刮板、齿形刮棒等，将密封剂涂在贴合面尺寸较小的零件一侧，或刮在刚性较大的零件的贴合面上，如图 4-16 所示。刮涂时应顺着一个方向，禁止来回刮抹，以免因卷入气泡而形成空洞；在下陷、转角、空洞等处的密封剂，可适当加厚。

（2）贴合面铺胶膜法

将胶膜顺着一个方向铺在刚性较大的零件的贴合面上，如图 4-17 所示。胶膜长度、宽度不够或有气泡、空眼、局部不合格时，应将胶膜剪齐后搭接。铺胶膜时，不允许拉伸折叠，胶膜应平整，铺后允许用手压平或覆盖硅胶布，用 1kg 辗辊辗一次。

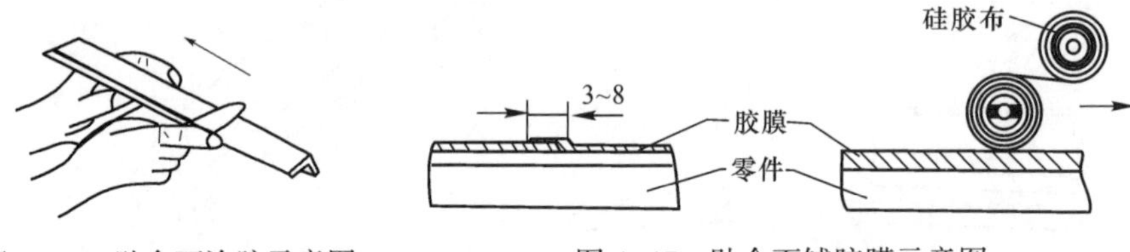

图 4-16　贴合面涂胶示意图　　　图 4-17　贴合面铺胶膜示意图

（3）贴合面铺密封带法

将密封带铺在刚性较大的零件贴合面上。若铺放密封带后立即铆接装配，则应将密封带从垫布上取下后再铺设；否则，应将密封带随垫布一起铺放，临铆接装配之前取下垫布。当密封带不能与骨架零件良好定位贴合时，允许用 XY-401 胶将密封带局部粘贴在骨架上。

（4）贴合面铺腻子法

铺设前用腻子挤出器将腻子制成直径为 2~3mm 的腻子条，铺放在骨架上。当不易挤出时，可将腻子预热，温度不超过 30℃。

（5）可拆贴合面处密封剂涂覆法

在可拆卸口盖、观察口板件等部位贴合面一侧涂隔离剂，如喷一薄层滑石粉，涂可剥性涂层或用含油脂棉纱擦涂一薄层油脂，如图 4-18 所示。

（6）沟槽注胶法

注胶时应沿着一个方向，如图 4-19 所示。由第二孔开始注射密封剂，待第一孔见胶时，堵住该孔，继续注胶直到第三孔见胶，抽出注胶枪嘴，用螺钉封闭第二孔，继续由第三孔注射密封剂直到第四孔见胶，封闭第三孔，以此类推，直到全部沟槽注射完毕为止。

（7）沟槽注射腻子法

注射密封腻子的方法与注射密封剂的方法类似，注射 XM34 密封腻子的压力为 4.41MPa。

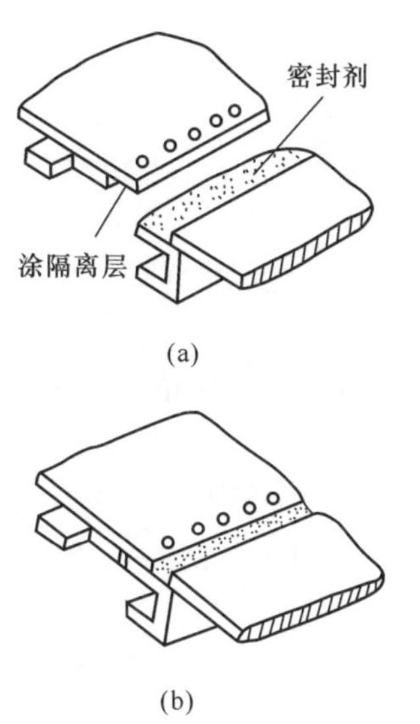

图 4-18　可拆贴合面处密封剂涂覆法

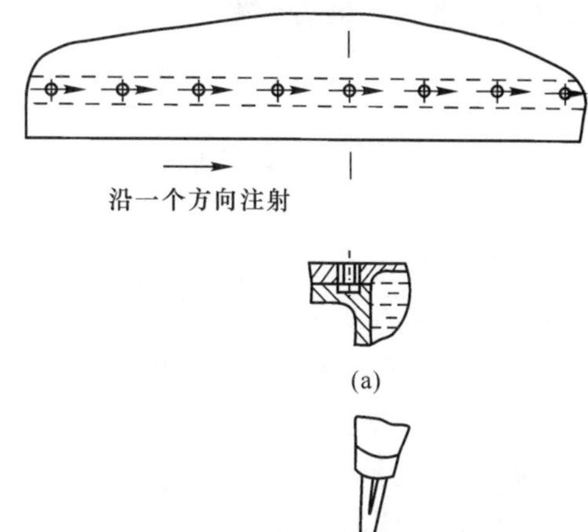

图 4-19　沟槽注胶法

（8）结构下陷处注胶法

将注胶枪嘴插进注射孔，一次连续完成注射密封剂，亦即当孔道出口见胶时，先将出口堵住，以提高孔内腔的注胶压力，使密封剂渗透到腔内细小的缝隙中，直到完全充满内腔并向外多渗出 2~3mm 为止，如图 4-20 所示。用整形工具剔除多余的密封剂并整形。

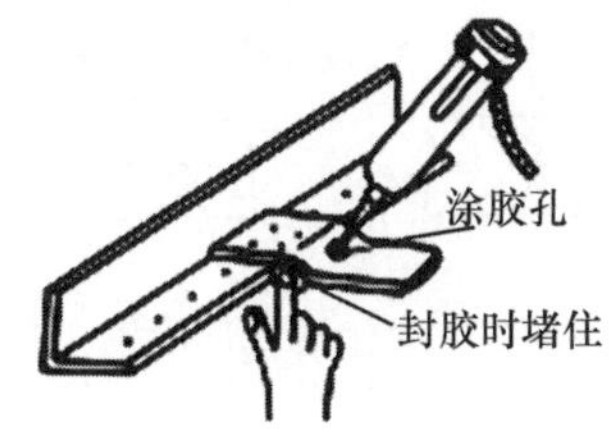

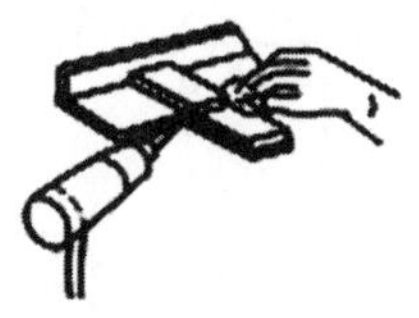

图 4-20　结构下陷处注胶法

（9）结构内腔注胶法

在结构内腔底部开注胶孔，其位置应保证注胶时不使内腔局部“窝气”而产生死角。用注胶枪由注胶孔注射密封剂，当溢胶孔出胶时边注胶边移出枪嘴，如图 4-21 所示。

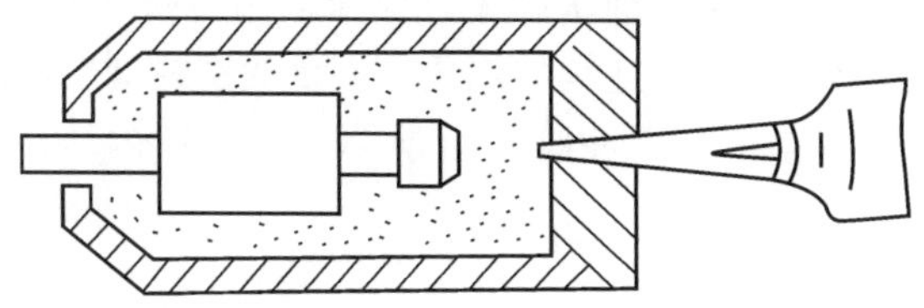

图 4-21　结构内腔注胶示意图

4.2.2.4 表面密封密封剂的涂覆

①结构上已涂的缝外密封剂和紧固件密封剂的表面在清洗前，密封剂应达到硫化期。

②表面密封用密封剂，使用的稀释剂不应使已涂覆的胶层产生龟裂、起皱和脱落。

③刷涂密封剂时，应逐渐依次在表面进行，不允许大面积拉开涂胶，其余的按紧固件头部刷涂密封剂的要求进行。

④喷涂密封剂时使用喷枪，喷枪嘴应距结构表面 80~100mm，倾角 70°~80°，移动速度约 1.2m/min。喷涂的密封剂应均匀、连续。

⑤灌涂密封剂时，密封剂灌入结构体积的 10%~15%，封闭灌胶口，在专用摇摆架上晃动或翻转结构，使结构内所有表面浸涂一层密封剂，保持 10~20min，倾倒出剩余的密封剂，通入干净无油的热空气（不高于 50℃），吹除溶剂。

4.2.2.5 紧固件密封密封剂的涂覆

（1）紧固件的湿安装密封

①在紧固件钉头与结构贴合面的任意一侧涂一圈连续密封剂，如图 4-22 所示，涂覆量应保证紧固件装配后在周边有连续挤出的密封剂且不过量。

②在紧固件杆部或孔内涂密封剂，如图 4-23 所示，螺纹紧固件的螺纹部分涂密封剂后应立即进行安装。

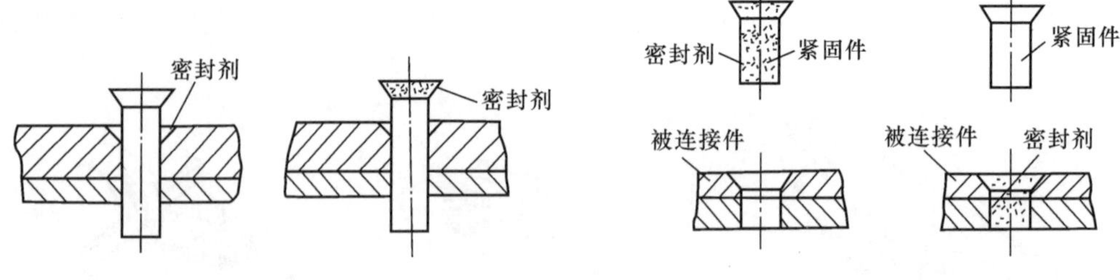

图 4-22 紧固件钉头与贴合面处涂胶

图 4-23 紧固件杆部涂胶

（2）紧固件端头注射密封剂密封

用注胶枪将密封剂涂覆在紧固件端头周围，涂覆量应保证整形后符合要求。A320 飞机典型紧固件密封技术要求如图 4-24 所示。

（3）紧固件端头安装密封罩密封

①用注胶枪将密封剂注入密封罩内，然后将罩安装在紧固件头上，使罩的底边与结构表面接触，注胶量应保证密封剂从罩底边缘和顶端溢胶孔有少量挤出，如图 4-25 所示。挤出的密封剂整形为光滑、连续的填角，多余的密封剂应清除。

②对自动定位的密封罩，可用注胶枪由顶端开孔向罩内压注密封剂，如图 4-26 所示。

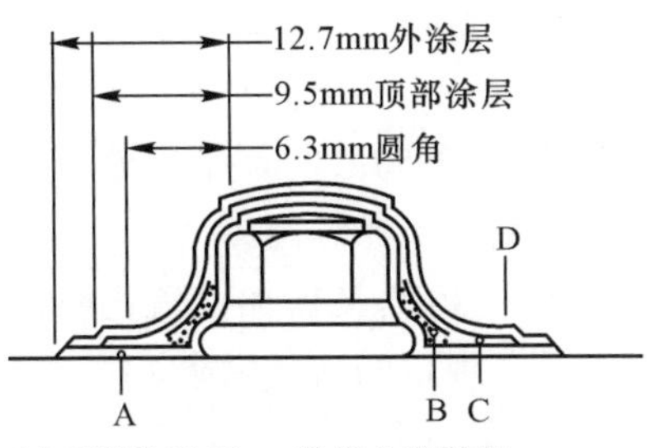

(a) 直径为11.11mm及以上的螺帽
(图示为典型密封尺寸)

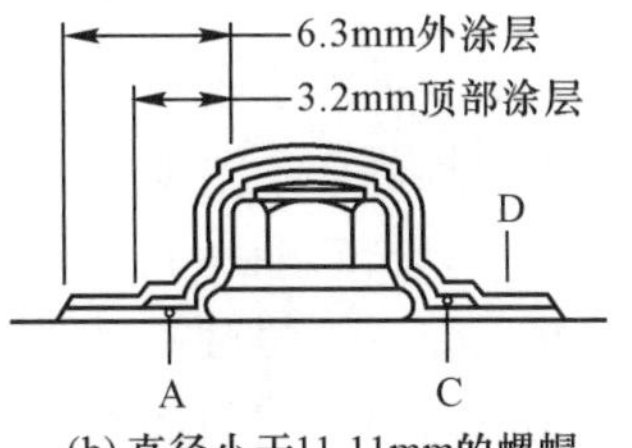

(b) 直径小于11.11mm的螺帽
(图示为典型密封尺寸)

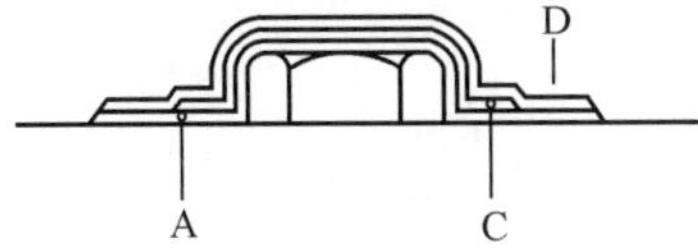

(c) 螺栓头(尺寸如上图B所示)

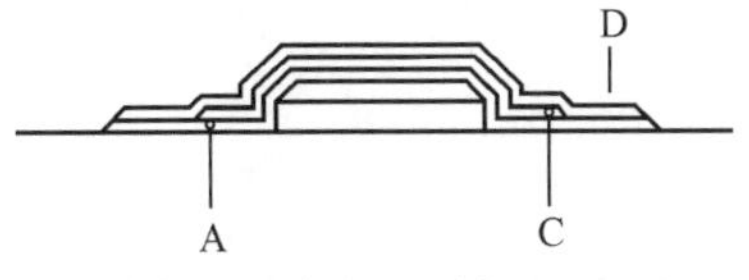

(d) 螺栓头及铆钉(尺寸如上图B所示)

A：底层涂料 09-028；
C：顶层涂料 09-017、09-107A或09-001

D：外涂层 09-014或 09-007

图 4-24　典型紧固件的密封

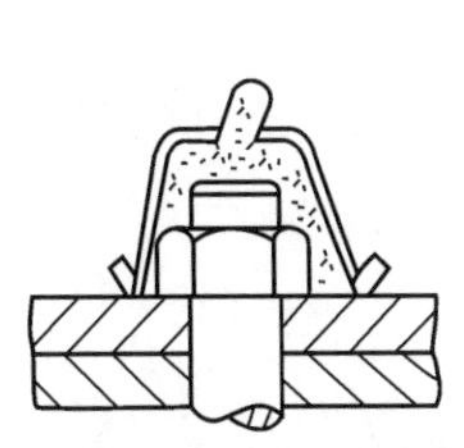

图 4-25　紧固件端头安装密封罩的注胶

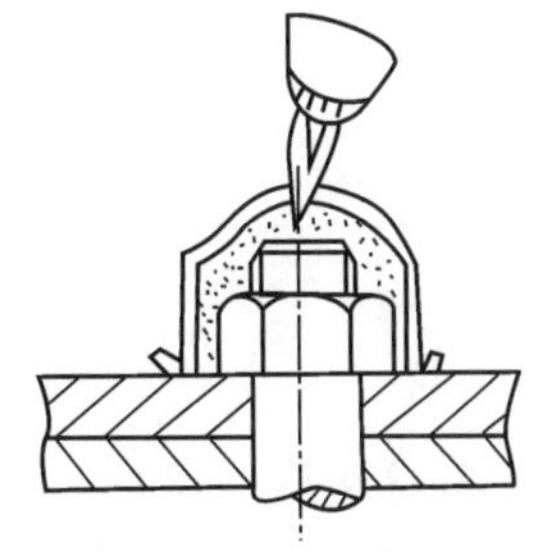

图 4-26　紧固件端头安装自动定位密封罩的注胶

（4）紧固件头部刷涂密封剂密封

①使用 A 类密封剂，用硬板刷在紧固件钉头和周围表面刷涂密封剂，不允许密封剂向其他地方流淌。一般刷两遍，第一遍与第二遍的刷涂时间相隔 4～6h。

②第二遍刷涂的密封剂与第一遍刷涂的密封剂应有明显色差，以便发现漏涂。

【知识点】4.2.3　密封剂的硫化和保护

4.2.3.1　密封剂的硫化

①密封剂的硫化过程，是从其混合配制后开始的，除非由于工序衔接上的需要，一般应在室温条件下自然硫化，不需要采取加速措施。

②加速硫化必须在密封剂不粘期后按各密封剂硫化规范进行。未规定的一般加速硫化温度不应超过 50℃，处理时间为 24h。加速硫化方法包括：

a. 提高环境（包括结构）温度；

b. 用湿热空气在结构内部环流；

c. 用红外线加热结构和涂胶表面；

d. 综合使用以上方法。

③由于工艺需要，涂覆密封剂的结构件必须在高于 50℃的环境中处理时，如有机玻璃的回火，可以提高处理温度，但不得超过密封剂的工作温度。

④结构上一部分密封剂加温硫化后，另一部分密封剂又须加温硫化时，允许重复加温硫化，重复次数以不超过密封剂使用工艺说明书规定的次数为限。

⑤国外使用的密封剂的固化要求与国内基本相同。图 4-27 所示为 PR1422B2 密封剂固化的典型时间示例，在理论条件下（25°C，相对湿度 50%），密封剂在 72h 后最终固化。

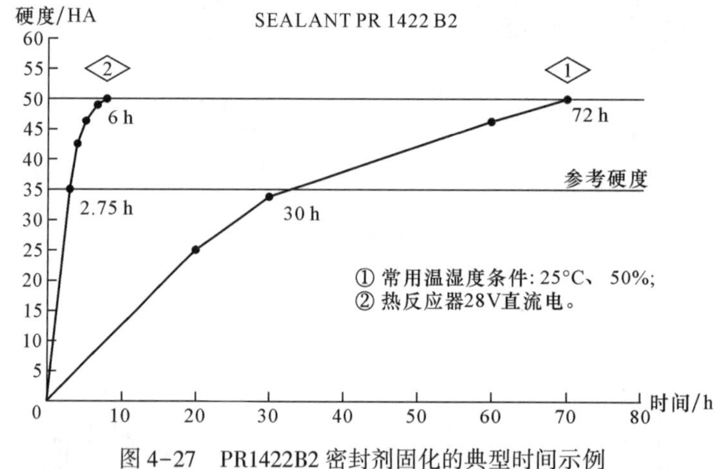

图 4-27　PR1422B2 密封剂固化的典型时间示例

4.2.3.2　密封剂涂覆后的保护

①在未达到不粘期的密封剂上面，不准进行钻孔、铰孔等操作。若难以避免，应用聚乙稀薄膜覆盖密封剂，该保护膜的拆除，只能在密封剂不粘期以后进行。

②严禁滥用溶剂和清洗剂，不准在未硫化的密封剂上使用溶剂。在硫化的密封剂上涂覆含溶剂的涂料时，必须确认所含溶剂对底层密封剂无损害，方可使用。

③不准踩踏和重压已硫化的密封剂，受空间限制必须在涂覆密封剂的部位上操作时，应用海棉橡胶板或棉垫覆盖，工作人员应穿软底工作鞋和无扣衣服。来回踩踏区和停留区还应事先将金属屑、污物等用吸尘器清理干净。

【练习题】

1. 涂覆密封剂的表面的清洗一般使用（　　）。

A. 汽油　　B. 煤油　　C. 丙酮　　D. 乙酸乙酯

2. 下列关于涂覆密封剂表面的清洗方法正确的是（　　）。

A. 将抹布塞入溶液瓶内进行湿润

B. 湿抹布清洗结构表面时，擦拭方向不固定

C. 不允许清洗剂在结构表面自然干涸

D. 允许在结构表面喷洒、刷涂清洗剂

3. 常用的密封工具有（　　）。

A. 注胶枪　　B. 刮刀　　C. 刮板　　D. 穿针

4. 下列关于缝外密封密封剂的涂覆方法正确的是（　　）。

A. 枪嘴应对准缝隙并使之基本垂直于注胶线路

B. 枪嘴的移动速度应使挤出的密封剂的量比缝外密封最后尺寸大

C. 枪嘴可以悬空

D. 注胶时应始终保证挤出的密封剂滞后于枪嘴移动方向

5. 不同部位涂覆密封剂要求不同，下列说法正确的是（　　）。

A. 尺寸较大的缝外密封，应一次完成

B. 仰面涂胶时涂覆量要适当

C. 直面涂胶时为避免胶液流失导致不够，应尽量多涂覆

D. 整形时为保证光滑可以使用润滑剂

任务4.3　密封铆接施工

密封铆接典型工艺过程包括预装配、钻孔和锪窝、分解与清理、涂覆密封剂、最后装配、放钉、施铆和硫化等主要工序。

【技能点】4.3.1　预装配、钻孔和锪窝

4.3.1.1　预装配

①零件与零件之间的配合应协调，贴合面应平整，其间隙不大于0.5mm，当工艺固定后其间隙不大于0.2mm。

②凡需涂覆缝内密封材料的铆缝、零件贴合面之间应垫以同密封材料厚度相等的铝或纸垫片，以确保孔位的协调性，当密封材料的厚度不影响孔位（如平面密封铆缝、沉头窝深度小于蒙皮厚度）时允许不加垫片，如图4-28所示。

③不允许用加垫方法消除贴合面处的间隙。当刚性大的零件与刚性小的零件贴合不好时，可以用压紧方法使刚性小的零件紧贴到刚性大的零件上。

④按装配指令要求修配好零件余量。用足够的定位销或工艺螺钉将零件夹紧、固定。夹紧间距根据零件的刚度和装配的协调性来确定：

当零件厚度在5~10mm时，间距为80~120mm；

当零件厚度在10mm以上时，间距为220~250mm；

对于有弧度的零件，间距为80~100mm。

夹紧的零件之间的间隙在100mm长度以内应不超过0.2mm。

4.3.1.2　钻孔和锪窝

密封铆接时应在预装配状态下完成所有铆钉孔的钻制和锪窝。对于气密结构用于定位夹紧的孔，允许在涂覆密封剂后进行扩孔和锪窝，这类孔的间距应不小于300mm。钻出所有铆钉孔并锪窝，要求与普通铆接相同。

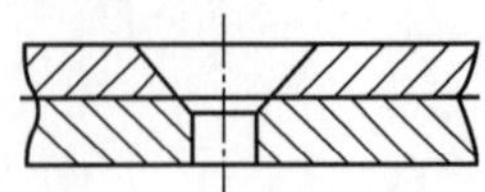

(a) 正确（划窝时垫有纸垫）

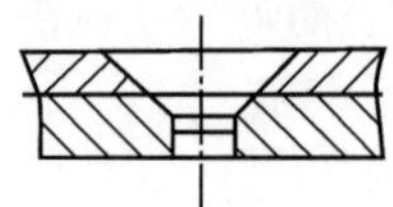

(b) 不正确（划窝时未垫纸垫）

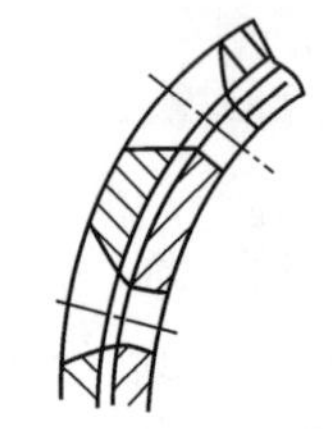

(c) 正确（划窝时垫有纸垫）

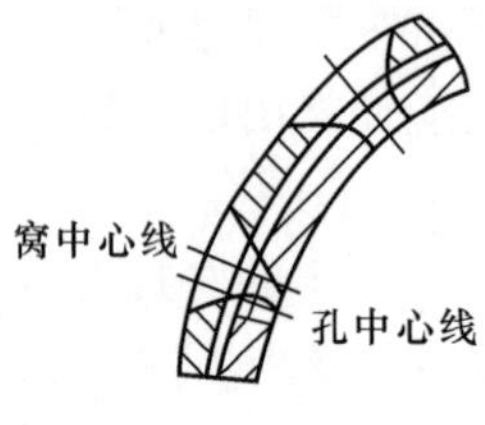

(d) 不正确（划窝时未垫纸垫）

图 4-28　预装配时工艺垫片的铺放

【技能点】4.3.2　分解、清洗和铺放密封材料

4.3.2.1　分解

①按与装配相反的顺序分解出所有参加预装配的零件、组合件，依次摆放整齐，对难以辨别的零件，依装配关系可做一定的标记，以免再装配时装错。

②清除零件夹层中的金属屑和杂物。

③清除所有孔边缘和零件端面的毛刺，并按规定要求制倒角或倒圆。孔边缘倒角的深度一般在 0.05~0.15mm 为宜。

④清除镁合金零件的孔边毛刺时应采用非金属刮板，以免划伤孔窝的表面。

4.3.2.2　清洗和铺放密封材料

按规定清洗零件的贴合面后铺放密封材料。蒙皮对缝、板材对缝、骨架对缝或骨架下陷之间的交叉部位应铺放铝箔，如图 4 -29 所示。

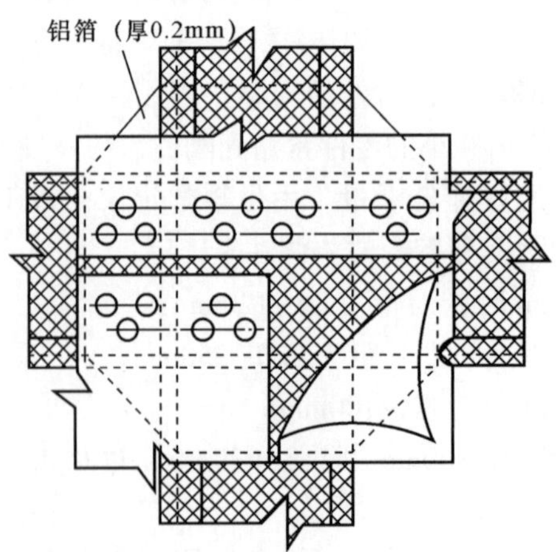

图 4-29　铺放铝箔的密封结构

①用 XY-410 胶将铝箔粘贴在骨架上，使铝箔与骨架零件成为一个整体。

②敷设密封带或密封腻子。

【技能点】4.3.3　最后装配和放钉

4.3.3.1　装配

将分解的零件重新按预装配的位置固定，优先选用胀套式定位销进行固定。根据产品结构形式和装配件的协调性来选择定位销的数量，结构简单、协调性好的装配件可少选一些。定位销间距一般在 150~200mm 为宜。

4.3.3.2　放钉

①放铆钉前，首先清洗铆钉或所需的连接件。

②用穿针通过铆钉孔找准零件位置，不允许零件来回移动，将所有零件重新组装并夹紧。

③缝内敷设密封带的铆钉孔，在铆钉放入前应先使用穿针从铆钉放入方向刺穿密封带，再插入铆钉。穿针表面要抛光，其直径与铆钉直径相同。允许穿针蘸水穿铆钉孔，当穿针穿过铆钉孔沾上腻子时，应使用蘸丙酮的抹布将腻子擦净再拔出。

④缝内涂覆密封剂时，可将铆钉直接插入孔内，并擦去铆钉杆端头上的胶，以保证铆钉镦头的成型质量，如图 4-30 所示。

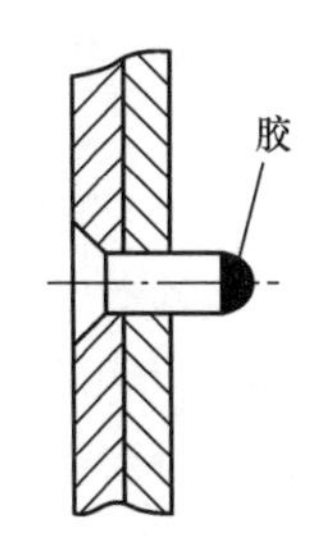

图 4-30　铆钉杆端头沾有密封剂

【技能点】4.3.4　密封铆接施工

①在施铆前应插入部分铆钉，检查零件定位的准确性。

②先轻轻点铆，再在靠近铆钉杆的零件表面上轻击，消除零件夹层间的间隙；应断续施铆，不允许铆枪连击，以防止镦头产生裂纹。

③经常擦拭顶把和冲头，清除沾在其上的胶和腻子。

④双排铆钉的密封铆接顺序如图 4-31 所示。先铆内排 3~4 个铆钉（图 4-31 中 1~3 号铆钉），再铆外排 3~4 个铆钉（图 4-31 中 4~6 号铆钉）。

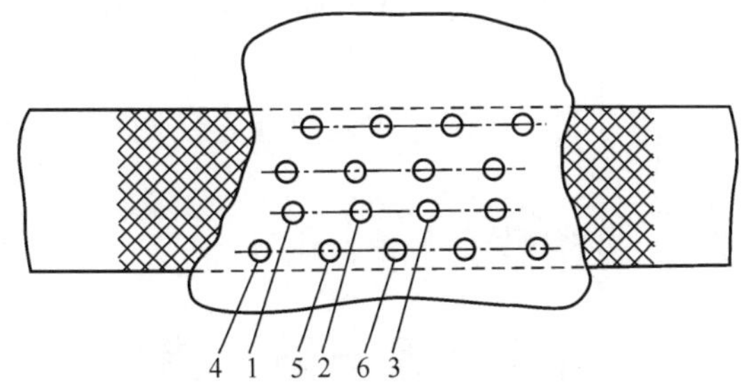

图 4-31　双排铆钉的密封铆接顺序

⑤工艺固定用铆钉孔处的最后铆接，要保证孔内有胶（涂胶铆接）。如果没有胶，则应涂胶铆接。

⑥在铆接过程中不允许钻孔。若须更换铆钉，可用扁錾把镦头錾去，冲出铆钉杆

后，再涂胶铆接。

⑦铆接工作必须在密封剂的施工期内完成。若超过密封剂的施工期，则要更换。

⑧清理铆缝。

a. 清除多余的密封带、胶膜、腻子和密封剂。

b. 挤出的胶，若在施工期内可用刮刀按缝外涂胶要求制成倒角，并将多余的胶去掉。

c. 将蒙皮表面和非边缘处的余胶擦净。

【练习题】

1. 密封铆接预装配时的要求有（　　）。

A. 贴合面应平整，其间隙不大于 0.5mm

B. 涂覆缝内密封材料的铆缝、零件贴合面之间应垫以同密封材料厚度相等的铝或纸垫片

C. 允许用加垫方法消除贴合面处的间隙

D. 当刚性大的零件与刚性小的零件贴合不好时，可以用压紧方法使刚性小的零件紧贴到刚性大的零件上

2. 密封铆接时夹紧的零件之间的间隙在 100mm 长度以内应不超过（　　）。

A. 0.1mm　　B. 0.2mm　　C. 0.3mm　　D. 0.4mm

3. 密封铆接铆钉孔边缘倒角的深度一般在（　　）为宜。

A. 0.05~0.15mm　　B. 0.15~0.25mm　　C. 0.25~0.35mm　　D. 0.35~0.45mm

4. 在分解密封材料时应做到（　　）。

A. 按与装配相反的顺序分解出所有参加预装配的零、组件

B. 清除零件夹层中的金属屑和杂物

C. 清除所有孔边缘和零件端面的毛刺

D. 清除镁合金零件的孔边毛刺时应采用非金属刮板

5. 在最后装配、放钉时应注意（　　）。

A. 放铆钉前，首先清洗铆钉或所需的连接件

B. 用穿针通过铆钉孔找准零件位置，不允许零件来回移动，将所有零件重新组装并夹紧

C. 缝内敷设密封带的铆钉孔，在铆钉放入前应先使用穿针从铆钉放入方向刺穿密封带，再插入铆钉

D. 缝内涂覆密封剂时，可将铆钉直接插入孔内

任务 4.4　飞机结构腐蚀处理与防腐措施

腐蚀是金属与环境间的物理、化学作用，其结果是使金属的性能发生变化，并常导致环境或由金属和环境作为共同组成部分的技术体系功能受到损伤。由于材料表面与环境介质发生化学或电化学反应而引起的材料的破坏或变质，称为金属腐蚀

(metallic corrosion)。

腐蚀损伤是航空器最严重的损伤形式之一，腐蚀是在金属构件的表面上发生了化学或电化学多相反应，使金属转入氧化状态。腐蚀显著降低金属材料的强度、塑性、韧性等力学性能，破坏金属构件的几何形状，增加零件间的磨损，缩短飞机的使用寿命，甚至造成火灾、爆炸等灾难性事故，严重危及航空器的飞行安全。

【知识点】4.4.1　腐蚀的类型

腐蚀是基于腐蚀损伤的外观或者形成机理分类的，通常情况下，会同时出现多种类型的腐蚀，因而难以确定导致腐蚀的具体原因。腐蚀的分类方法很多，按腐蚀机理可分为化学腐蚀和电化学腐蚀；按腐蚀破坏的形式可分为均匀腐蚀和局部腐蚀。其中，局部腐蚀又可分为点蚀、缝隙腐蚀、晶间腐蚀、选择性腐蚀、磨损腐蚀、应力腐蚀和腐蚀疲劳等多种类型。

飞机在使用中对于各种腐蚀，应及时发现和判断，采取正确的处理措施。图4-32列出了飞机结构常见腐蚀的类型和特征。

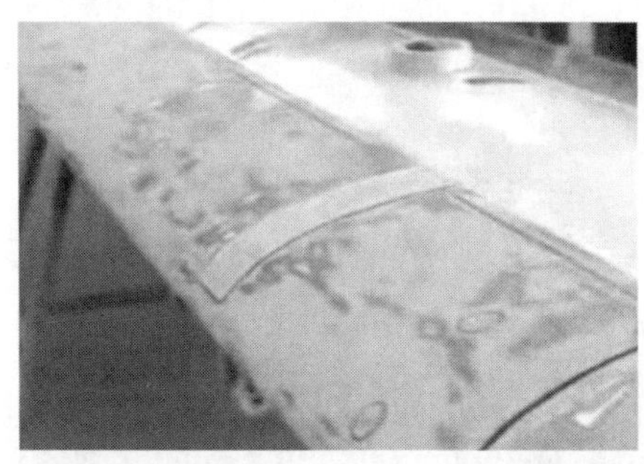

(a) 飞机表面的氧化腐蚀

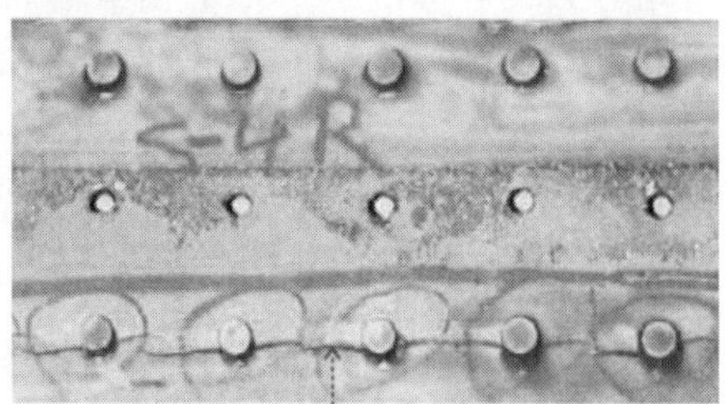

(b) 紧固件边缘的应力腐蚀

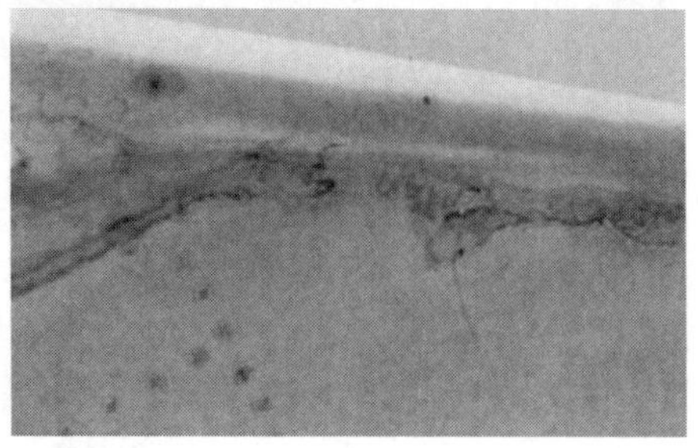

(c) 结构连接件之间的缝隙腐蚀

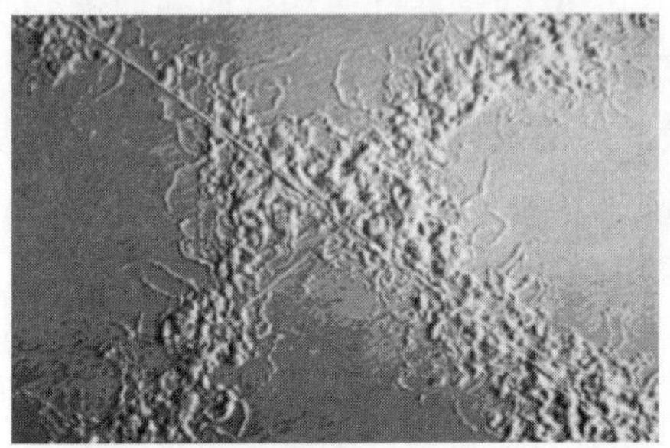
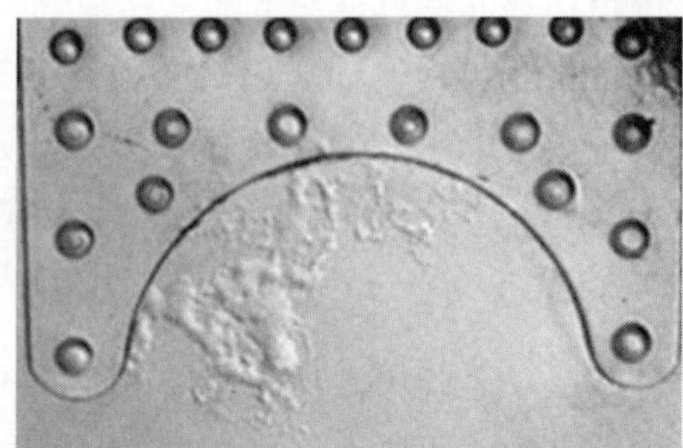

(d) 蒙皮表面的丝状腐蚀

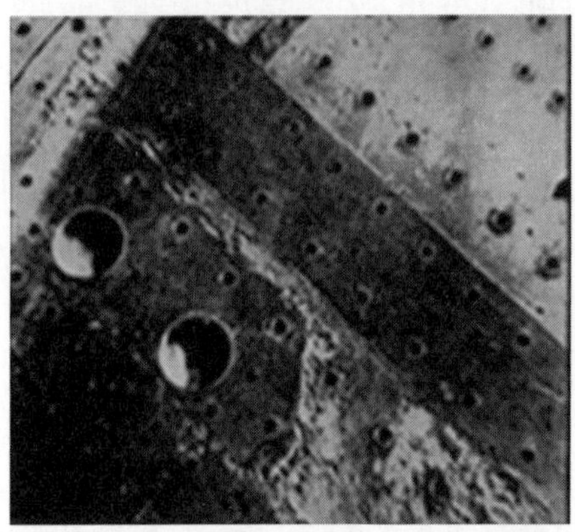
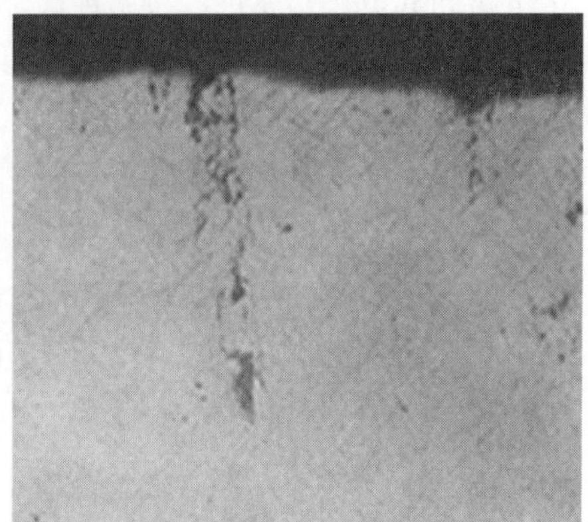

(e) 飞机结构件的晶间腐蚀

(f) 合金材料的电偶腐蚀

(g) 地板结构的点状腐蚀

(h) 桁条和蒙皮的剥离腐蚀

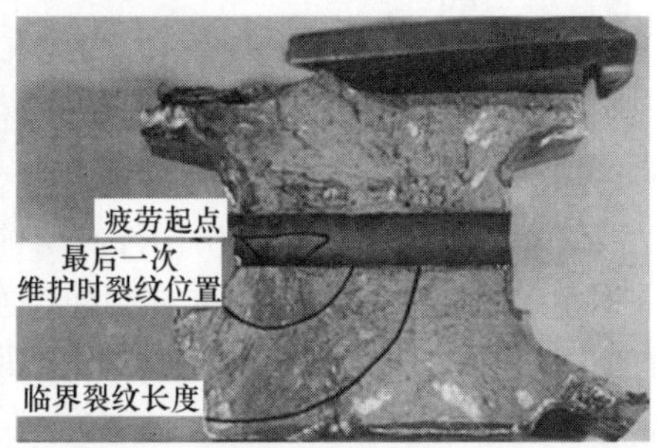

(i)螺栓孔的腐蚀疲劳裂纹

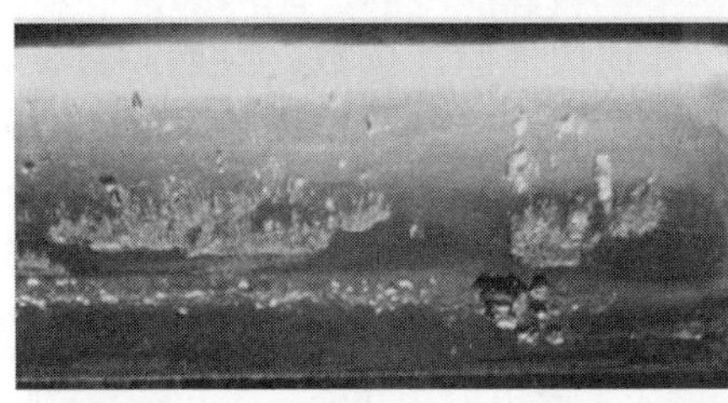

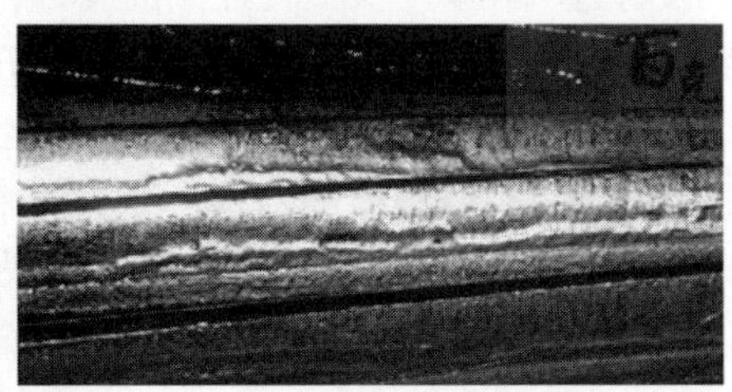

(j) 磨振腐蚀

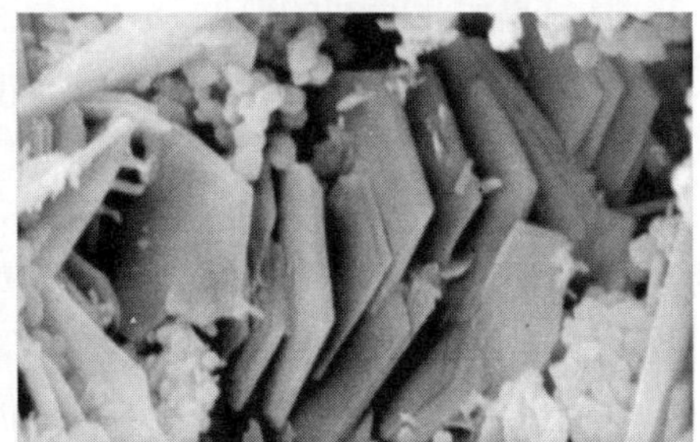

(k) 油箱盖板微生物腐蚀

图 4-32　飞机结构常见腐蚀类型及特征

【技能点】4.4.2　腐蚀的检查

4.4.2.1　腐蚀检查方法

腐蚀的检查方法有目视检查法、触摸法和无损探伤检查法等。

①目视检查：飞机结构腐蚀检查常用的是目视检查法，是通过目视观察，根据腐蚀迹象和特征，判断飞机结构是否产生腐蚀的检查方法。对于日常的腐蚀目视检查，

需要准备放大镜、反光镜、手电筒、抹布、规定的画笔等工具；外部照明条件好，接近方便，必要时应清洁结构表面、去除密封剂，检查完后要恢复原样。目视检查可以用于以下情况：在机身蒙皮上的铆钉后部出现黑色尾迹、蒙皮鼓起，铆钉断头、变形，蒙皮上出现针眼状小孔，沿接缝处构件表面的涂层变色、隆起、出现裂纹或剥落，结构变形或连接缝隙变宽等。

②触摸检查：这是目视检查的重要辅助手段，如对于发现剥层腐蚀，利用手感比目视更敏感。检查者应熟悉飞机结构及腐蚀的迹象，通过摸、拍、碰和摇等方法来协助判断腐蚀的情况。

③无损探伤检查：此方法在一些目视检查无法检查出来或一些特殊地方需要进一步检查的时候使用。无损探伤检查包括涡流探伤、X 光探伤、超声波探伤、磁粉探伤、渗透探伤等。

a. 采用涡流检查法检查外层构件的腐蚀，但此方法检查不出内层构件的腐蚀。

b. 采用 X 射线法检查构件内部腐蚀，在检查的底片上腐蚀大多呈现无规则的、边缘不整齐的斑点或块状，当金属板材严重腐蚀达到叠合厚度的 20%或更多时，可采用此方法。

c. 采用超声波厚度仪检查轻微的腐蚀，但不能检查中等或严重的腐蚀。这是因为中等或严重的腐蚀，由于超声波的散射，不会得到构件厚度读数。但是，当清除腐蚀产物后，可以用它来测量去腐后的构件厚度，并可进一步确定腐蚀造成的材料减少量。

d. 采用磁粉探查法检测结构中铁磁性材料构件表面或近表面的缺陷位置和长度，但不能确定缺陷的深度，主要应用于检查锻钢件及焊件。

e. 采用渗透检查法检查非孔性材料（金属材料和非金属材料）的表面缺陷，可确定腐蚀产物是否清除彻底。

4.4.2.2 飞机易发生腐蚀的部位

飞机腐蚀的一般规律：沿海腐蚀比内地严重；在多雨水、多盐雾或空气湿度大、温度高的地区腐蚀严重；服役时间长的、连续停放时间长的比经常使用和维护的腐蚀严重；搭接和连接结构、易积水区、厕所、厨房、外蒙皮（紧固件周围和蒙皮边缘）、外露的接头、蓄电池周围、整流罩和整流罩的下表面排水孔部位、龙骨梁区域、导轨、吸湿材料、铰链、整体油箱、操纵钢索等部位易发生腐蚀。对于以下易发生腐蚀的结构处应加以重点检查，能够及时发现腐蚀的初步迹象。

①飞机外表面、迎风面、蒙皮搭接处等位置。

②驾驶舱、客舱、货舱、厨房、厕所、蓄电池舱、起落架舱、电子电气设备舱等位置。

③发动机进气区及排气区。

④无法（难以）接近区，如油箱等；不同材料连接件之间，如铜衬套等；机身底部易积水区；难以润滑的部位。

⑤由焊剂（俗称焊药）造成腐蚀源的焊接区；高温引起的腐蚀源。

4.4.2.3 腐蚀损伤评估

在完成腐蚀检查及清除后，按手册或规定进行腐蚀损伤的评估。通常腐蚀损伤评估的内容包括：腐蚀的类型、腐蚀的深度、腐蚀扩散的程度、检查周期以及结构件的等级。常用的检查工具有照明灯、电筒、长柄反射镜、放大镜、塑料刮刀、管道窥镜等。腐蚀深度测量方法如图 4-33 所示。

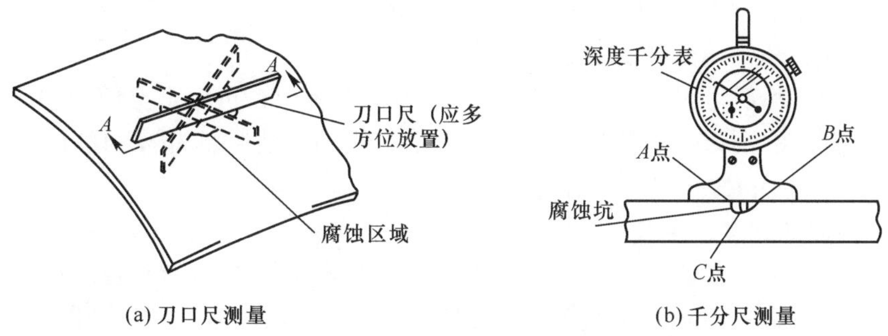

(a) 刀口尺测量　　(b) 千分尺测量

图 4-33　腐蚀深度常规测量方法

飞机结构腐蚀无损检查方法中应用较为广泛的有超声检查和涡流检查等，主要使用的设备如图 4-34 所示。

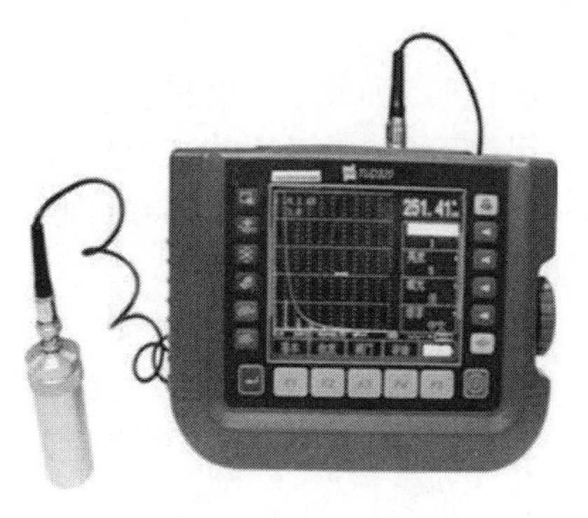

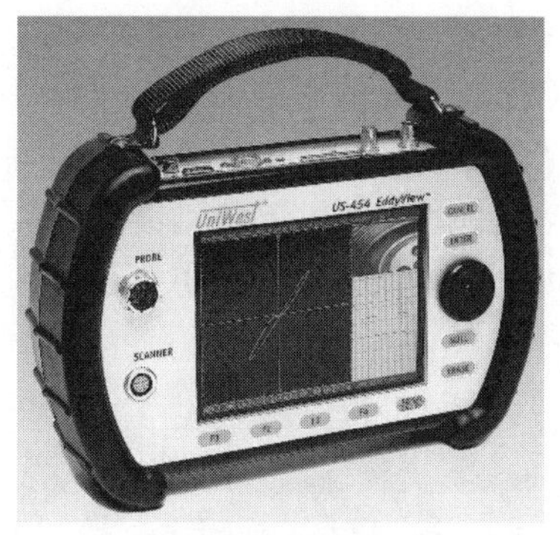

(a) 超声检测仪　　(b) 涡流检测仪

图 4-34　常用无损检查设备

【技能点】4.4.3　腐蚀的清除

4.4.3.1　准备工作

（1）彻底清洁机体表面

清除腐蚀首先要彻底清洁机体的表面，这一步是非常重要的。一般做法为：

①将飞机停放于合适的位置，配备必要的防护设备。

②按手册要求选择及配制合适的清洁剂，涂抹后在构件表面按手册要求保持规定的湿润时间。

③用高压温水冲洗表面的污物。对难以清除的污迹可在清洁剂中加入少量煤油或用软毛刷清洗。

【教学资料】
飞机结构腐蚀防护处理（视频）

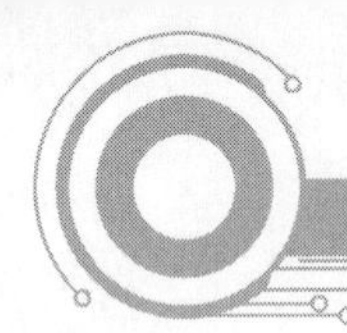

（2）清除油漆保护层

在清除结构腐蚀前应检查油漆保护层下面是否有腐蚀，必须使用可冲洗干净、黏稠状的除漆剂清除油漆保护层。

①用毛刷涂刷一层较厚的除漆剂到要清除漆层的表面，并保持停留一段时间，漆层鼓起、卷曲起来后，表明漆层已和金属构件分离。

②将漆层清除剂用热水冲洗，完全清除干净。必要时，可以重复使用油漆清除剂，先用塑料或铝制的刮刀刮削漆层，然后施用第二层油漆清除剂并浸到油漆层的底层。可使用较硬的刷子清除铆钉头或沿缝隙的油漆层。

4.4.3.2　清除的方法和要求

清除腐蚀产物的方法有两种：机械打磨法和化学除腐法。选择清除方法时通常要考虑结构类型、腐蚀部位、腐蚀类型以及腐蚀程度。采用机械打磨法清除腐蚀产物较为常用。对于轻度腐蚀，也可采用化学除腐方法清除腐蚀产物。清除腐蚀产物后，再用碱性基清洗液或甲基乙基酮做清洁处理。

（1）机械打磨法

①对于轻微腐蚀，通常采用砂纸、砂布、打磨垫、金属刷、刮削器、锉刀等工具进行人工打磨，清除腐蚀产物。

②对于较严重的腐蚀，通常采用手持式动力工具，如气动打磨机、砂轮和喷丸设备等，清除腐蚀产物，如图 4-35 所示。通常采用气动马达作为动力工具。当采用动力工具清除腐蚀产物时，要特别注意不要使构件过热及过度打磨，否则有可能使本来没有超出可允许损伤的轻度损伤，经过打磨处理后超过可允许损伤范围。

图 4-35　气动抛光机和抛光盘

③对于丝状腐蚀，可用图 4-36 所示的手提式喷丸机（采用玻璃弹丸）进行喷丸清除腐蚀产物。此方法对包铝层影响很小，能形成适合涂漆的光滑表面。

④腐蚀产物清除后先用 280 粒度研磨砂纸，再用 400 粒度研磨砂纸将表面打磨光滑；先用清洁剂清洗，再用 5%铬酸进行表面处理。

⑤不能使用钢丝棉或钢丝刷清除铝合金构件的腐蚀产物。高强度不锈钢、镍合金、钛合金等对氢脆现象敏感，最好采用机械方法清除腐蚀产物，不要用化学方法清除腐蚀产物。

（2）化学除腐法

①化学法清除腐蚀一般适用于轻微腐蚀情况，对于铝合金除腐选用体积分数 5%的

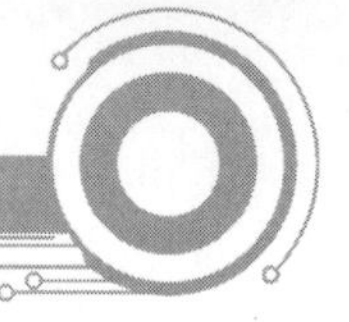

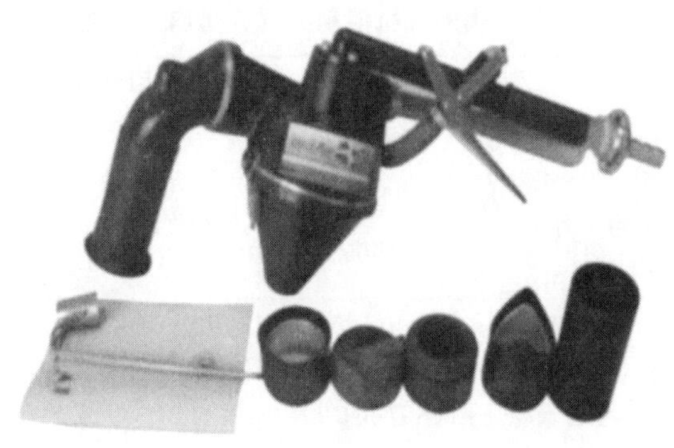

图 4-36　手提式喷丸机

铬酸除腐剂。

②对于低强度的合金钢构件可采用刷涂或浸泡磷酸基除腐剂的方法进行化学除腐。

③当清除钢索表面腐蚀产物时，用布或软鬃刷蘸上规定的清洁剂做清洁处理，彻底清除腐蚀产物后，涂一层防腐化合物（MIL-C-16173.4 级或相当的防腐化合物）。如果钢索发生内部腐蚀则应更换。

【技能点】4.4.4　腐蚀防护措施

腐蚀是自然现象，防腐最好的方式是采取完善的腐蚀防护与控制措施，将腐蚀破坏的速率降低到最小，使飞机实际寿命达到或超过设计寿命，确保飞机安全和经济运行。

4.4.4.1　飞机表面保护

对飞机结构施加表面保护层是最有效的防腐措施，导致腐蚀的直接原因是构件没有适当的保护层或保护层受到损伤。

①表面包铝层。在飞机制造过程中，采用滚压工艺在铝合金结构件表面包覆一层纯铝，利用纯铝氧化膜对基体金属实现保护，如 2024 包铝合金。

②表面氧化处理。在飞机结构件制造过程中，通常采用的方法有表面阳极氧化处理法和化学处理法。通常采用施涂阿洛丁（Alodine）的方法修复因修理被破坏的表面氧化膜。施工时，一般可通过颜色变化判别是否达到要求，如 Alodine1200 颜色可从浅黄色到棕褐色变化。

③物理隔离处理。涂油漆保护涂层是控制飞机结构腐蚀的非常有效的措施。通常，飞机结构的涂层有底漆和面漆，一般先涂底漆，后涂面漆。

4.4.4.2　防腐处理

（1）常用防腐剂类型及特点

在飞机结构上喷涂表 4-8 所示的防腐剂（corroslon inhiibiting compound，CIC），能在排水和涂层表面上形成防水膜，起防腐和减慢腐蚀的作用。应在易发生腐蚀的结构处喷涂防腐剂，例如，曝露在大气中的结构、机身舱底内表面、厨房和厕所底部等处。

表 4-8　国外飞机使用的部分防腐剂性能

标准	优、缺点	牌号	应用范围	备注
BMS3-23	水置换型防腐剂，渗透性较强，保护膜薄，对飞机重量增加较小，但耐久性差、固化后黏性较大	AV8（常用） LPS3 BOESHELD T-9	用于腐蚀不严重的开放区域	BMS3-35 是用于代替 BMS3-29 的新型水置换型防腐剂；与 BMS3-29 相比，BMS3-35 具有更强的渗透能力、更快的固化速度；BMS3-35 防腐剂牌号有 AV15、CORBAN35
BMS3-26	重型防腐剂，保护膜厚，耐磨性好；渗透能力差，一般不能单独使用；单位面积较重，对飞机增重影响较大	AV100D（常用） ARDROX3322 LPS FORMULA B1007	用于可能发生严重腐蚀的区域，通常与 BMS3-23 配合使用	
BMS3-29	同时具有水置换型及重型防腐剂的优点，具有较强的渗透性和较好的耐久性	AV30	可代替 BMS3-23 与 BMS3-26 的双层防腐剂体系	

（2）涂刷防腐剂

通常的施工方式包括喷涂和刷涂。采用喷涂法施工效率较高。使用普通涂刷涂抹防腐剂适用于较小的密闭空间作业或喷涂施工时对周围设备影响较大的区域。必须清除原有涂层后再重新喷涂 BMS3-26 防腐剂涂层，且应应用于需要这种防腐剂的地方。在低于 13℃下不能喷涂，在 13~19℃时采用低压喷涂方法效果较好。对于 BMS3-23 防腐剂涂层，一般可直接喷涂在原有涂层上，但因其具有黏性，易吸附灰尘、杂物，如果污染严重，须清洁原有涂层。清洗飞机时，BMS3-23 防腐剂涂层易被清除，因此需要定期重涂。

（3）注意事项

①防腐剂为有毒、易燃危险化学品，施工时应保证通风。飞机要接地和做好个人防护，严格遵守相关的安全操作规定。

②应避免防腐剂污染隔音衬层和内部装饰材料，否则会降低材料的防水性和阻燃性。避免操纵钢索、滑轮、特氟隆轴承、润滑连接处和硅橡胶接触防腐剂。

③涂防腐剂之前要让漆层至少干燥 8h，防腐剂涂层不能过厚，否则在低温下容易形成硬块阻碍活动零件动作。

4.4.4.3　日常防腐要求

①保持飞机清洁、干燥和通风，确保排水孔通畅，停放飞机做好防雨。风雨天气时要注意飞机的封严，以杜绝雨水侵蚀；在晴天时要保持飞机有良好的通风。对停放的飞机，要充分应用多种防护罩套；及时发现初期腐蚀并进行修理。

②定期清洁飞机易污染区域或结构件，重新喷涂防腐剂。尽量隔绝不同的金属材料之间的接触，检查密封件、表面层，有损伤及时修补。每日擦拭曝露在外的某些关键敏感的区域。

③经常排放燃油箱的沉淀物和积水，擦拭曝露在外部敏感区域的部件。检查密封件和构件表面，及时发现初期腐蚀，并彻底清除腐蚀物，恢复防腐涂层。

④确保厨房、厕所及货舱地板接缝处的密封，防止水及污物渗入结构表面。安装

修理件的配合表面应涂密封剂，必要时紧固件也应涂密封剂，所有止裂孔要涂底漆并用软铆钉或密封剂堵住。孔壁、埋头窝等处均应做表面防护处理，并喷涂底漆。

⑤加强对维护人员的防腐教育和培训，高度重视并自觉做好防腐工作。

【练习题】

1. 飞机构件常见腐蚀损伤的类型有（　　）。

A. 点蚀　　B. 缝隙腐蚀　　C. 磨损腐蚀　　D. 应力腐蚀

2. 常用的腐蚀检查方法有（　　）。

A. 目视检查　　B. 触摸检查

C. 无损探伤检查　　D. 凭经验判断

3. 飞机易发生腐蚀的部位有（　　）。

A. 飞机外表面、迎风面　　B. 厨房、厕所

C. 蓄电池舱、起落架舱　　D. 由焊药造成腐蚀源的焊接区

4. 在清除腐蚀时的准备工作包括（　　）。

A. 将飞机停放于合适的位置，配备必要的防护设备

B. 按手册要求选择及配制合适的清洁剂

C. 用高压温水冲洗表面的污物

D. 对难以清除的污迹，可在清洁剂中加入少量煤油

5. 对于轻微腐蚀，通常采用（　　）去除。

A. 砂纸　　B. 打磨垫　　C. 刮削器　　D. 锉刀

【训练任务】

【教学资料】
密封铆接的施铆（视频）

综合技能训练任务4-1：纵条结合构件密封铆接

1. 实训目的

在完成本项目的基本知识学习后，通过密封铆接件的练习，掌握飞机结构件密封铆接的钻孔、锪窝、铆接等工序的施工技术要求和操作要点，能独立完成钻孔、锪窝、密封铆接和质量检查等施工步骤。

2. 实训工卡

任务编号	4-1	实训工卡	工卡编号	005
任务类型	综合技能		版本号	01

机型	N/A	计划工时	6h	工位		页码	第　页 共　页

标题	纵条结合构件密封铆接
参考技术文件	飞机铆接安装通用技术条件、铆装钳工技能
注意事项	1. 坚持安全、文明生产规范，严格遵守实训室制度和劳动纪律； 2. 穿戴好劳动保护用品，不携带与实训工作无关的物品； 3. 不同型号的铆钉分开存放，检查计量器具效验日期； 4. 铆枪严禁指向人或非铆接零件时打空枪； 5. 使用剪板机、砂轮机等设备时，须在教师指导下进行，应遵守安全操作规程

工具/设备/材料/防护						
类别	名称	型号/规格	单位	数量	工作者	检查者
工具	气钻	Z0601	把	1		
	铆枪	M0501	把	1		
	顶铁	2#	把	1		
	中心冲	标准	把	1		
	钻头	ϕ3. 6mm	把	1		
	橡胶榔头	标准	把	1		
	定位销	ϕ3. 5mm	个	4		
	平冲头	ϕ3. 5mm	把	1		
	半圆头冲头	ϕ3. 5mm	把	1		
	平锉刀	8″	把	1		
	刮边器	标准	个	1		
	金属铅笔	2B	支	1		
	直杆冲	ϕ3. 0mm	把	1		
	划窝钻	ϕ3. 5mm×120°	个	1		
	注胶枪	标准	支	1		
	橡胶手套	标准	双	1		
	刮刀	1″	个	1		
	刮板	胶木	块	1		
	美工刀	标准	把	1		
	钢字码	标准	套	1		

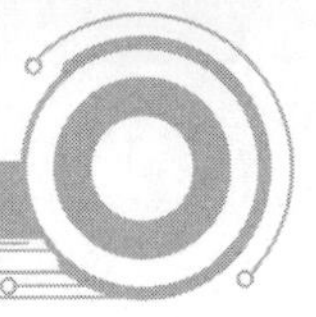

表（续）

工具/设备/材料/防护						
类别	名称	型号/规格	单位	数量	工作者	检查者
工具	钢板尺	300mm	把	1		
	卡尺	0.02mm	把	1		
	铆钉卡规	标准	把	1		
	塞尺	0.05mm	把	1		
	直角尺	标准	把	1		
设备	工作钳台	标准	台	1		
	剪板机	1.5m	台	1		
	折边机	1.2m	台	1		
耗材	铝板	LY12CZ-1.2/1.5mm	块	按图样		
	半圆头铆钉	HB 6231—3.5×8	个	按图样		
	沉头铆钉	HB 6316—3.5×8	个	按图样		
	密封剂	XM-28	组	1		
	纸胶带	20mm	卷	1		
	清洁剂	丙酮	瓶	1		
防护用品	棉布	N/A	块	1		
	耳罩/耳塞	符合个人防护标准	副	1		
	防护手套	符合航空使用标准	副	1		

备注：

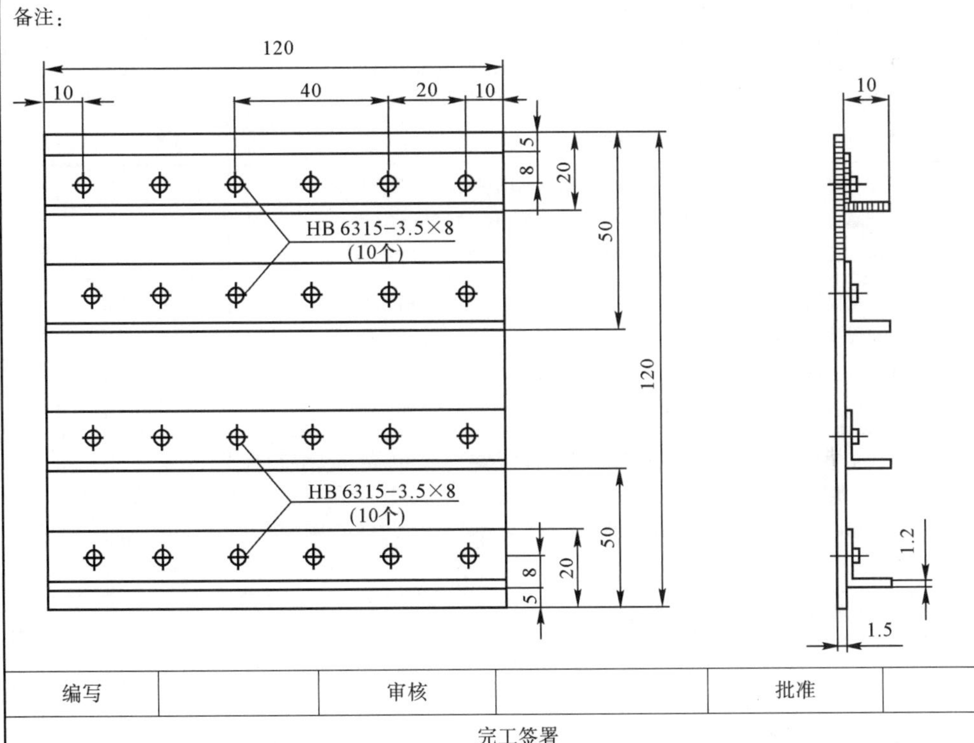

编写		审核		批准	
完工签署					
检查者		完工日期			

表（续）

项目	工作内容	工作者	检查者
一	准备工作		
1	技术资料：查询资料，找到与任务相关的知识内容		
2	工作场地/设备：检查工作场地和设备的运行安全		
3	工具/材料：按工具清单清点工、量具，准备实训材料		
4	劳动防护：按实训要求穿戴劳动保护用品，做好个人安全防护		
二	下料		
1	根据图样确定板料、角材形状和下料尺寸。在板料上画线、剪切下料。 ★注意：下料时按图样画线，保持合适的锉修加工余量（2~5mm）；剪切下料时按剪板机操作规程正确使用		
2	板料表面校平。 ★注意：使用橡胶榔头校平		
3	用平锉刀去板料和角材边缘毛刺，锉修光滑。 ★注意：按图样锉修到规定尺寸		
三	制作铆钉孔		
1	根据图样确定铆钉的头型、材料、直径、长度和数量		
2	根据图样在板料和角材表面布置铆钉。 ★注意：用铅笔画线定位		
3	在铆钉孔位置用中心冲打上定位点。 ★注意：定位点的深度不大于 0.5mm		
4	在钳台上夹紧板料和角材，用风钻在角材两端铆钉定位点上打定位孔。 ★注意：在钳台上要用软钳口装夹板料；选用合适规格钻头按钻孔技术要求打铆钉孔		
5	安装定位销，钻其余铆钉孔，在钻孔时先钻初孔，然后用比铆钉直径大 0.1mm 钻头扩孔。 ★注意：按钻孔技术要求打铆钉孔，初孔直径 =（0.6~0.8）铆钉直径。工件在垫木上操作时应保护表面		
6	钻孔完毕后卸下定位销，铆钉孔边缘用刮边器（或 10mm 钻头）倒角 0.2mm，清除毛刺。 ★注意：两块板料的铆钉孔正、反两面都需要去毛刺，埋头窝正面不需去毛刺		
7	按钻孔技术要求检查铆钉孔加工质量		
四	制作沉头铆钉窝		
1	沉头铆钉的孔分别用划窝钻和深度限制器锪窝。 ★注意：按制窝的技术要求锪窝，加工中勤用标准钉对比窝的深度和形状		
2	按锪窝的技术要求检查沉头铆钉窝的质量		

表（续）

项目	工作内容	工作者	检查者
五	密封铆接施工		
1	涂胶面按密封结构要求用清洁剂进行清洗后并晾干；对非涂胶面用纸胶带进行表面保护。 ★注意：保护面宽度要大于 20mm		
2	按密封剂配制技术条件要求调配适量胶液		
3	按密封剂施工技术要求在涂胶位置用注胶枪注胶后，再用刮板刮涂均匀，检查胶层铺涂质量		
4	按图样要求选择合适铆枪冲头和顶铁，安装铆钉施铆。 ★注意：按铆接技术要求施工；埋头钉采用正铆法铆接		
5	去除保护胶带，清理铆缝，铆接后余胶应及时清除		
6	铆接施工质量应符合技术要求，若检查发现有不合格铆钉，按特种铆接技术要求拆除与重铆。 ★注意：检查蒙皮、钉头表面质量、铆钉镦头直径和镦头高度		
六	结束工作		
1	用记号笔或钢印做好标记（学号），向指导教师提交工件和工卡		
2	清点工具和量具，按要求维护后摆放规范、整齐		
3	清扫工作现场，保持工位干净、整洁，符合安全、文明生产要求		

3. 考核评价

序号	项目/mm	容差/mm	工、量具	配分	评分标准与得分			扣分
					$S \leqslant T$ $C<5\%$	$T<S \leqslant 1.5T$ $5\%<C<60\%$	$S \geqslant 2T$ $C>90\%$	
1	外形尺寸	±0.5	卡尺	10				
2	零件定位尺寸	±1.0	钢板尺	10				
3	铆钉孔间距	±1	钢板尺	5				
4	铆钉孔边距	±0.5	钢板尺	5				
5	零件四角垂直度 90°	±30′	角度尺	5				
6	密封剂调配		按手册	10				
7	零件表面保护		按工艺	10				
8	密封剂涂覆施工		按工艺	10				
9	零件的清洗质量		目测	5				
10	铆钉头部变形		目测	5				
11	铆钉头铆接质量	≤0.1	千分表	5				
12	铆钉镦头铆接质量		铆钉卡规	10				

表（续）

序号	项目/mm	容差/mm	工、量具	配分	评分标准与得分			扣分
					$S \leq T$ $C<5\%$	$T<S \leq 1.5T$ $5\%<C<60\%$	$S \geq 2T$ $C>90\%$	
13	铆钉镦头变形损伤		目测	5				
14	零件表面的变形	<0.4	直尺	5				
15	未列尺寸或项目				每处不合格扣1分			
16	安全、文明生产				按轻重程度，酌扣2~10分			
总分					100分			

项目5　飞机结构干涉配合铆接

【项目简介】

本项目主要介绍了飞机结构铆接中常用的干涉配合铆接技术。干涉配合是指连接后铆钉杆和铆钉孔之间为紧配合。它是一种连接强化技术，能显著提高结构的疲劳寿命，并使结构获得良好的密封性。干涉配合铆接是密封铆接技术的一种形式，已广泛应用在飞机结构中。

【学习目标】

1. 素质目标

(1) 树立航空产品质量第一、团队合作生产意识。

(2) 养成安全、文明生产、爱护工具设备、规范操作的职业素养。

(3) 培育爱岗敬业的劳动精神和精益求精的航空工匠精神。

2. 知识目标

(1) 了解干涉配合铆接的意义、种类及特点。

(2) 掌握干涉配合铆接的干涉量的计算方法。

(3) 熟悉干涉配合铆接的工艺过程、技术要领及注意事项。

3. 能力目标

(1) 能按照干涉配合技术要求制作铆钉孔和锪窝。

(2) 能按照干涉配合铆接技术要求与工艺过程进行铆接施工与质量检查。

任务5.1　干涉配合铆接的形式

干涉配合铆接是密封铆接常用的一种连接形式，是指连接后铆钉杆和铆钉孔之间为紧配合，是一种连接强化技术，能显著提高结构的疲劳寿命，并使结构获得良好的密封性。

【知识点】5.1.1　干涉配合铆接的应力状态

干涉配合是过盈配合。采用紧固件连接的构件承载时，孔附近会产生很高的应力集中，如图 5-1 所示，这种情况对结构的疲劳寿命有着不利影响。如果采用干涉配合铆接，则在交变载荷作用下，孔附近的应力变化幅度会显著减少，因此疲劳寿命也会随之大幅提高，但应力过大将引起应力腐蚀。松孔配合和干涉配合的应力水平如图5-2所示，图5-2（a）所示的松孔配合的疲劳寿命（循环）为 11000，图 5-2（b）所示的干涉配合的疲劳寿命（循环）为 60000，其疲劳寿命提高了约 5 倍。

铆接施工时铆钉杆镦粗膨胀，对孔壁造成径向压缩，铆钉孔壁受铆钉杆挤压而产生一种径向压应力，达到形成干涉配合的目的。干涉配合铆接是沿整个构件厚度的埋头窝和孔内都获得规定的钉-孔干涉量（即过盈量）的铆接方法，即铆接后铆钉杆与铆钉孔之间为过盈配合，产生挤压强化作用，从而提高飞机结构的抗疲劳性和密封性。采用干涉配合铆接对飞机（特别是民用飞机）的疲劳寿命有重要意义。

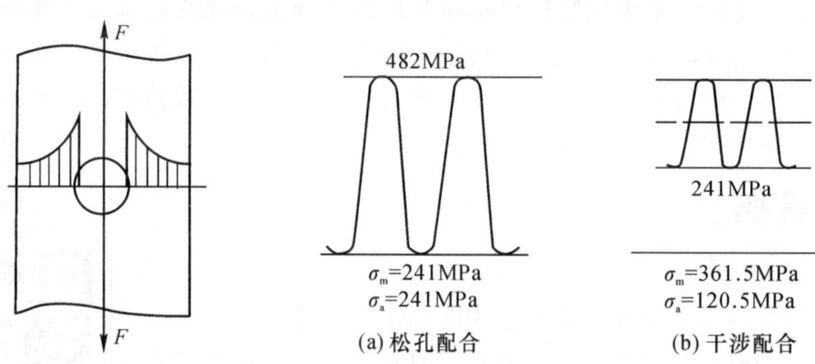

图 5-1　紧固件孔附近的应力集中　　图 5-2　结构受外载后的应力水平

【知识点】5.1.2　干涉量的计算与测量

5.1.2.1　干涉量的计算方法

干涉配合铆接的干涉量是铆接后由于铆钉杆镦粗而使铆钉孔胀大的量。干涉量的评定指标有绝对干涉量和相对干涉量。

绝对干涉量的计算方法如式（5-1）所示

$$I = d_i - d \tag{5-1}$$

式中：I——绝对干涉量，mm；

d_i——铆接后的铆钉直径，mm；

d——铆接前的铆钉直径，mm。

为便于对不同直径铆钉的干涉量进行比较，通常使用相对干涉量。相对干涉量是铆接后铆钉直径与铆接前铆钉直径之差同铆接前铆钉直径之比的百分数。

相对干涉量的计算方法如式（5-2）所示

$$\Delta = \frac{d_i - d}{d} \times 100\% \tag{5-2}$$

式中：Δ——相对干涉量。

根据结构件的材料和铆钉直径来选择干涉量，一般来说，相对干涉量最好在 1%～3%，太大会产生应力腐蚀和铆接变形，太小则达不到预期效果。

5.1.2.2　干涉量的测量要求

由于干涉配合铆接的干涉量是铆接后形成的，受工艺过程的影响，铆钉杆直径的镦粗量沿铆钉杆分布不均匀，不易保持圆度，因此，规定对试件解剖测量铆钉杆某些位置的干涉量，如图 5-3 所示。试件解剖方法通常有两种：横切法和纵切法。

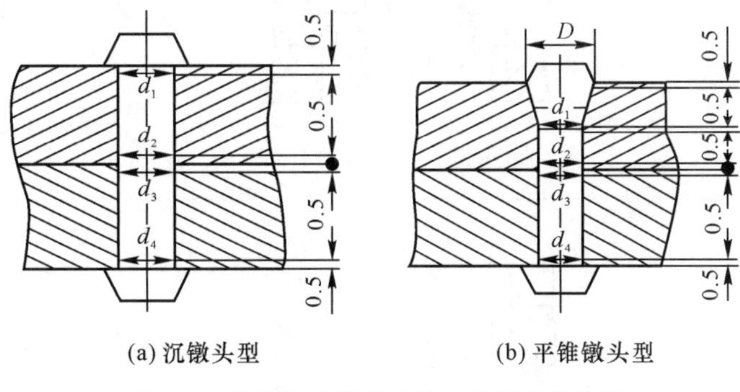

(a) 沉镦头型　　(b) 平锥镦头型

图 5-3　干涉配合铆接干涉量的测量部位图

【知识点】5.1.3　干涉配合铆接的种类及特点

干涉配合铆接按所用的铆钉不同分为普通铆钉干涉配合铆接、无头铆钉干涉配合铆接、冠头铆钉干涉配合铆接。由于铆钉结构不同，因此干涉配合铆接的工艺方法也有差别，其特点如表 5-1 所示。

表 5-1　干涉配合铆接工艺过程及特点

序号	种类	典型工艺过程	特点
1	普通铆钉干涉配合铆接	(a) 钻孔和铰孔　(b) 锪窝　(c) 放钉 (d) 夹紧　(e) 施铆　(f) 铣平	干涉量为 0.8%～5%，沿铆钉杆分布均匀度比无头铆钉干涉配合铆接差；具有密封性；可采用单个压铆或者正铆法

表 5-1（续）

序号	种类	典型工艺过程	特点
2	无头铆钉干涉配合铆接	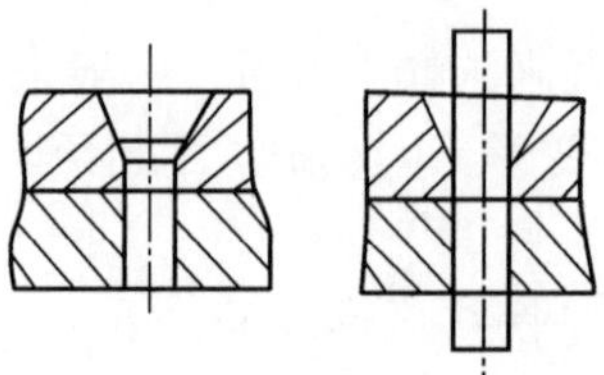 (a) 钻孔、锪窝　(b) 放钉 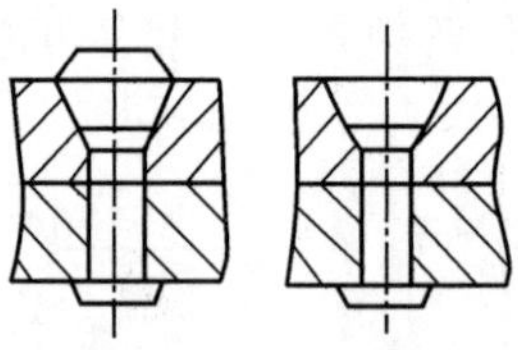 (c) 压铆　(d) 铣平	干涉量为 1.5%～3%，沿铆钉杆分布均匀；耐疲劳性能和密封性能好；铆钉孔的公差要求比一般的要严，孔与杆的配合精度远远超过普通铆钉；无头铆钉无预制钉头，手铆时很难控制质量，必须采用专用的钻铆设备
3	冠头铆钉干涉配合铆接	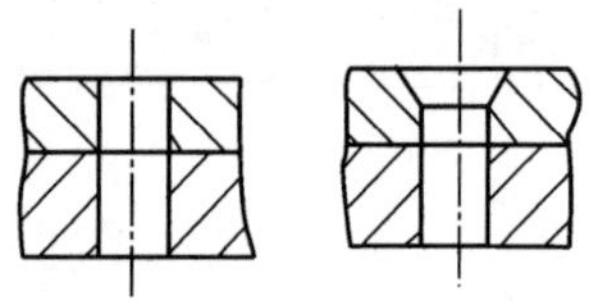 (a) 铰孔　(b) 锪窝 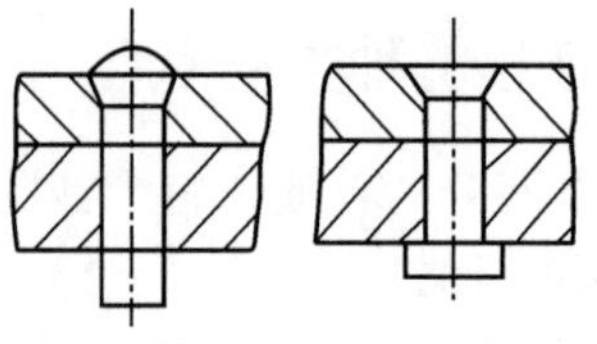 (c) 放钉　(d) 施铆	干涉量为 0.6%～6%，沿铆钉杆分布比较均匀；耐疲劳性能和密封性能比较好；蒙皮最小厚度应不小于 1.5 倍沉头窝深度；可采用单个压铆，最好采用反铆法

任务 5.2　干涉配合铆接的工艺过程

干涉配合铆接的典型工艺过程和普通铆接施工的步骤基本相同，主要包括夹紧和定位、制作铆钉孔、锪沉头窝、铆接施工等。

【技能点】5.2.1　夹紧和确定孔位

除与普通铆接有相同之处外，还有以下几点要求：

①普通铆钉、冠头铆钉干涉配合铆接的定位销间距，在曲面上不大于 150mm，在平面上不大于 200mm；

②无头铆钉、冠头铆钉干涉配合铆接的边距不得小于 2 倍铆钉直径，间距不得小于 4 倍铆钉直径；

③无头铆钉干涉配合铆接时必须先用铆钉定位。

【技能点】5.2.2　制孔

5.2.2.1　制孔的技术要求

孔径及孔径公差带如表 5-2 所示。

表 5-2　干涉配合铆接制孔的技术要求　　mm

铆钉种类	钉孔基本直径	公差带	表面粗糙度	圆度	孔轴线偏斜度
普通铆钉	$D = b + 0.08$	$H9$、$H10$（20%）		在孔的极限偏差范围内	≯2°
无头铆钉		+0.075 +0	$Ra \leqslant 3.2\mu m$		
冠头铆钉		+0.075 +0			

5.2.2.2　孔的加工方法

钻孔的方法及要求同普通铆接钻孔，铰孔的方法及要求如表 5-3 所示。

表 5-3　孔的加工方法

铆钉种类	钻初孔	扩孔	铰孔	备注
普通铆钉	√	√	√	可采用钻、铰复合钻头一次完成
无头铆钉	在自动钻铆机上采用钻、铰、锪复合钻头一次完成			
冠头铆钉	√	√	√	可采用钻、铰复合钻头一次完成

【技能点】5.2.3　锪窝

5.2.3.1　锪窝的技术要求

①冠头铆钉的沉头窝角度应与铆钉头角度一致。沉头窝的深度应与铆钉头的高度一致，允许浅 0.1mm，其形状和尺寸如表 5-4 所示。

②普通铆钉、无头铆钉沉头窝为双面角窝，如图 5-4 所示，尺寸见表 5-5。

表 5-4　冠头铆钉的沉头窝尺寸　　mm

铆钉直径	3	3.5	4	5
沉头窝深度$h^{0}_{-0.1}$	1.07	1.26	1.43	1.80

表 5-5　普通铆钉、无头铆钉沉头窝尺寸　　mm

铆钉直径	沉头窝直径 $E^{+0.1}_{-0.1}$	沉头窝深度 $h^{+0.1}_{-0.1}$	圆角 $R^{+0.2}_{-0.2}$
3.5	4.9	1.4	0.8
4	5.6	1.6	1.0

表 5-5（续）

mm

铆钉直径	沉头窝直径 $E_{-0.1}^{+0.1}$	沉头窝深度 $h_{-0.1}^{+0.1}$	圆角 $R_{-0.2}^{+0.2}$
5	7.0	2.0	1.3
6	8.4	2.4	1.3

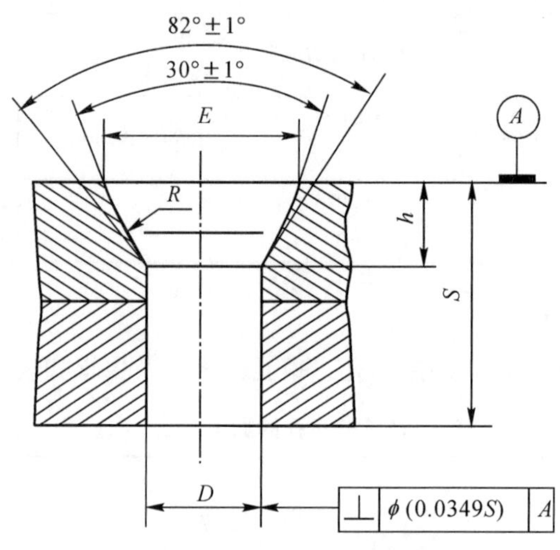

图 5-4　普通铆钉、无头铆钉沉头窝

③窝的圆度应在其直径极限偏差内。窝表面不允许有棱角、划伤、破边及裂纹。

④零件表面由锪窝钻套造成的压痕、凹陷和轻微的机械损伤是允许的，但其深度应小于材料包覆层，这种窝数量不大于铆钉排内窝数的 3%。

5. 2. 3. 2　锪窝的工艺方法

普通铆钉沉头窝和冠头铆钉沉头窝的锪窝，可使用可调锪窝限制器。冠头铆钉沉头窝应使用整体锪窝钻（即导销和刀刃为一体）制窝。

【技能点】5. 2. 4　铆接施工

5. 2. 4. 1　普通铆钉干涉配合铆接

①铆钉长度的选择。沉镦头形铆钉长度如图 5-5 所示，按式（5-3）计算。

$$L = \sum \delta + (1.0 \sim 1.1)\, d \tag{5-3}$$

平锥镦头形铆钉长度如图 5-6 所示，按式（5-4）计算。

$$L = \sum \delta + (1.1 \sim 1.2)\, d \tag{5-4}$$

式中：L——铆钉长度，mm；

$\sum \delta$——铆接件夹层厚度，mm；

d——铆钉直径，mm。

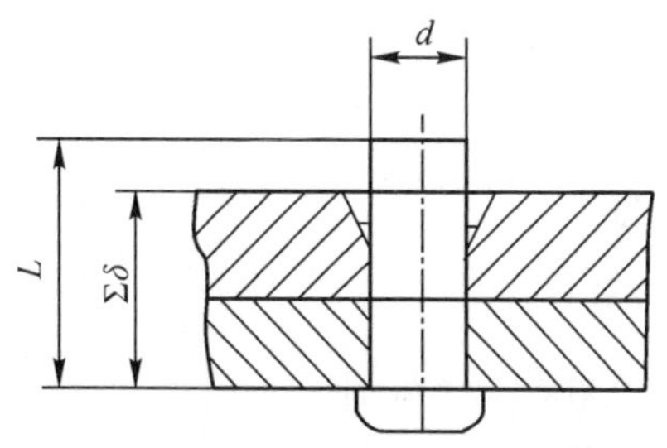

图 5-5　沉镦头形干涉配合铆接的铆钉长度

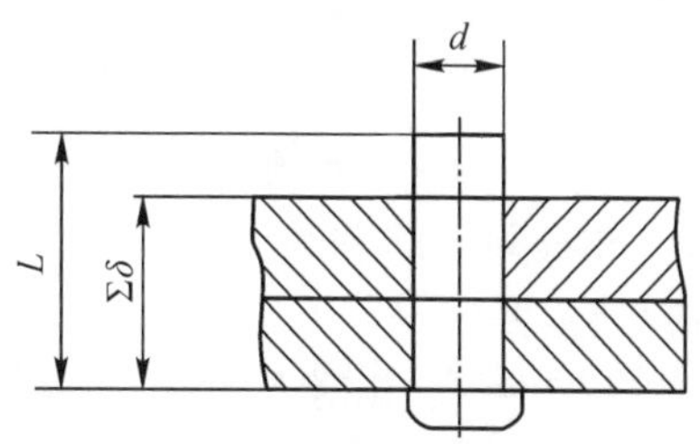

图 5-6　平锥镦头形干涉配合铆接的铆钉长度

所选取的铆钉长度应以能填满镦头窝或保证镦头尺寸为原则，一般不宜过长，否则会影响干涉量。

②工艺方法。

优先采用单个压铆或正铆法，结构不开敞部位可以采用反铆法；所需铆接力和变形量比普通铆接大。为了获得较为理想的密封性，需使用专用的带有凹坑的铆卡。干涉量的大小只能通过控制铆接力及镦头的大小来进行间接控制；铆接的干涉量需在相应的试片上进行检测。试片的材料、厚度、所用铆钉、工具和工艺方法等参数应与产品相同，并要求试片随同产品一道施工。

5.2.4.2　无头铆钉的铆接

①铆钉长度的选择。

铆钉长度按式（5-5）选取，如图 5-7 所示。

$$L = \sum \delta + 2d \tag{5-5}$$

式中：L——无头铆钉的长度，mm；

$\sum \delta$——被连接件的总厚度，mm；

d——无头铆钉直径，mm。

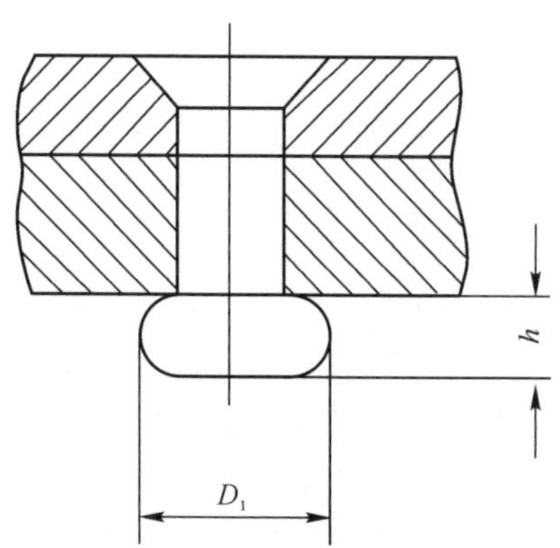

图 5-7　冠头铆钉的铆钉长度

②工艺方法。

无头铆钉的铆接必须用自动钻铆机完成全部工序；利用铆钉伸出夹层的量，控制铆接干涉量的大小，铆钉伸出量大，所获得的干涉量大，反之，干涉量小；铆接前，选取与产品相同的材料和厚度做试片，进行铆接，并测出试件的干涉量，如果符合要求，则应锁定设备及各种铆接工艺参数，再铆接产品。

5.2.4.3 冠头铆钉的铆接

(1) 技术要求

①铆接构件各层相对干涉量，一般要控制在0.6%~6%范围内。

②铆钉头应与窝贴合，不允许露窝，铆钉头高出零件表面的凸出量应不大于0.3mm。

③铆钉的镦头为标准镦头。

(2) 铆钉长度的选择

冠头铆钉的长度选择与普通铆接方法相同，如图5-8所示。

(3) 工艺方法

采用反铆法铆接冠头铆钉，铆接时使用平冲头，如图5-9所示；允许单个压铆，不允许成组压铆；产品铆接所达到的干涉量，应做试片检查，其检查方法与普通铆钉干涉配合铆接检查方法相同。

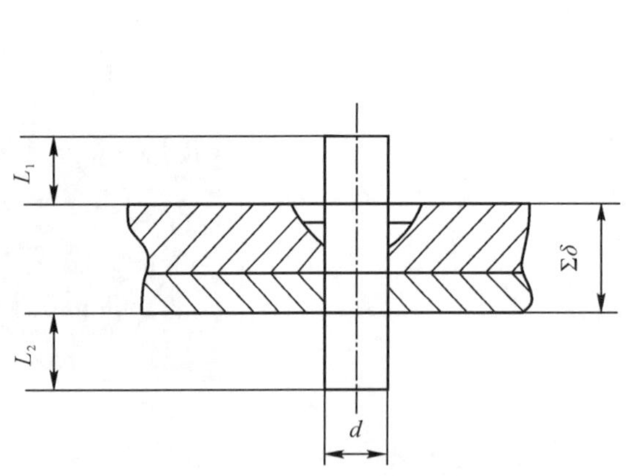

图5-8 冠头铆钉的铆钉长度

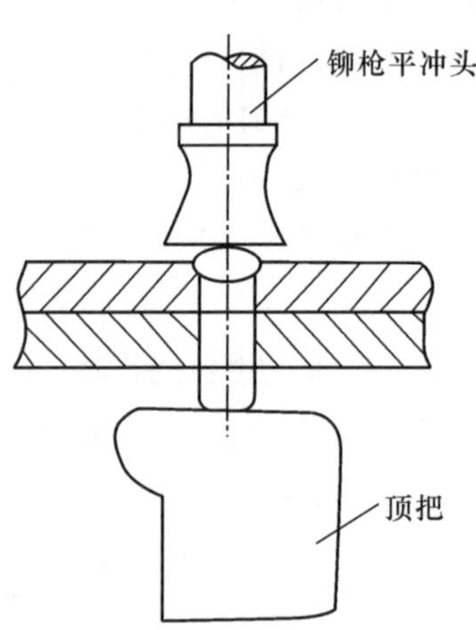

图5-9 冠头铆钉的反铆法

5.2.4.4 干涉配合铆接的技术要领和注意事项

①制孔时注意保证垂直度、精度和孔壁光滑并用孔量规检验。

②为保证窝的尺寸，锪窝要使用带限制器的锪窝工具，并用窝的量规检验。

③铆卡及铆枪必须按文件规定选用，以保证达到预定的干涉量要求。

④对于冷冻铆钉，取出后必须在规定的时间内铆接。

⑤铆接之前应做试片，试片及试验方法按有关文件规定实施。

⑥冠头铆钉铆接后冠头的顶面仍允许有不高于0.2mm的凸起，能见到一个圆圈。

⑦需更换不合格的铆钉时，必须加大一级排除。

【练习题】

1. 下列关于干涉配合铆接说法正确的是（　　）。

A. 干涉配合铆接是过盈配合

B. 过盈配合对结构的疲劳寿命有着不利影响

C. 干涉配合的疲劳寿命大于松孔配合

D. 铆接施工时铆钉杆镦粗膨胀，对孔壁造成径向压缩

2. 普通铆钉干涉配合铆接的工艺过程包括（　　）。

A. 钻孔和铰孔　　B. 锪窝　　C. 夹紧　　D. 铣平

3. 冠头铆钉干涉配合铆接的工艺过程包括（　　）。

A. 钻孔和铰孔　　B. 锪窝　　C. 放钉　　D. 铣平

4. 无头铆钉、冠头铆钉干涉配合铆接的边距不得小于（　　）倍铆钉直径，间距不得小于（　　）倍铆钉直径。

A. 2~3　　B. 3~4　　C. 2~4　　D. 3~5

5. 普通铆钉的干涉配合铆接对于试片的要求有（　　）。

A. 试片的材料与产品相同

B. 试片的厚度与产品相同

C. 试片所用铆钉与产品相同

D. 试片铆接时用的工具与产品可以不相同

【训练任务】

综合技能训练任务 5-1：六角形口盖修配干涉配合铆接

1. 实训目的

在完成本项目的基本知识学习后，通过干涉配合铆接的练习，掌握飞机结构件干涉配合铆接的施工技术要求和操作要点，能独立完成钻孔、铰孔、锪窝、干涉配合铆接、口盖修配、配合间隙的控制和质量检查等施工步骤。

2. 实训工卡

任务编号	5-1	实训工卡				工卡编号	006
任务类型	综合技能					版本号	01
机型	N/A	计划工时	6h	工位		页码	第　页 共　页
标题	六角形口盖修配干涉配合铆接						
参考技术文件	飞机铆接安装通用技术条件、铆装钳工技能						
注意事项	1. 坚持安全、文明生产规范，严格遵守实训室制度和劳动纪律； 2. 穿戴好劳动保护用品，不携带与实训工作无关的物品； 3. 不同型号的铆钉分开存放，检查计量器具效验日期； 4. 铆枪严禁指向人或非铆接零件时打空枪； 5. 使用剪板机、砂轮机等设备时，须在教师指导下进行，应遵守安全操作规程						
工具/设备/材料/防护							

类别	名称	型号/规格	单位	数量	工作者	检查者
工具	气钻	Z0601	把	1		
	中心冲	标准	把	1		
	钻头	ϕ2. 1mm、ϕ3. 1mm、ϕ3. 6mm	把	各 1		
	铆枪	M0501	把	1		
	顶铁	2#	把	1		
	铰刀	ϕ3. 5mm、ϕ6mm	把	各 1		
	铁榔头	1. 25P	把	1		
	橡胶榔头	标准	把	1		
	螺纹式定位销	ϕ3. 5mm	个	4		
	平锉刀	8″	把	1		
	刮边器	标准	个	1		
	金属铅笔	2B	支	1		
	直杆冲	ϕ3. 0mm	把	1		
	划窝钻	ϕ3. 5mm×120°	个	1		
	锪窝限制器	标准（选用）	套	1		
	钢字码	标准	套	1		
	钢板尺	300mm	把	1		
	卡尺	0. 02mm	把	1		
	孔量规	ϕ3. 5mm	个	1		
	铆钉卡规	标准	把	1		
	塞尺	0. 05mm	把	1		

表（续）

工具/设备/材料/防护						
类别	名称	型号/规格	单位	数量	工作者	检查者
工具	千分表	0.001mm	把	1		
	直角尺	标准	把	1		
设备	工作钳台	标准	台	1		
	剪板机	1.5m	台	1		
耗材	铝板	LF21CZ—δ2.5	块	按图样		
	半圆头铆钉	HB 6230—3.5×8	个	按图样		
	沉头铆钉	HB 6315—3.5×8	个	按图样		
	清洁剂	酒精	瓶	1		
防护用品	棉布	N/A	块	1		
	耳罩/耳塞	符合个人防护标准	副	1		
	防护手套	符合航空使用标准	副	1		

备注：

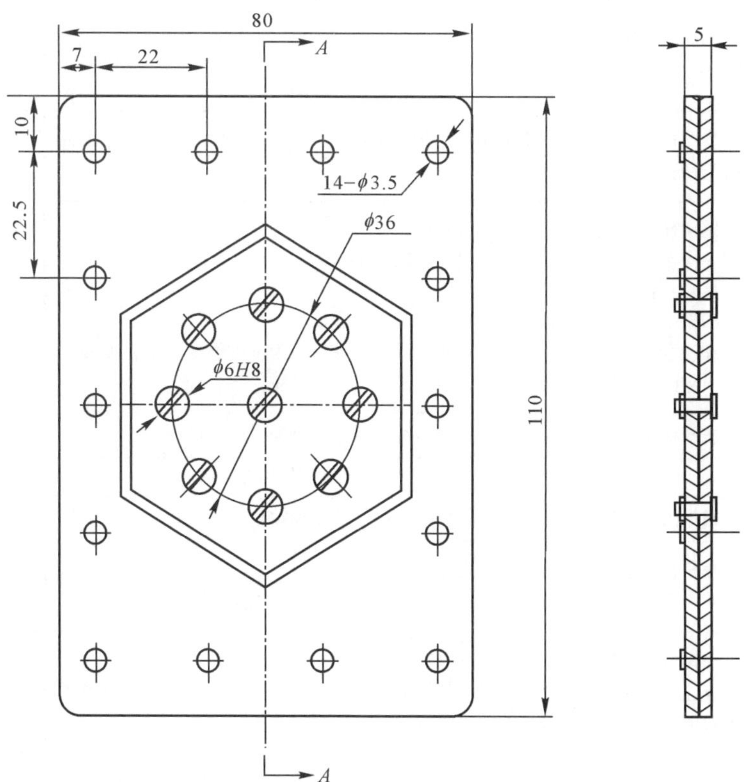

技术要求：

1.铆钉长度自行选用，明细栏中长度仅供参考。

2.口盖与口框间隙配合0.2~0.6mm，六角互换孔径偏移不大于0.1mm。

3.制孔、制窝、铆接按铆接技术条件要求执行。

编写		审核		批准	
完工签署					
检查者		完工日期			

表（续）

项目	工作内容	工作者	检查者
一	准备工作		
1	技术资料：查询资料，找到与任务相关的知识内容		
2	工作场地/设备：检查工作场地和设备的运行安全		
3	工具/材料：按工具清单清点工、量具，准备实训材料		
4	劳动防护：按实训要求穿戴劳动保护用品，做好个人安全防护		
二	下料		
1	根据图样画出底板、口盖外形形状和下料尺寸的外形线，留出锉修余量		
2	在剪板机上剪切下料。用平锉刀去板料边缘毛刺，锉修光滑。 ★注意剪切下料时按剪板机操作规程正确使用		
3	板料表面校平。 ★注意：使用橡胶榔头校平		
三	口盖制作与修配		
1	按图样尺寸要求在面板上用铅笔画 ϕ60mm 内接六边形加工线，保持 2mm 边距画钻孔中心线		
2	采用连续钻孔法按钻孔中心线钻孔。 ★注意：选用 ϕ3.6mm 钻头钻孔；孔距 4mm		
3	去除废料后用平锉刀按线初步锉修至六边形加工线。 ★注意：锉修时应及时检查尺寸和形状。要以孔为基准锉修，禁止面板孔与口盖同时锉修；做好标记线，便于面板与口盖对缝		
4	按图样要求检查钣金件制作质量与对缝间隙的修配，应合格		
四	制作铆钉孔		
1	根据图样确定铆钉的头型、材料、直径、长度和数量		
2	在角材上表面布置铆钉，打定位点。 ★注意：用铅笔画线定位；定位点的深度不大于 0.5mm		
3	在钳台上夹紧底板和角材，用风钻打定位孔 ϕ3mm。 ★注意：在钳台上要用软钳口装夹板料；选用合适规格钻头按钻孔技术要求打铆钉孔；保证对缝间隙在规定值		
4	在定位孔上装上定位销，钻其余铆钉孔，在钻孔时先钻初孔 ϕ3mm，然后用 ϕ3.4mm 钻头扩孔。 ★注意：按钻孔技术要求打铆钉孔，初孔直径=（0.6~0.8）铆钉直径。工件在垫木上操作时应保护表面		
5	钻孔完毕后卸下定位销，铆钉孔边缘用刮边器（或 10mm 钻头）倒角 0.2mm，清除毛刺。 ★注意：两块板料上、下表面的铆钉孔边缘都需要去毛刺（埋头窝除外）		

表（续）

项目	工作内容	工作者	检查者
6	用 ϕ3.5mm 铰刀按技术要求铰孔		
7	按钻孔和铰孔的技术要求检查铆钉孔加工质量		
五	制作沉头铆钉窝		
1	按技术要求在面板上锪窝、去毛刺。 ★注意：勤用标准钉对比窝的深度和形状		
六	干涉配合铆接施工与口盖精修		
1	按图样要求选择合适铆枪冲头和顶铁，安装底板和面板的铆钉。 ★注意：按铆接技术要求施工；单人操作，用正铆法铆接		
2	检查铆接施工质量和口盖对缝间隙，应符合技术要求。 ★注意：检查板件、钉头表面质量、铆钉镦头直径和镦头高度		
3	用不同直径的钻头，采用多次钻孔，每个直径钻孔后需要调换口盖位置，协调扩孔到图纸要求的孔径尺寸		
4	六边形口盖锉修，保证对缝间隙为 0.2～0.6mm，并可六角互换，均应符合间隙要求。 ★注意：要少锉勤对，用塞尺检查对缝间隙		
5	全面检查铆接与口盖的质量，符合图纸要求		
七	结束工作		
1	用记号笔或钢印做好标记（学号），向指导教师提交工件和工卡		
2	清点工具和量具，按要求维护后摆放规范、整齐		
3	清扫工作现场，保持工位干净、整洁，符合安全、文明生产要求		

3. 考核评价

序号	项目/mm	容差/mm	工、量具	配分	评分标准与得分			扣分
					$S \leqslant T$ $C<5\%$	$T<S \leqslant 1.5T$ $5\%<C<60\%$	$S \geqslant 2T$ $C>90\%$	
1	外形尺寸	±0.6	卡尺	5				
2	零件四角垂直度	±30′	角度尺	5				
3	口盖对角尺寸与均等分	±0.5	钢板尺	10				
4	铆钉间距	±0.5	钢板尺	5				
5	铆钉边距	±0.3	钢板尺	5				
6	口盖孔位 ϕ36	±0.4	钢板尺	5				
7	铆钉孔铰孔 ϕ3.6	±0.2	卡尺	10				
8	锪窝质量		目测	5				

表（续）

序号	项目/mm	容差/mm	工、量具	配分	评分标准与得分			扣分
					$S \leq T$ $C<5\%$	$T<S \leq 1.5T$ $5\%<C<60\%$	$S \geq 2T$ $C>90\%$	
9	口盖配合间隙 0.2~0.6		塞尺	10				
10	口盖互换性	≯0.1	塞尺	10				
11	铆钉头变形		目测	5				
12	铆钉沉头的凸出量	<0.1	千分表	5				
13	铆钉镦头铆接质量		铆钉卡规	10				
14	工件表面损伤		目测	5				
15	工件表面变形量	<0.4	直尺	5				
16	未列尺寸或项目				每处不合格扣 1 分			
17	安全、文明生产				按轻重程度，酌扣 2~10 分			
总分					100 分			

项目 6　飞机部件装配与检测

【项目简介】

本项目主要介绍了飞机部件对接装配与检测技术。飞机部件装配在飞机制造中占有很高的工作量比例，是保证飞机重量和产量的重要环节，其装配工艺有很强的专业特性。部件对接是把构成飞机基本结构的各部件连接在一起，形成整个机身、机翼或飞机。部件对接工作根据各种机型的具体结构和任务分工不同而不同，可以作为部件装配工作的继续，也可以作为总装配工作的一项重要内容。

【课程思政】
千锤百炼，实现强国梦(视频)

【学习目标】

1. 素质目标

（1）树立航空产品质量第一、团队合作生产意识。

（2）养成安全、文明生产、爱护工具设备、规范操作的职业素养。

（3）培育爱岗敬业的劳动精神和精益求精的航空工匠精神。

2. 知识目标

（1）了解部件装配工艺设计的内容、工艺文件和工艺审查。

（2）掌握飞机结构铆接装配前检查的内容和装配准确度要求。

（3）熟悉飞机气动外缘型值检查、波纹度偏差和表面平滑度检查的要求。

（4）熟悉飞机操纵面吻合性检查的内容。

3. 能力目标

（1）能按技术要求进行飞机结构铆接装配前检查和配合准确度检查。

（2）能按飞机气动外缘偏差要求进行型值偏差、波纹度和表面平滑度检查。

（3）能使用水平仪进行飞机水平测量和数据分析。

任务 6.1　部件装配工艺设计

部件装配工艺设计是为部件装配提供工艺技术上的准备，贯穿于飞机设计、制造

全过程。通过精心设计编制一系列工艺技术文件，做好各项工艺准备工作，最终保证按这些文件执行后装配出合格的产品。随着工艺各阶段的推进，工艺设计也在不断完善。

工艺设计中工艺方法的确定要考虑其正确性、先进性、合理性、经济性和可检验性。工艺文件应具有完整性、配套性和协调性。工艺设计应随着生产技术和管理手段的进步而不断改进。

【知识点】6.1.1　装配工艺设计的工作内容

6.1.1.1　划分装配单元

根据飞机的结构工艺特征，合理进行工艺分解，将部件划分为装配单元，例如：壁板、框、肋等。

6.1.1.2　确定装配基准和装配定位方法

部件装配基准是指保证飞机外形准确度所采用的外形零件的定位基准、各装配单元之间的定位基准以及该部件与相邻部件的装配基准。装配基准是根据飞机气动外形准确度和装配协调要求确定的。装配工艺设计的任务是采用合理的工艺方法和工艺装备来保证装配基准的实现。

装配定位方法是指确定装配单元中各组成零、组件之间相互位置的方法。装配定位方法是在保证产品图样和技术要求的前提下，综合考虑定位可靠、质量稳定、操作简便、开放性好、工装费用低等因素而选定的。

6.1.1.3　选择保证准确度、互换性和装配协调的工艺方法

为保证部件的准确度和互换协调要求，须根据工艺总方案制订部件的装配协调方案，采取有效的工艺方法，制订装配协调方案、确定协调路线，合理选择工艺装备，保证工装之间、工装和产品之间以及产品与产品之间的协调，利用设计补偿和工艺补偿的措施等。

6.1.1.4　确定装配元素的交接技术状态

供应技术状态是对装配单元中各组成元素在符合图样规定外而提出的其他要求，也就是对零件、组件、部件提出的工艺状态要求，例如：蒙皮余量、装配孔和导孔的要求，以及对不要求终孔尺寸的初孔直径要求等。

6.1.1.5　确定装配过程中的工作顺序

装配工作顺序包括：装配前的准备工作；零、组件定位、夹紧和连接的要求；系统件、成品的安装；互换部位的精加工；各种调整、试验、检查、清洗、称重和移交，以及工序间的检验和总检等。

6.1.1.6　选定所需要的工具、设备和工艺装备

编制通用工具清单，选择通用设备及专用设备的型号、规格、数量等，申请工艺装备，并对其功用、结构、性能等提出设计要求。工艺装备包括以下几类：

①装配工艺设备：包括装配夹具（型架）、精加工型架、安装夹具、补铆夹具、钻孔夹具等。

②检验、试验工装：包括试验夹具、检验夹具等。

③地面设备：包括吊扎、托架、拖车、工作梯等。

④专用刀量具：包括钻头、扩孔钻、铰刀、锪窝钻、专用测量工具等。

⑤专用工具：包括专用钻孔、铆接工具，专用扳手、定力扳手等。

⑥二类工具：包括顶把、冲头等。

6.1.1.7　零件、标准件、材料的配套

①按工序对零件（含成品）、标准件进行配套。

②计算材料（基础材料、辅助材料）定额。

③标准件、材料汇总。

6.1.1.8　工作场地的工艺布置

工艺布置包括所需工作总面积的概算、对相应厂房的平面工艺布置图。

【知识点】6.1.2　装配工艺设计的主要工艺文件

6.1.2.1　装配协调方案

它由装配方案和协调方案组成，主要内容包括装配单元的划分，主要零、组件的装配基准及定位方法，主要零、组件的装配顺序，主要装配单元的技术状态以及主要部位的协调方法。采用模拟量协调法确定标工的品种、功能及其之间的协调关系，采用数字化技术确定协调部位的协调数据要求。

装配协调方案是指令性工艺文件，是编制一系列装配工艺文件的依据。

6.1.2.2　装配协调图表

它以框图形式表示，通过连线和箭头示出标工之间的协调关系、装配工装和标工的关系以及装配工装所装配的产品，由此框图可一目了然地了解产品工装和标工之间的装配协调关系。

装配协调图表是有关工装之间协调制造关系的指令性文件，是有关工装设计、制造及生产组织管理的依据。数字化技术的应用逐步取消了复杂的标工协调。

6.1.2.3　互（替）换技术条件

它包括各互（替）换件的类别、检查比例，以及互（替）换的部位、状态和检查验收的技术要求。互（替）换技术条件是指令性工艺文件，是编制互（替）换零、组件制造、装配、检验与工装技术要求等工艺文件的依据。

6.1.2.4　工艺容差分配

它将产品的最终容许偏差分配到零、组件制造装配和对工装要求的各环节。工艺容差分配是指令性工艺文件，是各有关工艺环节的工艺设计的依据。

6.1.2.5　指令性状态

它根据协调要求，将分配的容差贯彻落实到零、组件并提出检验要求。指令性状态是为保证装配协调而对零、组件提出交付状态要求的指令性工艺文件。

6.1.2.6　零件交接状态

零件交接状态是对零件的导孔、装配孔、定位孔和余量等提出的技术要求，交付用于装配的零件应符合交接状态。

零件交接状态确保了零件在装配过程中的定位、工艺补偿的工艺需要，也是编制

装配指令（AO）、工装设计技术条件、零件验收等工艺文件的依据。

6.1.2.7 工艺装备中的清单

它包括工装申请单位、制造单位、所申请工装用于产品的图号、工装名称、工装图号、工装数量等信息。工艺装备中的清单是工装建立档案及设计、制造的依据。

6.1.2.8 工艺装备设计技术条件

它提出对工装的功能要求并具体到工装的结构形式、产品的装配顺序、定位基准、定位夹紧方式、零件的供应状态、产品的出架方式等。它是工装设计的依据。

6.1.2.9 装配指令（AO）

与装配指令同时使用的文件有产品图样、技术条件、生产说明书、典型工艺规程；装配连接顺序、装配基准、定位夹紧方法；加工试验方法、工艺参数；使用的工艺装备、工具、量具、设备、仪器及其使用方法；装配元件的技术状态；工序检验、总检的方法、内容、要求等。装配指令（AO）是指导工人对指定的装配（试验）过程进行实际操作的生产性工艺文件，也是检验人员检验和验收产品的依据。

6.1.2.10 各种配套文件

主要配套文件有零件工序配套、零件内部分工、标准件工序配套、部件标准件使用量、基本材料定额、辅助材料用量、通用工具消耗定额等，这些文件是组织配套供应的生产管理性工艺文件。

6.1.2.11 工作场地平面工艺布置图

它包括墙、门、过道、立柱；场地规划；设备图形；方向标记、面积及技术说明等。它是根据分工和工序安排对生产现场的工装、设备、台架的排列，是工装和设备的安装、台架的摆放以及进行生产管理的生产性工艺文件。

【知识点】6.1.3 工艺审查

6.1.3.1 审查目的

①工艺审查是产品设计工作的重要组成部分，是改善飞机设计工艺性、保证设计方案顺利实施的重要环节。

②工艺审查是为了使产品具有良好的结构工艺性，使飞机制造获得最佳经济效果，即降低成本、缩短制造周期、节约原材料消耗、提高劳动生产率、改善工人的劳动条件等。

6.1.3.2 审查原则

①在满足产品性能、结构强度、维护性和飞机飞行安全的前提下，审查设计的施工可行性和合理性。既要考虑工厂技术的发展，又要考虑工厂现有技术水平和可能提供的技术、物资条件，将先进可行的工艺技术成果及标准纳入产品图样、设计技术文件。

②一般应考虑成批生产的需要，并尽可能以经济的加工方法、较短的生产周期、高质量、低成本生产出满足设计要求的产品。

③不仅要考虑满足产品在工厂生产的工艺要求，同时还要满足产品在外场使用、维护方面的要求，应具备检查、排除故障的良好通路及防差错的要求。

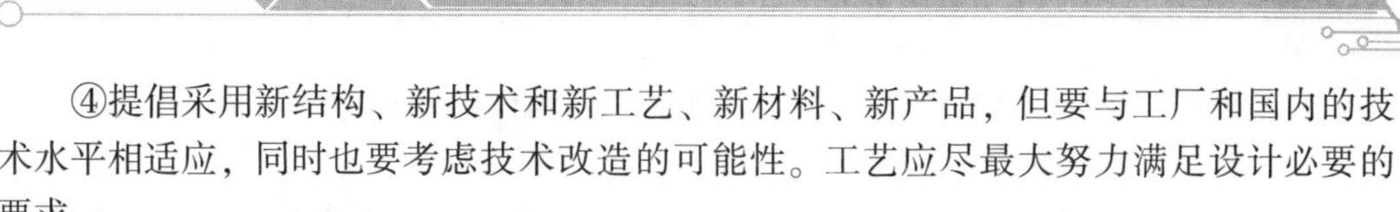

④提倡采用新结构、新技术和新工艺、新材料、新产品，但要与工厂和国内的技术水平相适应，同时也要考虑技术改造的可能性。工艺应尽最大努力满足设计必要的要求。

6.1.3.3　审查的过程

审查的过程要从设计总体方案论证开始，贯穿在技术（打样）设计、详细生产图样设计、设计定型阶段（或型号合格审定阶段）、生产定型阶段和批量生产阶段的设计、修改、完善工作中。

6.1.3.4　审查范围

凡新设计的飞机、改进和改型机、订货备件、一次性订货产品等的生产图样、设计技术文件均要经过工艺审查、会签，包括：

①全部打样图样。

②全机水平测量图样。

③全部生产、实验用的图样（含标准件图样）、设计技术文件。

④设计工装返修、换新以及冷热工艺方法有较大变动的图样、设计技术文件。

⑤互换检查项目。

⑥地面设备和随机工具图样。

⑦有协调关系或需补加工的外购件、成品件的有关图样、设计技术文件。

6.1.3.5　审查内容

（1）总体方案论证阶段

在总体方案论证阶段，工艺部门应参与了解总体方案的设想，结合工厂的工艺技术水平（能力）和发展，对总体布局、主要结构及系统等设计方案提出意见，对飞机外形是否满足设计制造一体化，以及是否便于数字化工艺设计及制造提出意见和建议，作为设计部门的参考依据。

（2）技术（打样）设计阶段

在技术（打样）设计阶段，工艺部门应组织有丰富经验的工艺技术人员，对设计方案的总体布局，设计（工艺）分离面的划分，连接形式，主要部件，关键和重要零、组件的结构形式以及新工艺、新技术、新材料的采用等较大问题提出工艺性分析意见，以便对于主要部件，关键和重要零、组件工艺进行试验、预研，避免在详细生产图样设计阶段做较大更改。

（3）详细生产图样设计阶段

在详细生产图样设计阶段，工艺部门组织工艺技术人员对产品的结构设计、系统设计、设计技术文件进行全面详细的工艺审查，并严格履行会签手续。审查内容如下：

①结构、系统设计以及工艺分离面的布局、划分是否满足批量生产的要求；设计、工艺补偿是否充分；主要部件连接形式力求简单、可靠、易于施工，尽量避免套合件。

②尺寸标注、容差选择和分配、设计基准等要素能否满足加工、装配的可达性和开敞性；按装配定位的需要提出定位孔的要求；系统管路、电缆走向是否合理，以及拆卸和维修是否方便。

③产品结构是否体现继承性；图样和设计技术文件中规定的技术项目、内容及要

求是否合理；互换项目及技术要求是否合理；产品图样的图面布局和划分是否合理，是否有利于工艺准备和生产。

④选用的生产说明书（或工艺规范）是否合理；新工艺、新技术、新材料的采用，在国内及承制厂是否过关；产品结构是否开敞，是否有利于预防多余物的产生和多余物的排除。

⑤产品的详细结构、系统管路、电缆敷设及设计技术要求是否易导致生产中加工操作的判断失误，是否有利于操作失误的预防及纠正，如插座与插头是否具有防止错误插接匹配结构的性能等。

⑥从工艺性考虑，同类型的零、组件的尺寸、规格、形状是否满足标准化、通用化、系列化；产品设计是否符合标准化要求，是否有利于工艺方法、工艺参数、工艺流程以及工艺装备选择的标准化，如结构的转角半径、管子的直径及弯曲半径等参数的选用是否标准等；选用标准是否合理。

（4）设计定型阶段（或型号合格审定）

在设计定型阶段，因通过试生产、试飞，产品的设计要做较多修改、补充或重新制作图样和设计技术文件。这些图样、设计技术文件同样需要按规定进行工艺审查；该阶段的工艺审查要注意涉及标工、工装、工艺方法、冶金方法的重大更改能否实施。

（5）生产定型阶段

设计定型中遗留的技术问题、生产定型中暴露的设计问题、设计定型的飞机经过用户使用提出的设计问题仍会引起产品图样和设计技术文件的更改。该阶段的工艺审查要注意更改的内容是否满足批量生产的要求，所选成品、材料是否经过鉴定以及是否有定点供应商。

（6）生产阶段

该阶段所用的设计及工艺资料均已定性，所以对产品图样、设计技术文件的更改必须特别慎重。该阶段工艺审查时重点考虑以下问题：

①是否涉及工艺装备的更改。

②是否需要更改和补发指令性工艺文件。

③在规定的批架次之前，生产准备工作周期能否满足规定的批架次、更改类别是否合理以及已生产的零、组件能否利用。

（7）问题处理

在工艺审查过程中，设计师对提出的问题不能当面解决时，工艺部门必须填写“工艺审查讨论记录”表，与设计师共同协商处理。

【练习题】

1. 部件装配基准是指保证（　　）所采用的外形零件的定位基准、各装配单元之间的定位基准以及该部件与相邻部件的装配基准。

A. 飞机外形美观度　　B. 飞机外形光滑度

C. 飞机外形可靠度　　D. 飞机外形准确度

2. 装配工艺审查的原则是在满足产品性能、结构强度、维护性和飞机飞行安全的

前提下，审查设计施工的（　　）。

A. 安全性和可行性　　B. 可行性和合理性

C. 工艺性和安全性　　D. 安全性和合理性

3. 审查原则不仅要考虑满足产品在工厂生产的工艺要求，同时还要考虑满足产品在外场使用、维护方面的要求，应具备检查、排除故障的良好通路及（　　）的要求。

A. 可靠性　　B. 防事故　　C. 工艺性　　D. 防差错

4. 工艺审查的范围包括新设计的飞机、（　　）、订货备件、一次性订货产品等的生产图样、设计技术文件等。

A. 老旧飞机　　B. 故障飞机

C. 改进和改型机　　D. 事故飞机

5. 在工艺审查的详细生产图样设计阶段中，主要部件连接形式力求（　　），尽量避免套合件。

A. 简单、可靠、易于施工　　B. 简单、可靠、易于加工

C. 复杂、可靠、易于加工　　D. 复杂、可靠、易于施工

任务 6.2　飞机结构铆接装配前检查

铆接的质量直接关系到结构强度和疲劳寿命。装配过程中检查和控制铆接各工序的质量，需要合理选择检查方法和正确使用检查工具。

【知识点】6.2.1　装配前检查内容

飞机结构件包括标准件、零件、组合件、成品及成品附件等。为了保证装配质量，在装配前，操作者和检验人员应对结构件的外观、标志等进行检查，检查内容及要点见表6-1。

表6-1　飞机结构件装配前的检查内容及要点

检查项目	检查内容	检查要点
质量文件	1. 产品合格证。 2. 成品出厂合格证、履历表、复验调试记录合格证。 3. 拒收单、表面质量记录表等	文件必须齐全并与实物相符。 拒收单内容与超差情况相符
标志	1. 产品图号、版次号、批架次号、材料牌号以及炉、批号。 2. 关健件、重要件标志及编号。 3. 超差品处理标志。 4. 标准件的材料、精度等标志。 5. 图样规定的特定标志	实物上的标志与文件相符
检印	按质量文件检查检印是否齐全，例如：合格检印、首件印、硬度合格印、铅封印及各种特种检查印（X光检印、磁力探伤检印、超声波检印）	

表 6-1（续）

检查项目	检查内容	检查要点
外观质量	1. 表面应清洁无污，漆层无脱落、无碰伤、无压坑、无划伤、无变形、无锈蚀。 2. 薄壁零件无鼓动和松缓现象	
交接状态	零件、组件应符合交接状态的要求，如对余量、导孔、装配孔、定位孔和配套件的要求及其他要求	对照交接状态表逐项检查
主要尺寸	检查关键件、重要件的特性尺寸及对形成关键、重要特性尺寸有影响的尺寸	按关键件、重要件及关键、重要工序目录对照检查
保存期	1. 对非金属件的保存期进行检查。 2. 对成品、成品附件的油封期进行检查	核对制造日期、生产批次
其他	1. 核对零件规格、数量及左、右件是否正确。 2. 检查玻璃制品有无超出规定允许的折光、波纹、银纹和质点等缺陷	

【知识点】6.2.2 零件、组合件位置准确度及配合准确度的检查

零件、组合件位置准确度的检查是综合性检查，它对结构件装配和首件装配特别重要。不仅要检查零件、组合件定位基准的位置是否准确、可靠，还要对已完成定位的零件、组合件上未作为定位基准的要素，如对轴线、基准线、气动外形（或与气动外形有关的骨架外形）及连接面贴合间隙等要素进行检查，以确保零件装配位置的准确性以及零件与零件之间和零件与装配工装之间的协调性。

6.2.2.1 叉、耳接头位置准确度的检查

检查内容包括耳片接头、叉子接头位置准确度和接合孔及耳片工作面位置的准确度。耳片接头和叉子接头一般用型架上的叉形、耳形定位件来定位其工作面，同时用销棒定位接合孔，如图 6-1 所示。

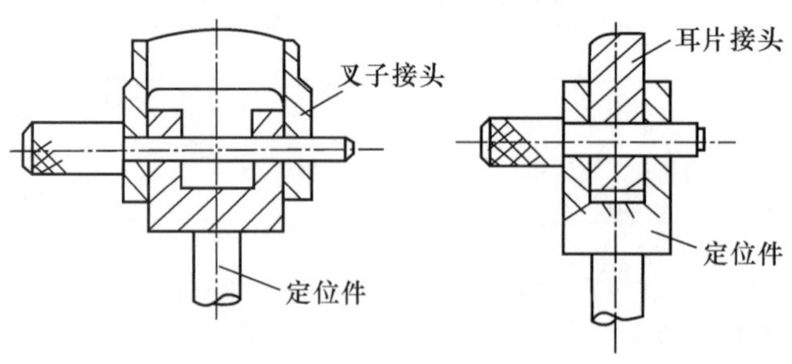

图 6-1　叉、耳接头的定位

检查接合孔位置准确度时，先撤去定位销棒，再用不同直径的检验销棒检查接合孔与定位件孔轴线的偏离程度。检验销棒通过被测接合孔及定位件孔时，接头不允许有应力，销棒应能灵活转动。接合孔公称直径与能通过的检验销棒的直径之差即为接合孔与定位孔轴线的偏离值。检验销棒是直径间隔为 0.1mm 的一组特制销棒，销棒端

头不制作倒角、公差带为 $H7$、表面粗糙度 Ra 值不大于 0.08μm，如图 6-2 所示。

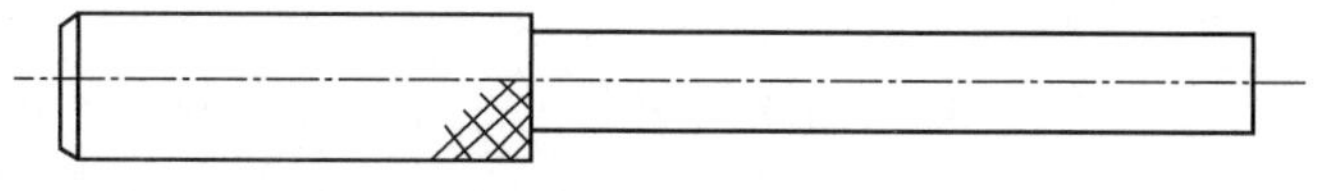

图 6-2　检验销棒

6.2.2.2　接头相对位置准确度的检查

组合件、部件交付前应对其各接头位置准确度进行检查，如机身、机翼接合接头和起落架安装接头等。

接头相对位置，一般采用检验量规进行检查，图 6-3 所示为用检验量规检查机身上对合机翼的接头位置的情况。检验量规的叉（耳）定位件与被测叉（耳）之间左、右均应留出公称间隙（间隙一般取 2mm）。使用检验量规时必须用托架支撑，使其重量不落在被测产品上，调整量规，使两端的接头孔定位销棒能灵活转动，并使一对作为基准的叉、耳之间的左、右间隙均匀。

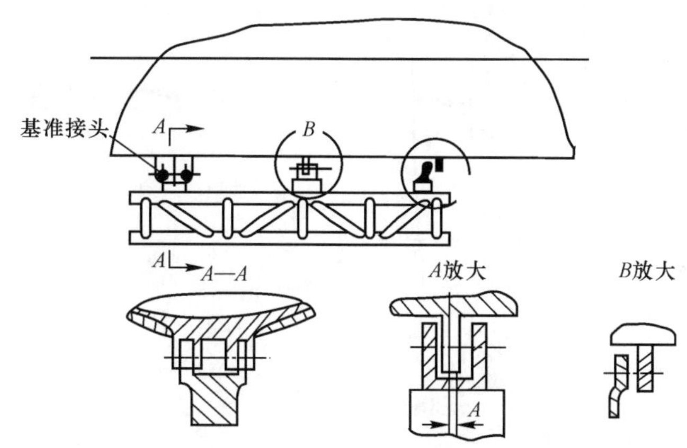

图 6-3　用检验量规检查机身上对合机翼的接头位置

6.2.2.3　接头和外形准确度的检查

当组合件、部件的对接部位要求接头协调且外形吻合时，应采用模型对接头和外形进行综合检查，如副翼、襟翼与机体的对接部位，机体上各舱门的安装部位等。图 6-4 所示是用前舱盖模型检查机身前舱口的接头及外形。

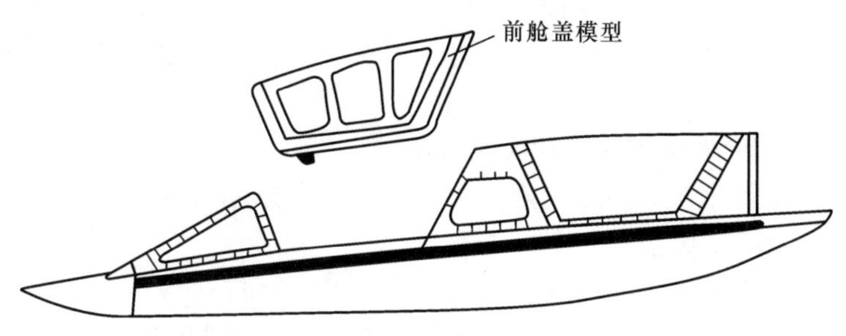

图 6-4　用前舱盖模型检查机身前舱口的接头及外形

6.2.2.4 零件、组合件轴线位置准确度的检查

(1) 按卡板检查肋、框、隔板的轴线面

当卡板轴线面与肋、框、隔板轴线面重合时，可用直尺和塞尺检查轴线面位置，如图 6-5 所示；当卡板轴线面与肋、框、隔板轴线面不重合时，用直尺或游标卡尺测量卡板轴线面与肋、框、隔板轴线面的距离，至少应测量三个位置，以确认被测件轴线面与卡板轴线面是否平行。

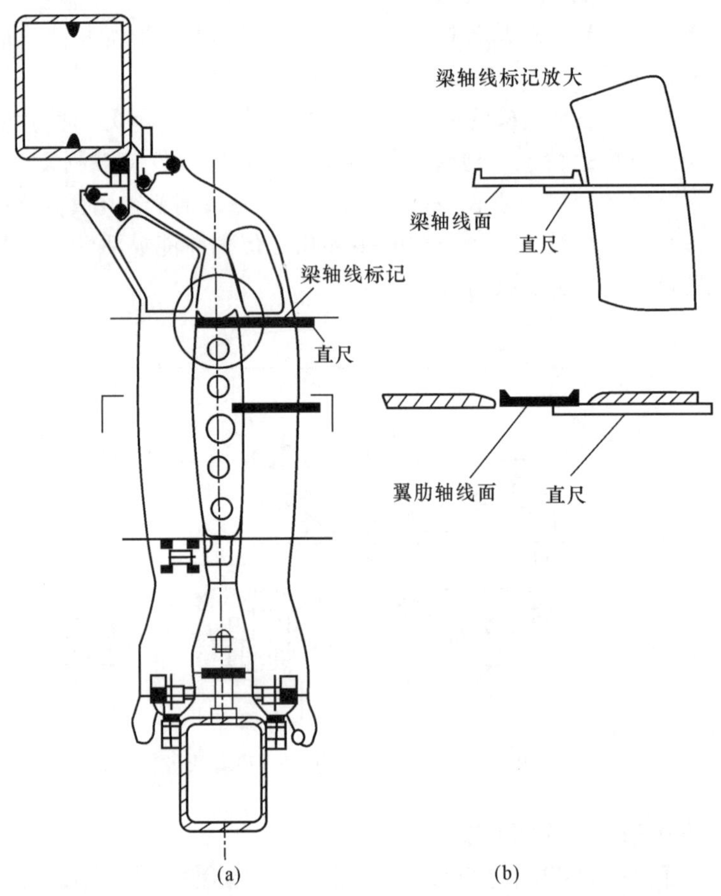

图 6-5 以卡板轴线面和标记线为基准测量零件轴线面位置

(2) 以卡板上的翼梁、长桁轴线的标记为基准测量翼梁、长桁的轴线位置

将直尺工作面与卡板上的标记线对齐，用塞尺和直尺测量出翼梁、长桁轴线的偏差，如图 6-5 所示（(b) 为详图）。

6.2.2.5 零件、组合件间配合准确度的检查

零件、组合件间配合准确度的内容很多，一般都采用常规的检查方法，这里仅介绍经修合的贴合面间接触程度的检查方法。

①贴合面的接触程度用显示剂进行检查。在基准零件接合面上，涂一层 0.003mm 厚的显示剂，如表 6-2 所示。将被刮修零件的接合面按装配位置与基准零件结合，分解后检查贴合面上的接触点，接触点应均匀分布，一般每平方厘米不少于一个点为接

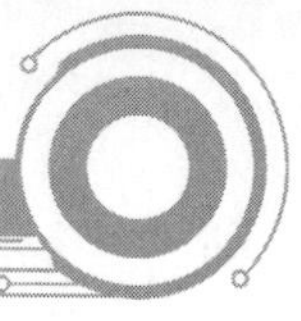

触良好。

②贴合面接触程度检查用的显示剂的粒度要细腻，对接触点的显示要真实而清楚，对工件无腐蚀作用，对操作者健康无害。

表 6-2　贴合面接触检查用显示剂

种类	成分	特点	应用范围
红丹粉油	氧化铁粉中加入机油和少量柴油或煤油	呈红褐色，接触点清楚，无腐蚀性；价格低，对操作者无害，但粒度较粗	广泛用于铸铁和钢件的刮削
铅丹粉油	氧化铅粉中加入机油和少量柴油或煤油	呈橙黄色，粒度细腻；接触点清楚，无腐蚀性；颜色较淡，有反光，刺激，有毒	用于一般工件和精密工件的刮削
普鲁士蓝油	普鲁士蓝粉中加入适量机油和蓖麻油	呈深蓝色，接触点小而清楚	用于精密工件和有色金属的刮削
烟墨油	烟墨和机油混合	呈墨色，接触点小而清楚	用于表面呈银白色金属的刮削

【练习题】

1. 为了保证装配质量，在装配前，操作者和检验人员应对质量文件、标志、检印、（　　）、交接状态、主要尺寸、保存期等进行检查。

A. 表面质量　　B. 外观质量　　C. 整体质量　　D. 内部质量

2. 检验叉、耳接头位置准确度的销棒是直径间隔为 0.1mm 的一组特制销棒，销棒端头不制作倒角、公差带为 $H7$、表面粗糙度 Ra 值不大于（　　）。

A. 0.05μm　　B. 0.06μm　　C. 0.07μm　　D. 0.08μm

3. 在对接头相对位置采用检验量规进行检查时，基准的叉、耳之间应保持（　　）。

A. 左、右间隙均匀　　B. 左侧间隙大

C. 右侧间隙大　　D. 左、右间隙合理控制

4. 用直尺或游标卡尺测量卡板轴线面与肋、框、隔板轴线面的距离，至少应测量（　　）位置，以确认被测件轴线面与卡板轴线面是否平行。

A. 一个　　B. 两个

C. 三个　　D. 四个

任务 6.3　飞机气动外缘偏差检查

飞机气动外缘偏差检查是指对飞机接触气流的表面制造质量的检查，有时也称飞机表面质量检查。飞机的气动外缘准确度，直接影响飞机的飞行性能。检查工作一般是在部件装配工作全部完成以后或在部件架内总装工作完成以后进行。在组合件（前

缘、梁、翼尖、壁板、舱门等）和部件骨架装配工作完成后，应对飞机气动外缘偏差进行检查。

飞机气动外缘偏差分为两类：一是部件切面型值偏差和纵向、横向波纹度偏差，一般称为部件外形偏差；二是蒙皮对缝间隙和阶差的偏差，以及铆钉、螺钉、焊点等相对蒙皮表面凸凹量的偏差，一般称为表面平滑度偏差。不同的机型、部件甚至部件的不同部位，其准确度的要求是不同的，因此飞机气动外缘准确度的检查方法及其工具也是不同的。

【技能点】6.3.1　型值偏差的检查

6.3.1.1　装配型架工作卡板检查法

（1）工艺特点

①利用装配型架工作卡板检查装配件外形，不另设检验卡板。

②卡板工作面为装配件理论外形，因此仅能检查各切面气动外缘的负偏差。

③装配件产生正偏差时，工作卡板上有应力，通过安装卡板的销钉孔可以判断。

（2）适用范围

工作卡板检查法适用于组合件的外形检查，如机翼前缘、后部及机身组合件等，也适用于小型飞机分部件及气动外缘准确度要求不高的部件。检查工具有塞尺（长为100mm，2 级精度）和塞柱（用于曲度较大部位）。

（3）检查方法

①铆接装配工作已完成，关闭所有工作卡板。

②用塞尺（塞柱）检查装配件外形与卡板工作面之间的间隙，如图 6-6 所示。

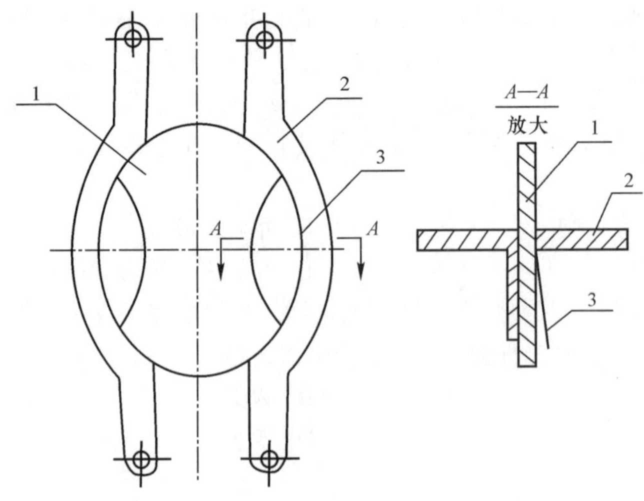

图 6-6　工作卡板检查法

1—部件；2—卡板；3—塞尺

（4）结论

所测量的间隙数值应不大于设计技术条件规定的气动外缘型值负偏差。

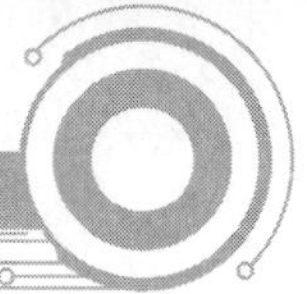

6.3.1.2　装配型架等距检验卡板检查法

（1）工艺特点

①等距检验卡板设置位置应遵守部件设计技术条件的规定。

②检验卡板与部件被检查处的理论外形之间的等距间隙一般取 3mm、5mm、10mm。

③检验卡板应具有足够的刚性，其横截面形状如图 6-7 所示。

④等距检验样板可以代替检验卡板检查部件外形，检验样板形式如图 6-8 所示。

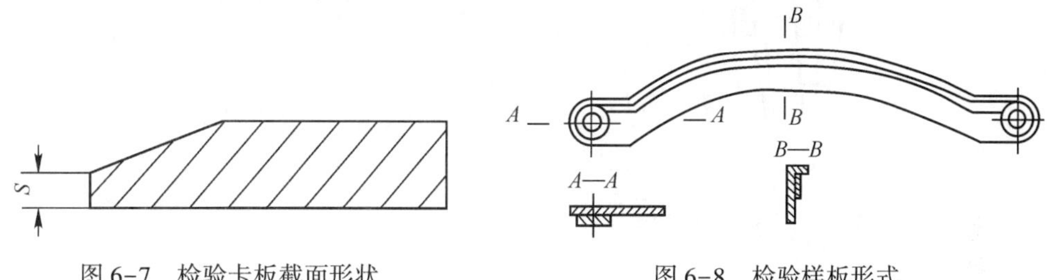

图 6-7　检验卡板截面形状　　图 6-8　检验样板形式

（2）适用范围

此方法能检查机体各切面外缘型值的正、负偏差，是生产中广泛采用的方法，如机翼、安定面、机身分部件及进气道等部件的外形宜用此方法检查。检查工具为测量间隙用的楔形塞尺。

（3）检查方法

①组合件或分部件的铆接装配工作已经完成，卸下的组合件应重新安装，以保持外形的完整性。

②安装检验卡板的方法有两种：一是卸去工作卡板，换装相应的检验卡板，其余工作卡板全部关闭，检查部件切面的型值偏差；二是部件以对接接头定位，换装检验卡板，打开其余工作卡板，检查部件切面型值偏差，同时可以检查其扭转情况。

③按照间隙楔形塞尺技术条件规定，检查等距检验卡板工作面与部件外形之间的间隙。

④检查时间隙楔形塞尺与外形表面相切，其轴线必须平行于外形面等百分线，测量间隙的方向应垂直于部件表面被测点的切面。用等距检验卡板检查机翼外形的情况，如图 6-9 所示。

（4）结论

将实测间隙换算成型值实际偏差。型值实际偏差应不大于设计技术条件中规定的气动外缘型值偏差。

6.3.1.3　检验型架检查法

（1）工艺特点

①检验型架能检查部件的切面型值的偏差，同时还能检查部件的扭转变形和外形相对接头位置的实际偏差。

②检验型架的结构类似装配型架，其结构元件的刚度应适当增大。

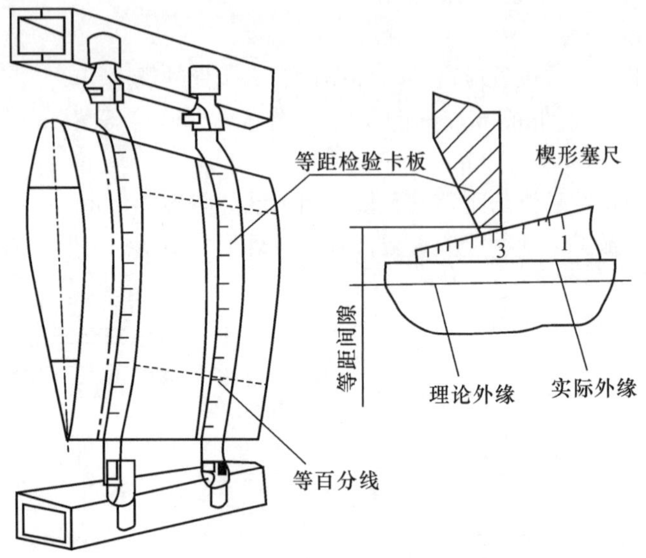

图 6-9　用等距检验卡板检查机翼外形的情况

③在检验型架上，部件应以对接分离面和接头为定位基准，即应与在飞机上的安装形式相似。图 6-10 所示为某垂直安定面以与机身对接接头为基准的定位情况。

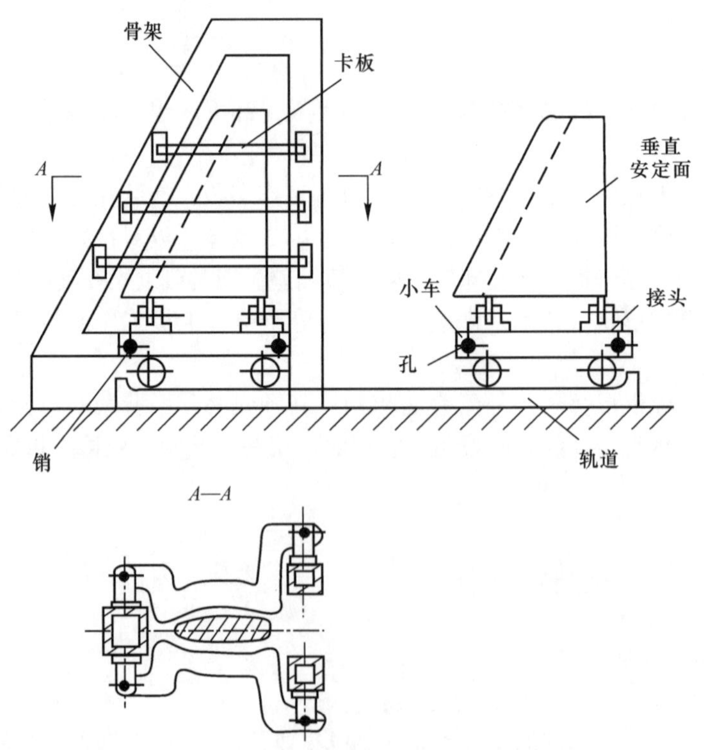

图 6-10　用检验型架检查垂直安定面

④检验型架卡板即检验卡板的设置位置和截面形状均与装配型架等距检验卡板相同。

⑤操纵面（升降舵、方向舵、副翼）平衡夹具（台）设置检验卡板时，能起到检验型架的作用。

（2）适用范围

检验型架检查法适用于成批生产部件的检查。部件外形尺寸较小，气动外缘准确度要求高，或有互换要求时，一般宜采用检验型架检查法。

（3）检查方法

部件处于最后完工状态（有精加工工序的也已经完成），在接头位置检查合格后，使部件处于不受约束的正确安装位置。测量间隙的方法与装配型架等距检验卡板的方法相同。

6.3.1.4　等距检验样板检查法

（1）工艺特点

①架外用等距检验样板只能检查部件单个切面的气动外缘型值偏差。

②部件各切面的相对扭转和外形相对接头位置的实际偏差不能被检查出来。

③检验样板一般以梁轴线和梁缘条处外形为定位基准，如图 6-11 所示。

④检验样板外形与部件理论外缘的等距间隙为 5mm 或 10mm。

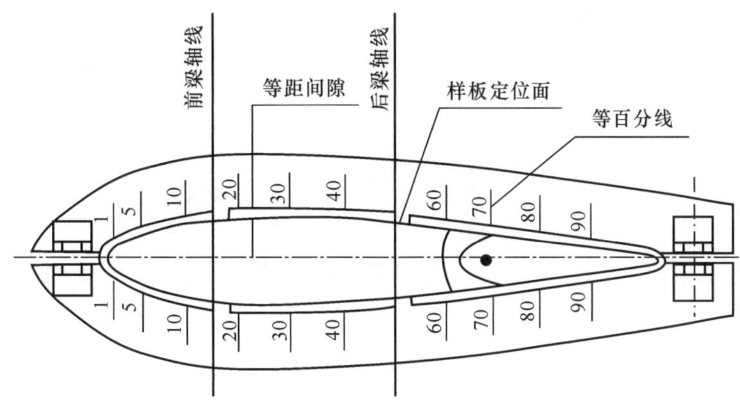

图 6-11　某型飞机水平尾翼架外等距检验样板

（2）适用范围

此方法适用于检查气动外缘准确度要求较低且只检查单个切面外形的中型飞机的机翼、尾翼和小型飞机的机身等部件。

（3）检查方法

①等距检验样板的安装位置应符合定位基准。在等距间隙均匀的情况下，允许有微量的调整。

②部件处于最后完工状态。以方便工作为原则，可以在专用托架、对合台、水平测量台上进行检查。

③升降舵、方向舵、副翼等活动面应调整到中立位置，即与切面翼型相吻合的位置。

④测量间隙的方法与装配型架等距检验卡板的方法相同。在检查各切面过程中不

允许再调整活动面的位置。

【技能点】6. 3. 2　波纹度偏差的检查

波纹度偏差是飞机部件纵向和横向气动外缘流线光滑程度的偏差。采用实际外缘波深（H）与波长（L）之比来度量。

6. 3. 2. 1　横向波纹度检查

在用等距检验样板（卡板）检查气动外缘型值实际偏差的同时来测量波纹度。检查方法如下：

①按检验样板测出波峰、波谷并测量实际外形与检验样板之间的间隙（Y_n，Y_{n+1}，Y_{n+2}，…），如图 6-12 所示。

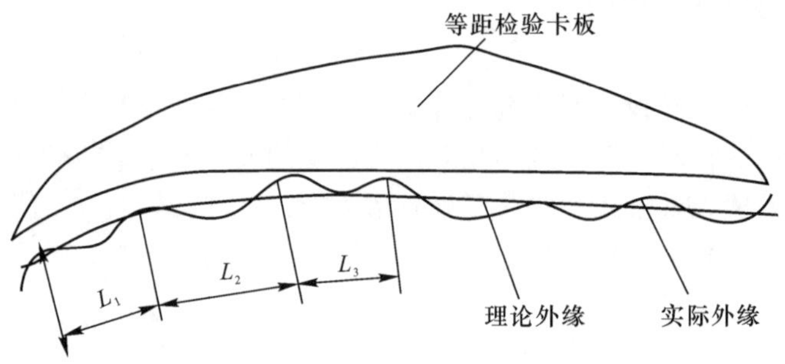

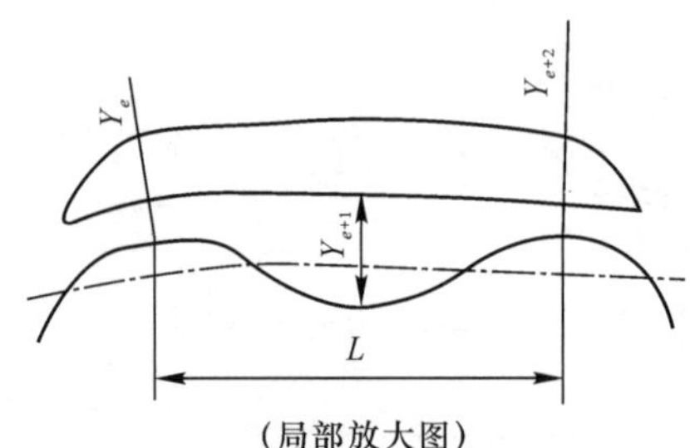

图 6-12　按检验样板检查横向波纹度

②测量波长，即相邻两波峰的距离（L_1，L_2，L_3，…）。

③按式（6-1）计算出波纹度（H），再接式（6-2）求出波纹度的实际偏差。

$$H = Y_{n+1} - \frac{Y_{n+1}Y_{n+2}}{2} \qquad (6-1)$$

式中：Y_n，Y_{n+2}——波峰与样板的间隙，mm；

Y_{n+1}——波谷与样板的间隙，mm。

$$\Delta = \frac{H}{L} \qquad (6-2)$$

式中：Δ——波纹度；

H——波深，mm；

L——波长，即相邻两波峰间的距离，mm。

6.3.2.2　纵向波纹度检查

用直尺检查部件外形的平直部分，如机翼、尾翼多为单曲度外形，沿等百分线进行检查，机身的等切面段也采用直尺检查；用样条检查部件曲度较小的外形，部件曲度较大的外形可采用样板进行检查。用直尺和样条测量出的波深就是实际波深，如图 6-13所示。

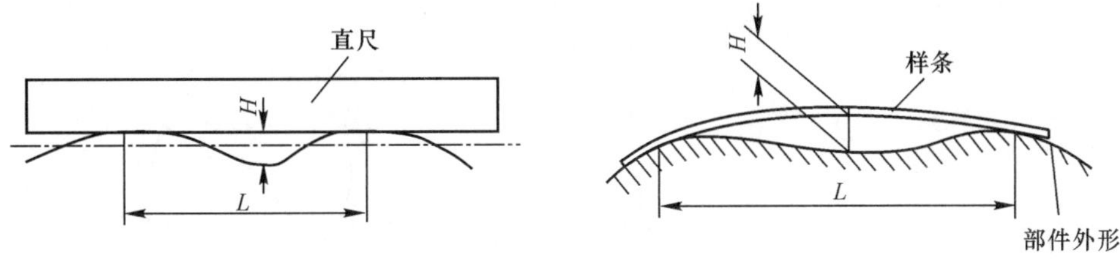

图 6-13　用直尺和样条检查纵向波纹度

6.3.2.3　结论

由于波纹度极限偏差给出的形式和具体要求不同，因此有两种判别偏差是否合格的方法：

①当给出波纹度极限偏差时，计算出的波纹度实际偏差在其规定范围内为合格。

②当给出波深和波长的极限偏差时，可以绘制成波纹度曲线，如图 6-14 所示。如果实测的波长和波深的座标点在波纹度曲线之下为合格。例如，在图 6-14 中 A 点表示实测波长 480mm，波深 0.8mm 时的波纹度，表明该段外形波纹度合格。

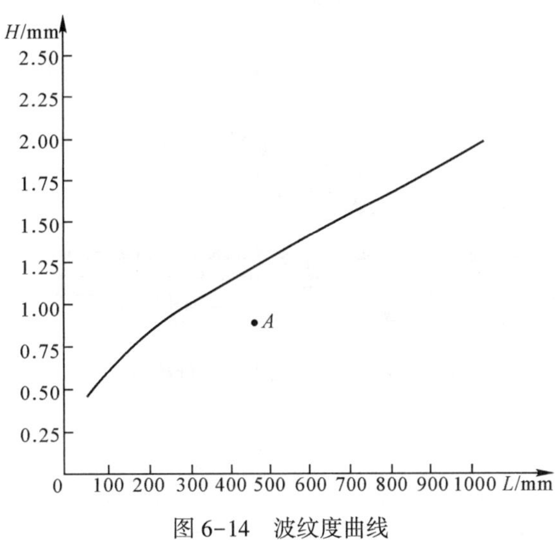

图 6-14　波纹度曲线

【技能点】6.3.3　表面平滑度的检查

6.3.3.1　表面平滑度

表面平滑度主要包括：

①气动外缘蒙皮对缝间隙及阶差、气动外缘口盖周边对缝间隙及阶差。

②沉头螺钉及铆钉对气动外缘的凸凹量。

③因铆接而引起的蒙皮表面凸凹不平。

6.3.3.2 阶差和蒙皮表面凸凹量的检查

①蒙皮对缝阶差值可用塞尺、游标卡尺和有刻度的指示器进行检查。图 6-15 所示为用塞尺检查蒙皮对缝阶差，图 6-16 为用指示器检查蒙皮对缝阶差。

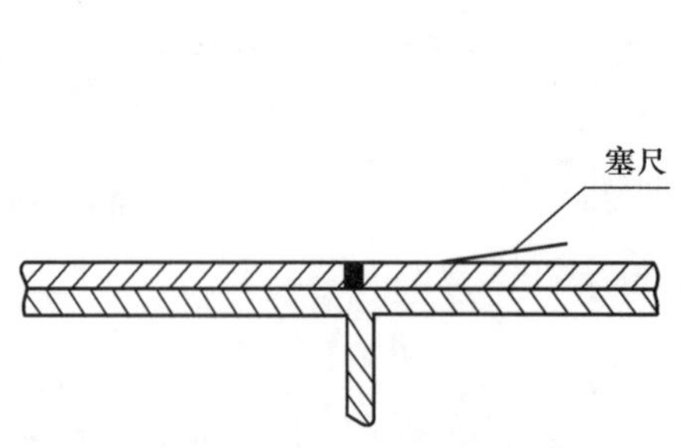

图 6-15 塞尺检查蒙皮对缝阶差

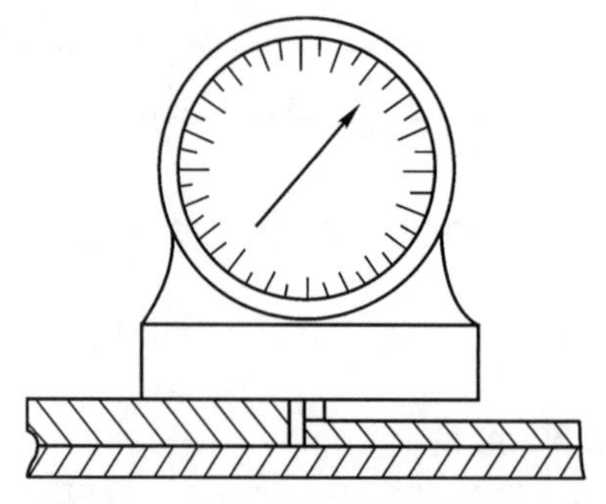

图 6-16 指示器检查蒙皮对缝阶差

②铆接引起的蒙皮表面不平度用千分表进行检查，如图 6-17 所示。

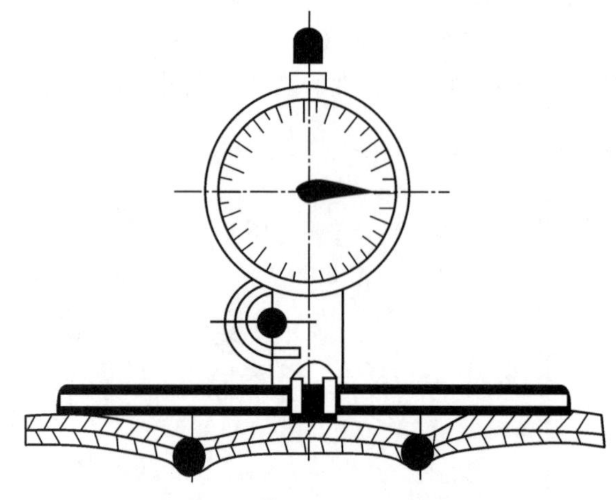

图 6-17 蒙皮表面不平度检查

【练习题】

1. 部件切面型值偏差和纵向、横向波纹度偏差，一般称为（　　）。

A. 部件外形偏差　　　　B. 部件外缘偏差

C. 部件整体偏差　　　　D. 部件局部偏差

2. 蒙皮对缝间隙和阶差的偏差，以及铆钉、螺钉、焊点等相对蒙皮表面凸凹量的偏差，一般称为（　　）。

A. 表面光滑度偏差　　　　B. 表面平直度偏差

C. 表面平滑度偏差　　　　　　　　D. 表面平整度偏差

3. 装配型架工作卡板检查法所测量的间隙数值应不大于设计技术条件规定的气动外缘型值（　　）。

A. 上偏差　　　B. 下偏差　　　C. 正偏差　　　D. 负偏差

4. 装配型架等距检验卡板检查法可以检查机体各切面外缘型值的（　　）。

A. 正、负偏差　　B. 左、右偏差　　C. 上、下偏差　　D. 整体偏差

5. 等距检验样板检查法可以检查部件（　　）的气动外缘型值偏差。

A. 任意切面　　B. 单个切面　　C. 特定切面　　D. 整体切面

任务6.4　部件相对位置准确度检查方法

飞机部件对接后需要检查其相对位置的准确性，判断是否符合产品图样和技术条件的要求。部件相对位置准确度检查的项目和内容大致可分为两部分：一是机翼、尾翼相对机身的位置，其位置准确度参数是上（下）反角、安装角、后掠角及对称度，通常是采用水平测量的方法进行检查的；二是活动面相对定翼面的位置，活动面包括升降舵、方向舵、副翼、襟翼、前缘缝翼等，其位置准确度参数是外形阶差、剪刀差及间隙（前缘缝隙间隙和对合间隙）。这一部分的检查内容称为活动面相对定翼面的吻合性检查。检查的方法很多，有些方法与部件气动外缘偏差检查有关。

飞机水平测量的项目，除机翼、尾翼、机身相对位置外，还有发动机短舱、发动机、起落架的安装位置也需要进行水平测量，此外，操纵面的偏转角度也可以通过水平测量方法检查。部件和全机水平测量的各种方法及所使用的工具、设备，以及操纵面偏转角度的各种检测方法，这些都是飞机装配过程必不可少的检测工作，具有明显的飞机装配工艺特点。

【技能点】6.4.1　操纵面吻合性检查

操纵面吻合性是指操纵面处于中立位置时相对定翼面及相邻操纵面相互之间的外形和间隙的吻合程度。因此，应正确选择确定中立位置的方法，使相关的各操纵面同时处于中立位置。必要时还应做出记录，用以调整操纵系统时，确定操纵面的中立位置。

6.4.1.1　操纵面中立位置的确定方法

（1）用水平测量法确定操纵面中立位置

①用水平测量法将翼面（含操纵面）的弦平面调整到相当于全机水平状态的位置，其方法是：将翼面置于可调节高度的托架上，用水准仪测量定翼面上各水平测量点之间的高差，使其安装角和上（下）反角符合水平测量图的要求；用水准仪测量位于操纵面尾缘上的水平测量点 C 的高度，使水平测量点 C 与定翼面上水平测量点 A 或点 B 的高差符合水平测量图或水平测量数据的要求。此时操纵面处于中立位置，如图6-18所示。

②用水平测量法将定翼面的理论弦平面调节到水平状态，然后将操纵面上的理论

弦平面调节到水平状态，此时操纵面相对于定翼面位于中立位置。

③用水平测量法确定中立位置，适用于较大部件的操纵面中立位置的确定。将翼面弦平面调节到水平状态的方法，常用于方向舵中立位置的确定。

（2）用架外等距检验样板确定操纵面中立位置

①按架外等距检验样板外形调整操纵面中立位置，如图 6-19 所示。

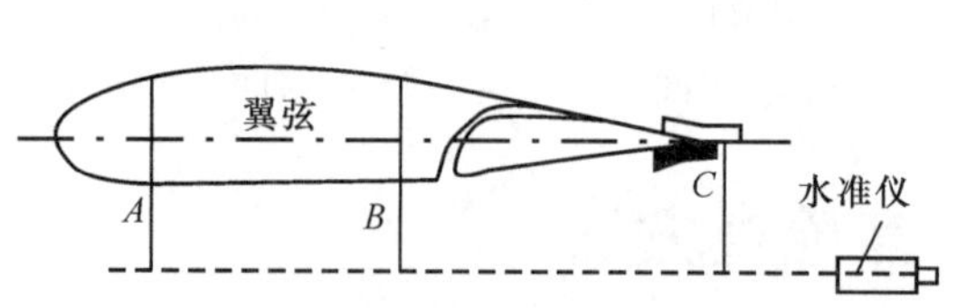

图 6-18　用水平测量法确定操纵面中立位置

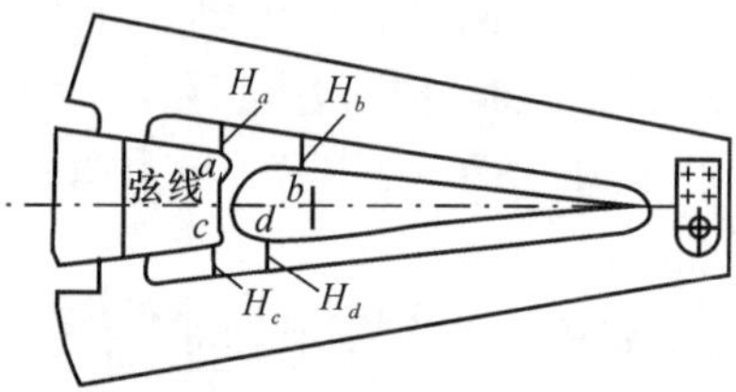

图 6-19　用等距检验样板确定操纵面的中立位置

②采用这种方法检查操纵面吻合性时，应与部件气动外缘检查同时进行。

③检验样板的安放位置及要求与部件气动外缘检查的相同。

④此方法适用于采用架外等距检验样板检查气动外缘偏差的中、小部件，如升降舵、方向舵和调整片的中立位置的确定。

（3）用角度测量卡板确定操纵面中立位置

将操纵面后缘调整到零刻度时，操纵面处于中立位置，如图 6-20 所示。此方法适用于中、小部件上操纵面中立位置的确定。

（4）在夹具上确定操纵面中立位置

调整操纵面，使其翼型与定位件的翼型吻合，操纵面即处于中立位置，如图 6-21 所示。此方法适用于制造、检验过程中有对合台、平衡台、专用综合检验夹具的部件，可在夹具上设置操纵面中立位置定位件。

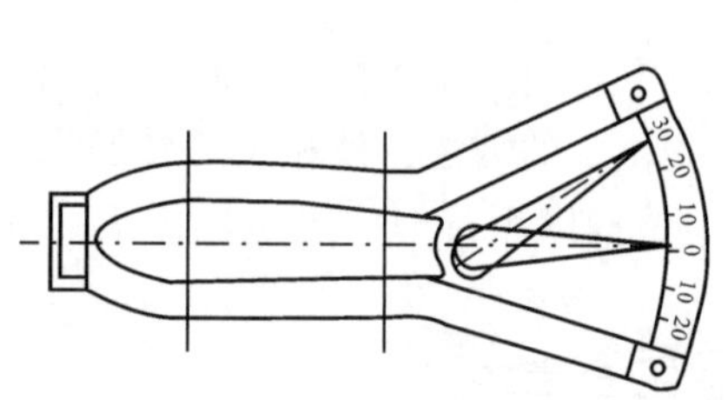

图 6-20　用角度测量卡板确定操纵面中立位置

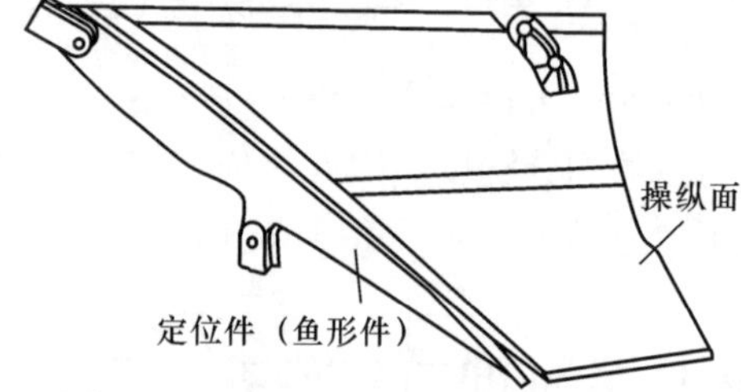

图 6-21　在夹具上确定操纵面中立位置

6.4.1.2　操纵面与定翼面外形阶差的检查

（1）翼弦方向外形阶差的检查方法

翼弦方向外形阶差是操纵面前缘 b、d 两点分别与定翼面后缘 a、c 两点的阶差（凸凹量），如图 6-19 所示，检查外形阶差时，首先应使操纵面处于中立位置，然后选择下列方法之一进行检查。

①用等距检验样板检查外形阶差。在操纵面中立位置确定之后，接着用楔形塞尺

测量各切面处 a、b、c、d 点的实际间隙，如图 6-19 所示。计算实际间隙 H_a 与 H_b 之差、H_c 与 H_d 之差，两者分别为操纵面相对定翼面的上、下翼面的外形阶差。

②用吻合性检验样板检查外形阶差。检验样板以定翼面、操纵面外形作为基准。一种吻合性检验样板仅吻合性部分制成等距外形，以便测量实际间隙，如图 6-22 所示；另一种吻合性检验样板仅以定翼面外形作为定位基准，其余部分制成等距外形，如图 6-23 所示。

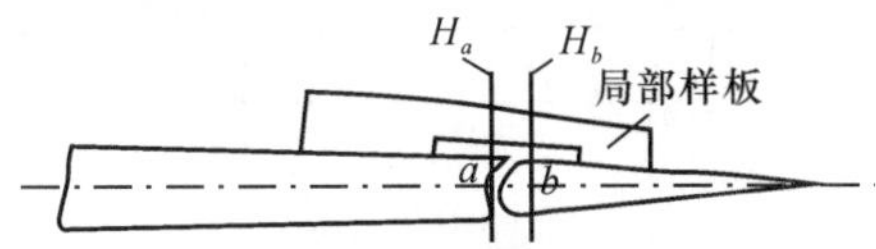

图 6-22　吻合性检验样板检验外形阶差

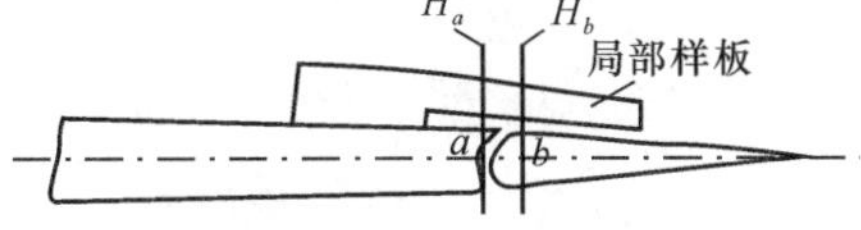

图 6-23　以定翼面为基准的吻合性检验样板

③用样条或直尺检查外形阶差。样条沿部件外形曲面放置，用塞尺测量 a 点或 b 点的间隙，此间隙值即是外形阶差，如图 6-24 所示；外形平直的翼面，可以用直尺代替样条检查外形阶差，如图 6-25 所示。

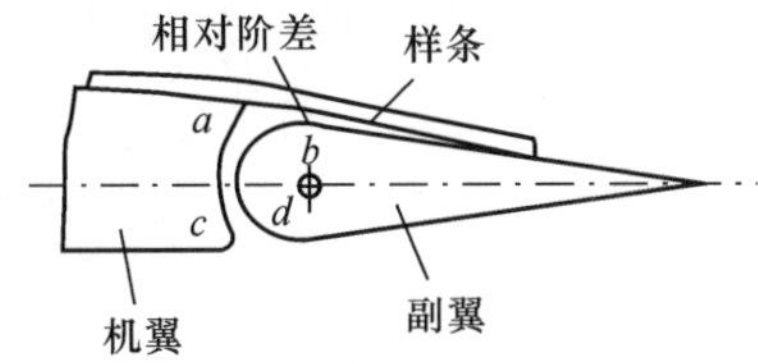

图 6-24　用样条检查外形阶差

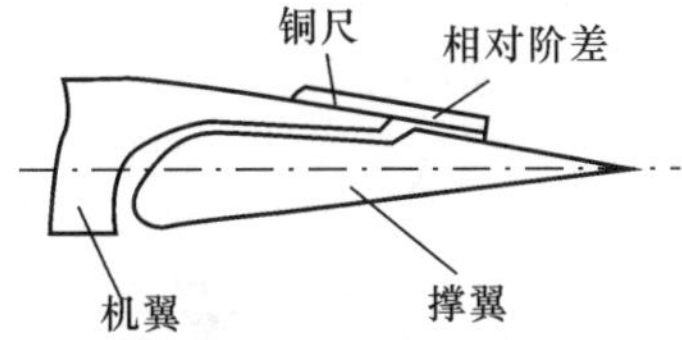

图 6-25　用直尺检查外形阶差

（2）翼展方向外形阶差的检查方法

①当操纵面处于中立位置时，将直尺沿翼面等百分线方向立放于外形较高的翼面上，用塞尺测量直尺与外形较低的翼面之间的间隙，测量所得的间隙值为定翼面与操纵面或两个相邻操纵面在翼展方向的阶差。

②沿着尾缘条后缘线测出的阶差值即操纵面与定翼面或两个相邻操纵面之间的剪刀差，如图 6-26 所示。

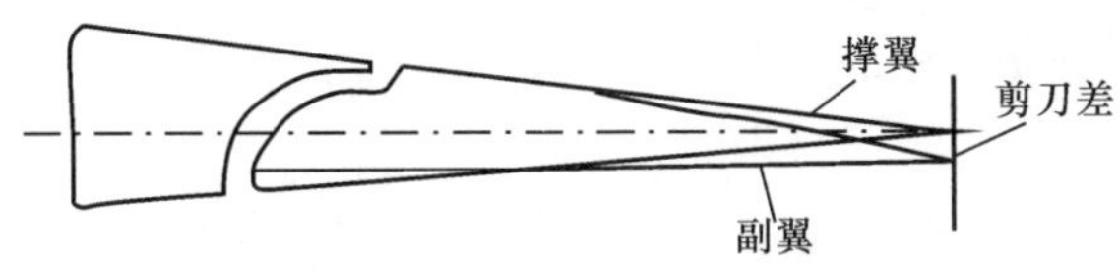

图 6-26　尾缘剪刀差

6.4.1.3　缝隙间隙的检查

缝隙间隙是指定翼面后缘与操纵面前缘之间的间隙。检查缝隙间隙时，应按产品设计技术条件的规定旋转操纵面或将操纵面固定在某个位置上。

例如，某飞机升降舵与水平安定面之间的缝隙间隙为 4～8mm，其检验轴直径为 4mm 和 8mm，分别检查最小、最大间隙，如图 6-27 所示；缝隙间隙用极限检验轴进行

检查，如图 6-28 所示。

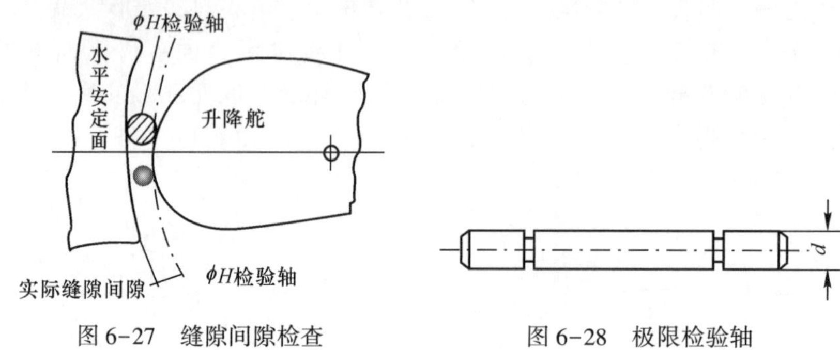

图 6-27　缝隙间隙检查　　　　图 6-28　极限检验轴

6.4.1.4　操纵面偏转角度的检查

①采用专用量角器检查偏转角度。常用专用量角器有吸盘式量角器和夹紧式量角器，如图 6-29 所示。这两种专用量角器都是利用铅垂原理设计的，使用时把吸盘或夹子固定在操纵面后缘处，调整量角器使刻度“0”对准指针，当操纵面转动时，量角器也随着一起转动，而指针连着重锤始终保持铅垂，此时量角器指示的角度即操纵面的偏转角度，如图 6-30 所示。

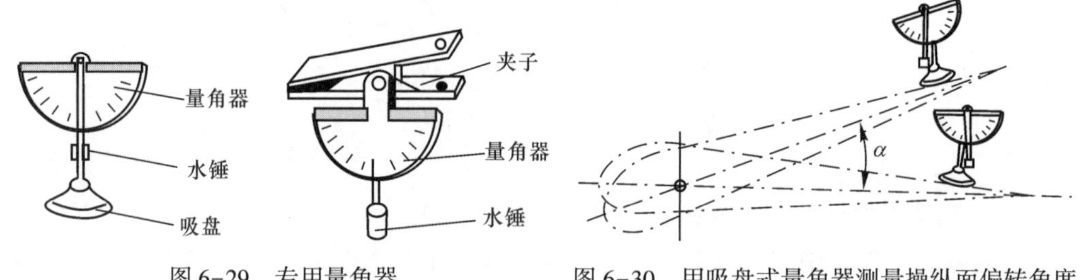

图 6-29　专用量角器　　　　图 6-30　用吸盘式量角器测量操纵面偏转角度

②采用卡板式量角器检查偏转角度。卡板式量角器的构造和使用方法如图 6-20 所示。

③利用平衡台、对合台或水平测量台上的量角器测量偏转角度。量角器设置在确立操纵面中立位置的鱼形件上，如图 6-31 所示。

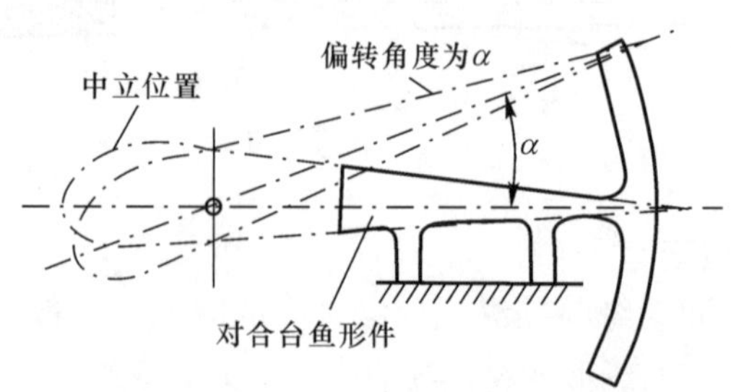

图 6-31　用鱼形件上的量角器测量操纵面偏转角度

④当操纵面偏转角度换算成线性尺寸时，可以直接用钢尺或卷尺测量。

⑤在飞机水平测量过程中，通过后边条上的测量点测量操纵面的偏转角度；各操纵面偏转角度的水平测量数据在飞机水平测量图上给出。

【技能点】6. 4. 2　飞机水平测量仪器、设备

水准仪和经纬仪是飞机水平测量用的主要仪器。水准仪用于测定产品的水平状态，经纬仪用于测定产品的垂直平面内状态，如图 6-32 所示。

(a) 水准仪

(b) 经纬仪

图 6-32　飞机水平测量的常用仪器

6. 4. 2. 1　水准仪的使用步骤

（1）安置

通常是先将脚架的两条腿取适当位置安置好，然后一手握住第三条腿作前后移动和左右摆动，使三角架的三条腿近似等距，架设高度应该适中，架头应该大致水平，架腿制动螺旋应该固紧；将仪器安置到三角架顶上，用一只手握住仪器，另一只手松开三脚架中心连接螺旋，将仪器固定在三脚架上；一手扶住三脚架顶部，眼睛注意圆水准器气泡的移动，使之不要偏离中心太远，如图 6-33 所示。

图 6-33　水准仪的安置

(2) 粗平

粗平是调整脚螺旋的位置将圆水准器的气泡居中，使仪器竖轴大致铅直，从而视准轴粗略水平。如图 6-34 (a) 所示，气泡未居中而位于 a 处，则先按箭头所指方向，用双手相对转动脚螺旋①和②，使气泡移动到图 6-34 (b) 中 b 的位置；再左手转动脚螺旋③，即可使气泡居中。在整平的过程中，气泡移动的方向应与左手大拇指运动的方向一致。实际操作时可以不转动第三个脚螺旋，而以相同方向、相同速度转动原来的两个脚螺旋使气泡居中。在操作熟练以后，不必将气泡的移动分解为两步，而可以转动两个脚螺旋直接使气泡居中。

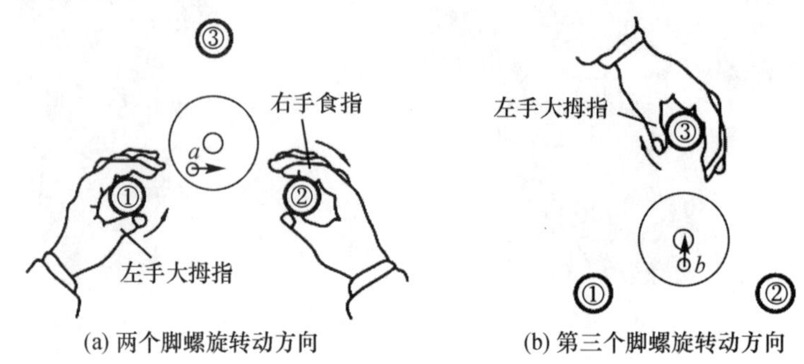

图 6-34　粗平调整过程

(3) 瞄准

在用望远镜瞄准目标之前，必须先将十字丝调至清晰；瞄准目标应首先使用望远镜的瞄准器，在基本瞄准水准尺后立即用制动螺旋将仪器制动；若望远镜内已经看到水准尺，但成像不清晰，可以转动调焦螺旋至成像清晰，注意消除视差；最后用微动螺旋转动望远镜使十字丝的竖丝对准水准尺的中间稍偏一点以便读数。

当眼睛在目镜端上下移动时，如果发现目标的像与十字丝有相对移动的现象，如图 6-35 (a)、(b) 所示，这种现象称为视差现象，产生视差的原因是目标像平面与十字丝平面不重合。由于视差的存在，因此不能获得正确读数。当人眼位于目镜端中间时，十字丝交点读得的读数为 a；当人眼略向上移动读得的读数为 b；当人眼略向下移动读得的读数为 c。只有在图 6-35 (c) 的情况下，眼睛上下移动读得的读数均为 a。因此，瞄准目标时存在的视差必须加以消除。

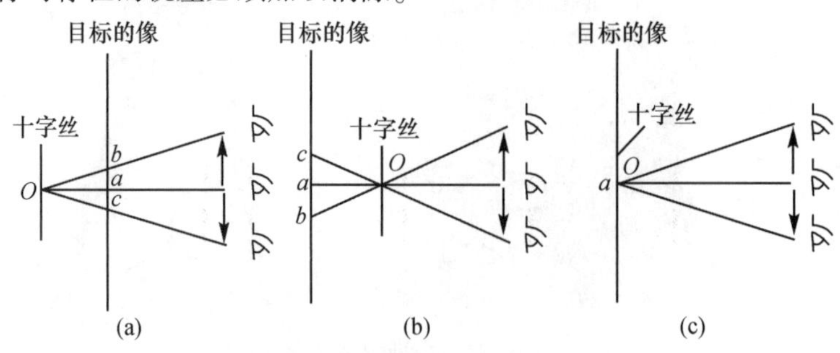

图 6-35　视差及消除视差的方法

消除视差的方法：首先把目镜对光螺旋调好，然后瞄准目标反复调节目镜对光螺旋，同时眼睛上下移动观察，直至读数不发生变化为止。此时，目标像与十字丝在同一平面，这时读取的读数才是无视差的正确读数。如果换另一人观测，由于各人眼睛的明视距离不同，可能需要重新再调一下目镜对光螺旋，一般情况是目镜对光螺旋调好后就不必在消除视差时反复调节。

（4）精平

读数之前应用微倾螺旋使水准管气泡居中，使视线精确水平。由于气泡的移动有惯性，因此转动微倾螺旋的速度不能快，特别在符合水准器的两端气泡影像将要对齐的时候尤应注意。只有当气泡已经稳定不动且居中的时候才达到精平的目的，如图6-36所示。

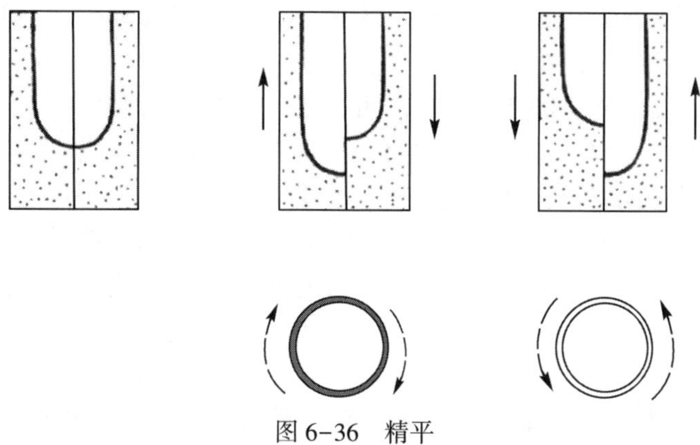

图6-36　精平

（5）读数

仪器已经精平后即可在水准尺上读数。为了保证读数的准确性，并提高读数的速度，可以首先看好厘米的估读数（即毫米数），然后将全部读数报出。读数步骤如下：打开反光镜，调节反光镜的镜面位置，使读数窗的亮度适中；转动读数显微镜的目镜对光螺旋，使度盘、测微尺及指标线的影像清晰；用仪器的读数设备进行读数，如图6-37所示。

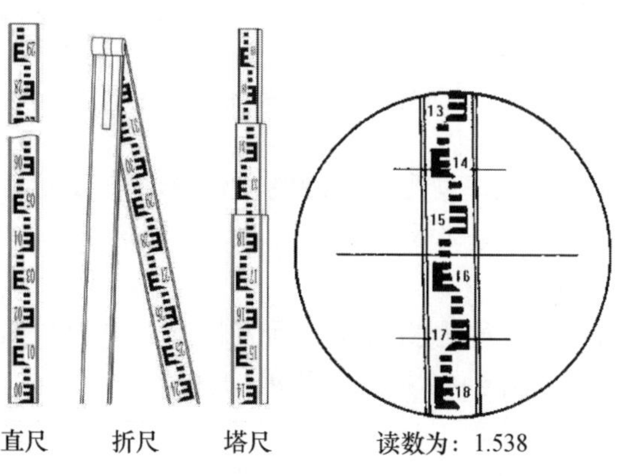

图6-37　水准尺读数方法

6.4.2.2 经纬仪的使用步骤

(1) 安置

将经纬仪正确安置在测站点上，包括对中和整平两个步骤。

①对中。

指将仪器的纵轴安置到与过测站的铅垂线重合的位置。首先根据观测者的身高调整好三脚架腿的长度，张开脚架并踩实，并使三脚架头大致水平，然后将经纬仪从仪器箱中取出，将三脚架上的中心螺旋旋入经纬仪基座底板的螺旋孔。对中可利用垂球或光学对中器进行。

垂球对中。挂垂球于中心螺旋下部的挂钩上，调垂球线长度至垂球尖与地面点间的铅垂距≤2mm，垂球尖与地面点的中心偏差不大时通过移动仪器，偏差较大时通过平移三脚架，使垂球尖大致对准地面点中心，偏差大于 2mm 时，微松连接螺旋，在三脚架头微微移动仪器，使垂球尖准确对准测站点，旋紧连接螺旋。

光学对点器对中。调节光学对点器目镜、物镜调焦螺旋，使视场中的标志圆（或十字丝）和地面目标同时清晰；旋转脚螺旋，使地面点成像于对点器的标志中心，此时，因基座不水平而使圆水准器气泡不居中；调节三脚架腿长度，使圆水准器气泡居中，进一步调节脚螺旋，使水平度盘水准管在任何方向上气泡都居中；光学对点器对中误差应小于 1mm 。

②整平。

指使仪器的纵轴铅垂，垂直度盘位于铅垂平面，水平度盘和横轴水平的过程如图 6-38所示。精确整平前应使脚架头大致水平，调节基座上的三个脚螺旋，使照准部水准管在任何方向上气泡都居中。

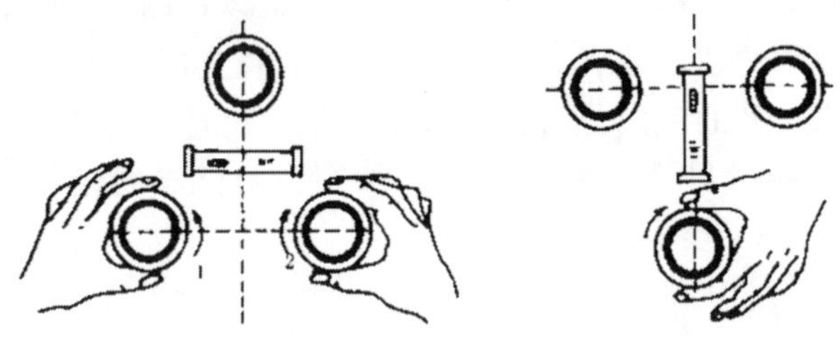

图 6-38 经纬仪整平

注意上述整平、对中应交替进行，最终既使仪器垂直轴铅垂，又使铅锤的垂直轴与过地面测站点标志中心的铅垂线重合。

(2) 瞄准

测量角度时，仪器所在点称为测站点，远方目标点称为照准点，在照准点上必须设立照准标志便于瞄准，如图 6-39 所示。瞄准的方法和步骤：

①将望远镜对向明亮的背景（如天空），调整目镜调焦螺旋，使十字丝最清晰。

②旋转照准部，通过望远镜上的外瞄准器，对准目标，旋紧水平及垂直制动螺旋。

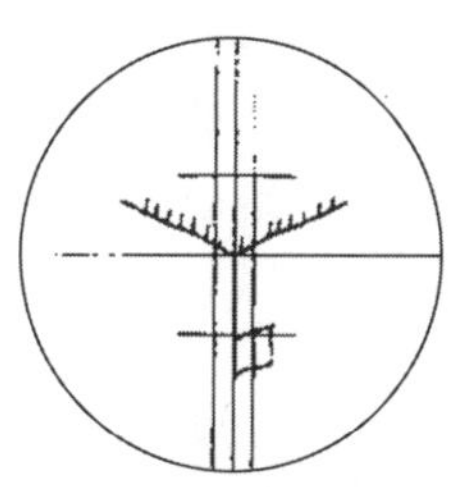

图 6-39　瞄准目标

③转动物镜调焦螺旋至目标的成像最清晰，旋竖直微动螺旋和水平微动螺旋，使目标成像的几何中心与十字丝的几何中心（竖丝）重合，目标被精确瞄准。

（3）读数

①打开反光镜，调节反光镜镜面位置，使读数窗亮度适中。

②转动读数显微镜目镜对光螺旋，使度盘、测微尺及指标线的影像清晰。

③根据仪器的读数设备进行读数。

【技能点】6.4.3　飞机水平状态的调整

飞机水平测量，是飞机总装时对飞机各部件相对位置准确度进行检验和调整的工序。对于由非互换性部件总装成的飞机，水平测量是对部件对接时相对位置准确度的测量和调整工序。飞机各部件对接完成后的重复水平测量，以及使用、维护和返修后的水平测量，都是检验工序，是对飞机各主要几何尺寸或参数的误差（飞机总装质量）的最后总检测。

6.4.3.1　一般要求

（1）对飞机支撑状态的要求

①飞机要按水平测量图规定的三点支撑状态，调到水平状态。

②在飞机调平中，保险托架与机身表面蒙皮之间应保持 10~30mm 间隙。

③在飞机调平中，升、降千斤顶之后，都应将千斤顶的保险螺母锁紧，并将千斤顶内的液压压力卸载后，方可进行工作。

④飞机水平测量时，起落架应放下并锁住，机轮离地面约 50~100mm（水平测量图中另有规定的除外）。

（2）全机水平测量时对飞机状态的要求

①飞机总装完整，机上设备齐全；燃油箱内无燃油，滑油箱内无滑油，不带装载（货物、食品、水等）。

②应盖上飞机表面所有口盖，所有操纵面要置于中立位置。

③水平测量时，严禁在飞机上进行其他工作和放置无关物品。

（3）对测量环境的要求

①飞机水平测量应在室内进行，应无各种干扰，如振动、风吹等。清理现场和清除机下周围的障碍物。

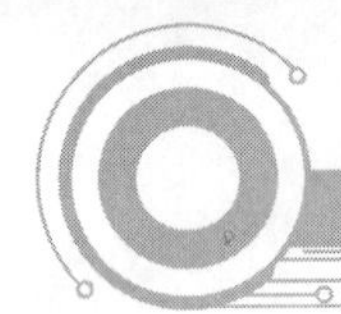

②室外测量时的要求，应避免大风影响，风力须小于 3 级，机头迎着风向；光学仪器应避免风吹和阳光照射；在水平测量开始前 1h 到工作结束整个过程中，机体应避免阳光的直接照射；测量场地要坚硬、平整。

③水平测量应连续进行，中间间断 2h 以上时，必须重新复查飞机调平情况，然后才能继续测量。

（4）对水平测量的精度要求

①光学仪器调平误差。精密水准仪调平和使用中，其管水准器的水泡应居中，转动照准部，在 360°范围内水泡刻度值偏差应不超过 2 格；精密经纬仪调平和使用中，其安平水准器的水泡应居中，转动照准部，在 360°范围内水泡刻度值偏差应不超过 1 格或不超过圆水准器内圈。

②飞机横向、纵向调平的误差一般为-0.5~+0.5mm。

③水平测量点的标尺读数值精确到小数点后一位数（单位为 mm）。

④各部件相对位置的几何参数的测量结果的误差应符合飞机水平测量图和技术条件的要求。

6.4.3.2 水平状态的确定方法

飞机水平状态的确定方法即飞机调平方法。飞机调平是指以飞机轴系为基准，借助光学仪器和水平测量尺，通过千斤顶将飞机横向、纵向的调平基准点调至水平状态。飞机调平的操作程序是首先横向调平，然后纵向调平，最后复查飞机调平情况。

（1）飞机调平的方法

①经验调平法。

经验调平法是指飞机调平中根据经验估算，逐渐消除飞机横向、纵向调平基准点标尺读数差值的调平方法。经验调平法一般适用于批量生产的飞机调平，其缺点是费时和工人劳动强度大。

②计算调平法。

按计算出的调平量 Δh 调平飞机，如图 6-40 所示。

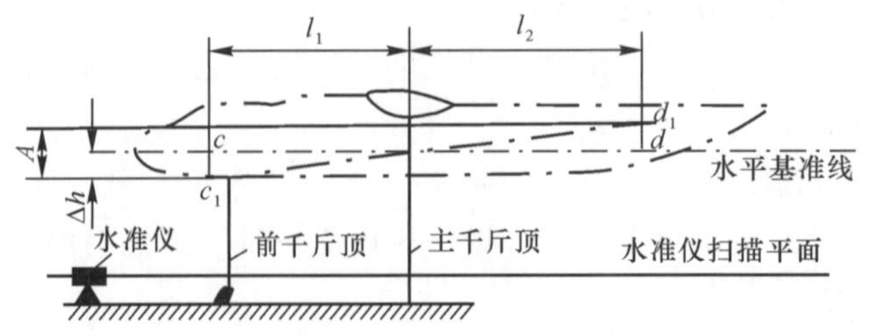

图 6-40　飞机计算调平示意图

③吊线、标杆调平法。

横向调平示例图如图 6-41 所示，分别在左、右机翼翼尖上的横向调平基准孔内，悬挂铅锤吊线到地标板上，通过微调千斤顶，使吊线的测量头（铅锤锤尖）对准地标板上的十字刻线中心即可。其调平误差应在地标板上的十字中心线圈内。

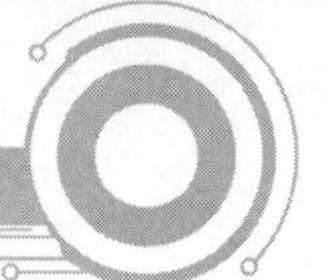

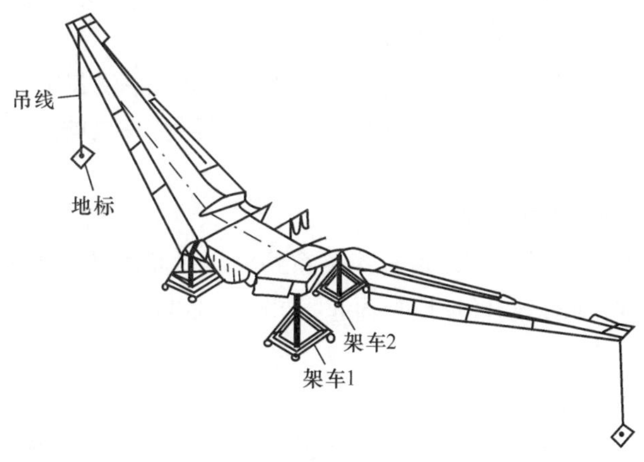

图 6-41　横向调平示例图

纵向调平示例图如图 6-42 所示，按站位在标板上用测量标杆测量各站位处的高度。在水平图表上，用站位的标杆示出数绘直线，按图表数值调整飞机纵向到水平状态。

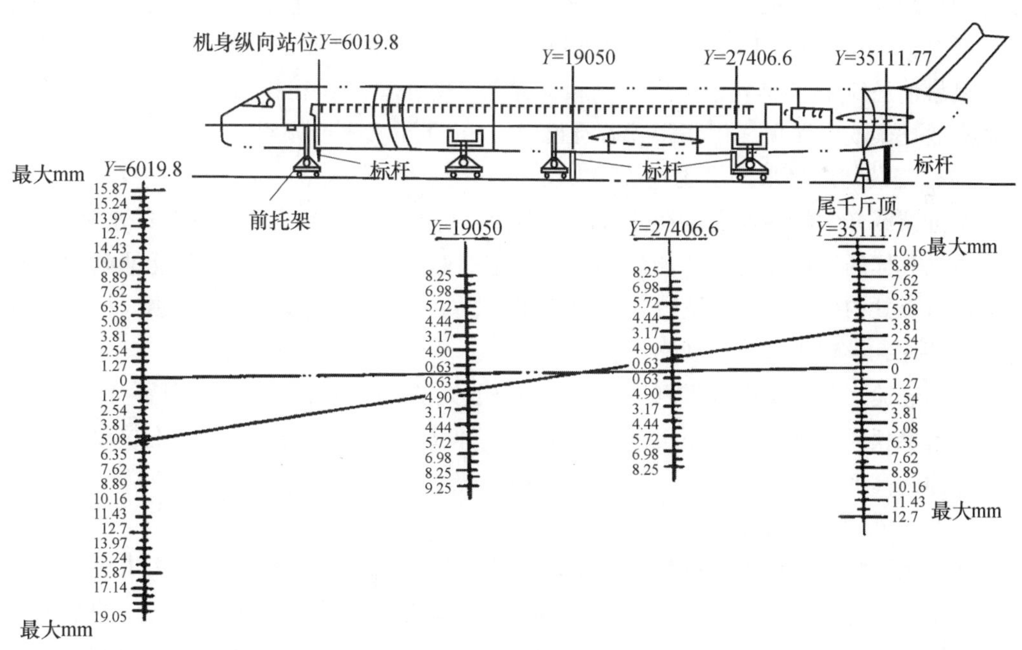

图 6-42　纵向调平示例图

【技能点】6.4.4　飞机水平测量的基本方法

飞机制造出厂后，各主要部件上设置了许多测量点。这些测量点通常用红色圆圈表示，并在飞机的技术说明书中附有水平测量图和有关测量点之间的数据关系。不同型号的飞机，其测量点的数量、位置和数据也不相同。飞机水平测量的目的就是根据飞机原始水平测量图，检查损伤飞机上有关测量点之间的数据变化情况，从而判断飞机损伤后的变形情况和各部件的安装情况。

虽然各型飞机水平测量的内容不同，但是各型飞机水平测量的基本方法是相同的。现以某型飞机为例，介绍飞机水平测量的基本方法。某型飞机的测量点分布如图 6-43 所示。

6.4.4.1　飞机水平测量前的准备工作

飞机水平测量前的准备工作，是直接关系到能否测量准确和测量中能否避免事故的重要问题。其主要工作是选择场地与顶起飞机、安装与调整水准仪（经纬仪）、将飞机调整至水平状态。

（1）选择场地与顶起飞机

测量场地应避风、平整、土质坚硬，以防止测量过程中飞机及测量工具晃动和飞机位置发生变化，产生测量误差。若土质松软，可在飞机的千斤顶（架）下面放置木板，以弥补土质硬度的不足。对于顶起飞机的要求是：保持飞机结构的刚度，减少顶起后飞机结构产生的弹性变形，缩小测量误差，所以顶起飞机前，应放尽燃料，消除机体因受燃料重量的影响而产生的变形；装好受力舱盖，防止该处结构刚度降低，用千斤顶顶起飞机，在机身中部顶好托架，松开机翼千斤顶，由前千斤顶和托架受力，防止机翼在千斤顶的作用下产生弹性变形，影响测量的准确性。

测量前还应采取如下安全措施：卸去弹药，防止意外；在机身尾部和左、右机翼下面安放托架或千斤顶（但不得顶着飞机），防止飞机后坐或倾斜。

（2）安装与调平水准仪或光学经纬仪

水准仪或光学经纬仪安装在什么位置、什么高度，能对飞机进行有效的水平测量，这要根据具体的飞机和具体的测量部位来确定。基本原则是通过望远镜能清晰地看到所有测量点处的标尺，测出读数。实际工作中，主要是防止标尺被千斤顶、托架或其他部件挡住，影响望远镜的观察。

根据经验，歼强飞机水平测量时，水准仪或光学经纬仪一般安放在图 6-44 所示的位置。水准仪或光学经纬仪距飞机尾部 3~4m，偏离飞机纵轴 1~2m，水准仪望远镜轴线距地面的高度约为 0.5m。然后，将水准仪或光学经纬仪调整至水平。

（3）飞机水平状态的检查与调整

飞机水平状态是指飞机的纵轴和横轴处于水平状态，简称纵横水平。飞机是否处于纵横水平，是根据飞机上的测量点来判断的。检查和调整的方法按照飞机的水平测量图进行。如该型飞机的横水平用左、右机翼上的第 8a 测量点检查，即测得的左、右第 8a 测量点的高度相等，则说明该机横水平是合格的。否则可通过反复调整机身第 28 框下面的支承托架，使之相等；纵水平是用机身左侧的第 1 测量点和第 2 测量点检查，即 $h_1=h_2+70$mm，h_1 为第 1 测量点的水平高度值，h_2 为第 2 测量点的水平高度值。若不满足此条件，可调节前千斤顶。

飞机在使用过程中，由于弹伤、撞伤等原因使确定飞机纵横水平的某一测量点损坏，或者由于其他原因缺少某个测量点时，可选用其他测量点来确定飞机的纵横水平。

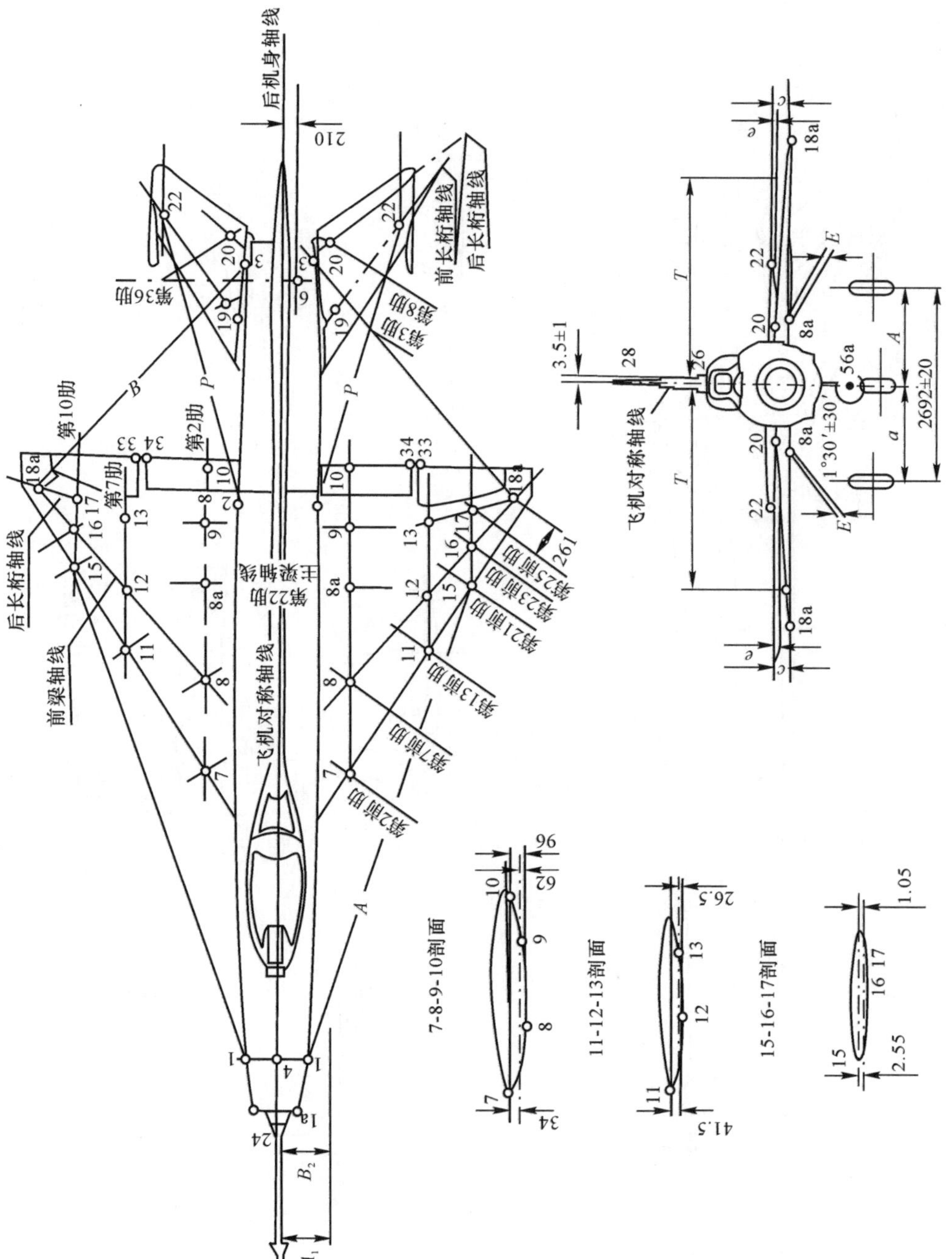

(a)

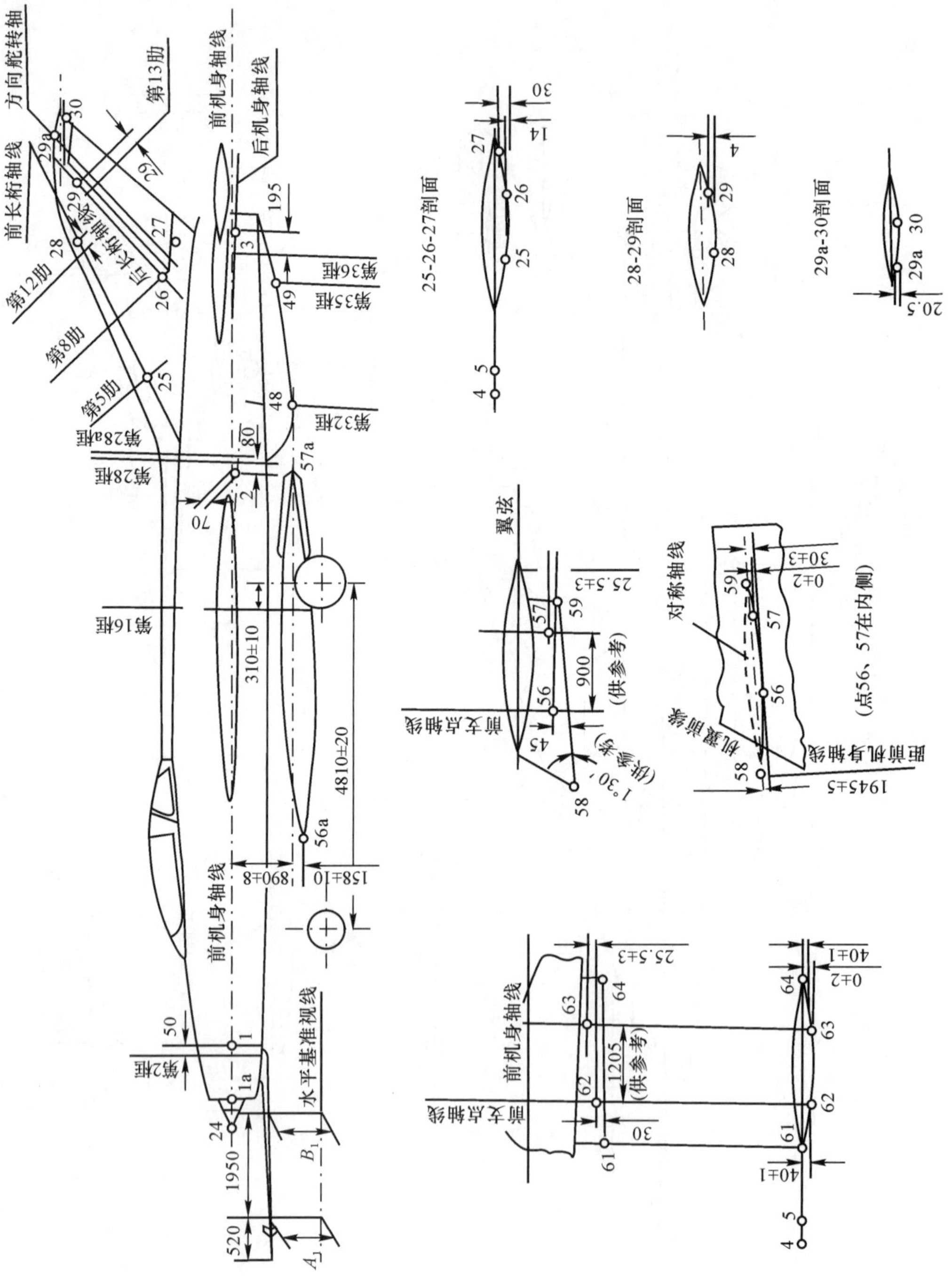

(b)

图 6-43　某型飞机测量点分布

如左 8*a*-右 8*a* 损坏时，可选用机身左 2-右 2 或机翼左 9-右 9 代替；第 1 测量点损坏时，可选用第 2、第 3 测量点调纵水平。

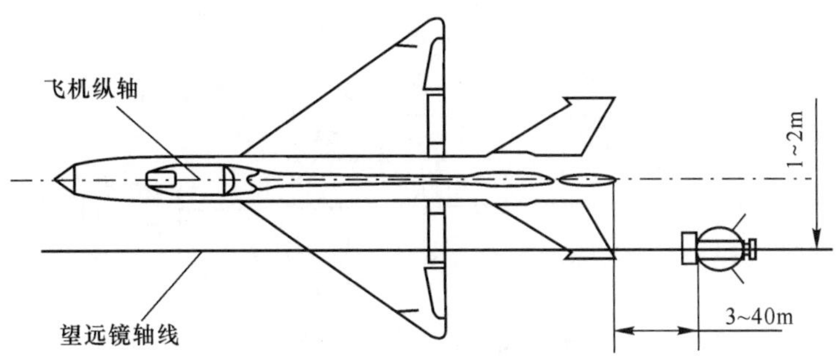

图 6-44　仪器的安放位置

6.4.4.2　水平测量方法

水平测量方法包括水平视线测量法、垂直视线测量法和张线测量法。

（1）水平视线测量法

水平视线测量法如图 6-45 所示。调整水准仪或经纬仪，使其望远镜的轴线处于水平位置；当飞机的纵轴和横轴处于水平状态时，从望远镜中得到一条基准水平视线，这条基准水平视线与飞机的水平基准面平行；将标尺顶到测量点中心，并使其自然下垂，通过望远镜观察标尺上的刻度值，该值即为测量点至基准水平视线的垂直距离。现以图 6-45 为例进一步说明，图中 A 测量点与基准水平视线的垂直距离为 h_A，B 测量点与基准水平视线的垂直距离为 h_B，两点的相互关系（即高度差）可用 h_A-h_B 表示。如果高度差符合规定，说明安装正确；如果高度差不符合规定，说明安装不正确。

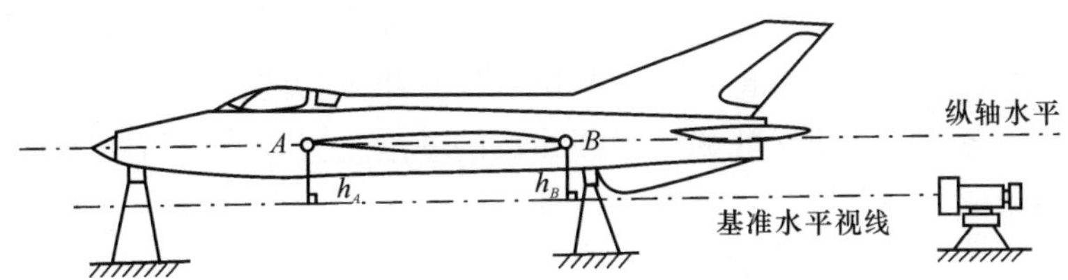

图 6-45　水平视线测量法

水平视线测量法是飞机水平测量工作中最基本的测量方法，主要用于飞机纵横水平的测量、机翼和水平尾翼的测量。另外，在后机身、发动机及全静压管的测量工作中也要用到水平视线测量法。

（2）垂直视线测量法

垂直视线测量法是在飞机处于水平状态、经纬仪照准架调至水平后进行的。测量中，首先使经纬仪望远镜的轴线与飞机对称轴线平行（见图 6-46），这时望远镜的轴线为一基准垂直视线；然后以这条视线为标准，检查测量点间的水平距离。

使望远镜轴线与飞机对称轴线平行的方法是：在飞机纵轴上的 C 点和 D 点上沿水平方向各放一标尺，该标尺垂直于飞机的对称面。从经纬仪望远镜中，分别观察这两

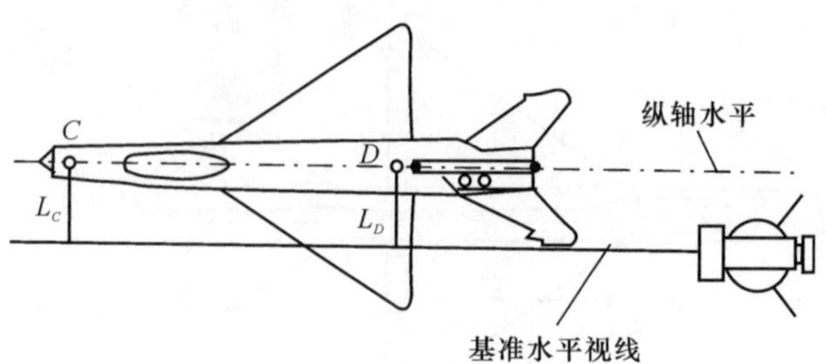

图 6-46　垂直视线测量法

根标尺，测出读数，设 C 点处的读数为 L_C，D 点处的读数为 L_D，当 L_C 等于 L_D 时，说明经纬仪望远镜轴线与飞机对称轴线平行；当 L_C 不等于 L_D 时，说明经纬仪望远镜轴线不平行于飞机的对称轴线，需要转动经纬仪的水平微动螺旋进行调整。

望远镜轴线与飞机对称轴线平行以后，便可检查测量点 A 和点 B 的水平距离。测量时，分别在点 A 和点 B 处沿水平方向各放一标尺，标尺与飞机对称面垂直，通过经纬仪分别观察两根标尺，测出读数，假如 A 点处的读数为 l_1，B 点处的读数为 l_2，点 A 和点 B 的相对关系可用 l_1-l_2 来表示。如果 l_1-l_2 的数值符合要求，则说明所测部位的形状正确。

垂直视线测量法主要用于垂直尾翼和方向安定片的测量。另外，在后机身、发动机和全静压管的测量工作中，也可用垂直视线测量法。

（3）张线测量法

张线测量法如图 6-47 所示。测量前仍应将飞机置于水平状态。测量时，在飞机的前后放置张线支架，支架的上端拉张线，张线上挂几个铅锤，张线的根数根据测量的需要确定。当测量歼 7 飞机垂尾时，需要拉两根互相平行的张线，其中张线 1 处于飞机的对称面内，此时，张线 2 就相当于经纬仪的基准垂直视线，利用其上悬挂的铅锤和标尺即可对垂尾进行测量。

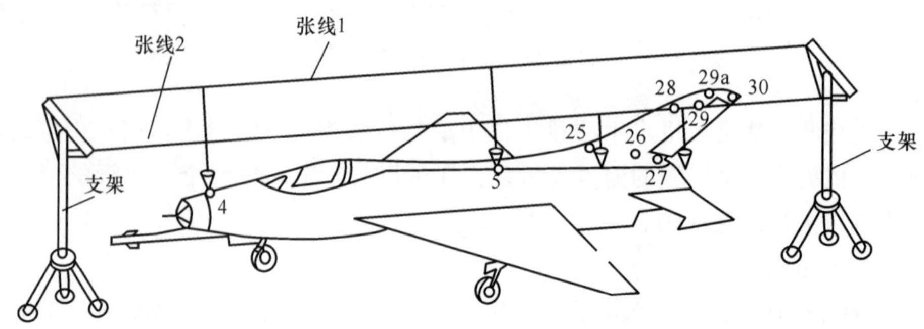

图 6-47　张线测量法

张线测量法与垂直视线测量法的使用范围基本相同，可测量垂直尾翼。另外，在发动机、后机身及全静压管的测量工作中，也可用张线测量法。张线测量法的精确度低于垂直视线测量法。采用张线测量法时，必须认真、细致，才能获得较准确

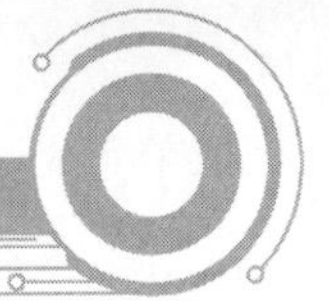

的测量结果。

(4) 投影测量法

投影测量法，是将空间的测量点投影到地面，然后用尺子检查地面各有关投影点的相对距离。图 6-48 所示是投影测量法的一个例子，从图中可以看出：在机轮的中间挂有铅垂线，从铅垂线两端的铅锤向地面各作一投影点，将这两点连成直线，并在直线的正中间找一点 C，C 点即为机轮中心在地面的投影点。如果在三个机轮下面都找出中心投影点，便能量出主轮间距及前轮、主轮间的垂直距离。投影测量法也应在飞机处于水平状态以后进行。投影的地面应比较平整，如果有条件，最好在地面放置层板。用层板时应压稳，不使其移动。

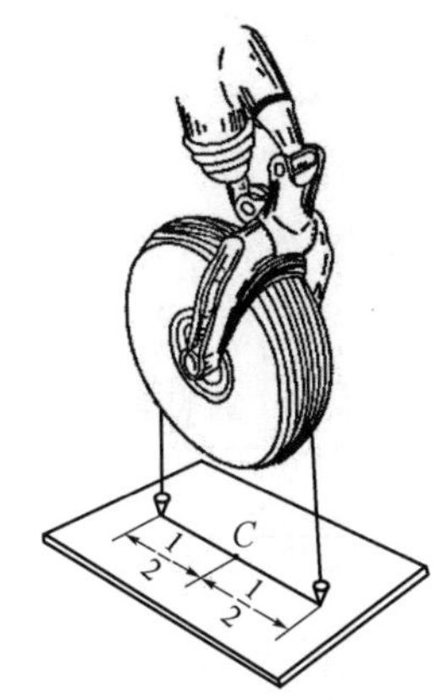

图 6-48　投影测量法

投影测量法的精确度与张线测量法相同。投影测量法通常用来测量起落架的安装情况，有时，在测量发动机、全静压管、方向安定片和后机身的工作中，也能用到投影测量法。

【技能点】6. 4. 5　飞机水平测量的数据分析

飞机水平测量后应填写水平测量报告表，同时应根据实测结果进行数据分析，以便准确判断损伤情况，查找损伤原因，为实施修理提供理论依据。下面结合两个实例讲述飞机水平测量数据分析的一般方法。

E 值通常是由位于机翼前梁根部和翼尖部位的某两个测量点来确定的，是反映机翼下反角的重要参数。表 6-3 为某型飞机经 600h 飞行后 E 值的变化情况。该型飞机的 E 值规定为 177+20。如该型飞机的 E 值是由 8a 和 18a 两个测量点确定的。E 值的标注见图 6-43（a）。

表 6-3　某型飞机经 600h 飞行后 *E* 值的变化情况

飞机号码		1214		0309		0201		1211		1175	
		左	右	左	右	左	右	左	右	左	右
E 值	出厂值	188	188	185	186	187	190	194	187	195	193
	实测值	170.5	169.5	175.5	173	170	178	179	171	170	175

从表 6-3 可以看出，5 架飞机的 *E* 值普遍减小，这说明机翼上翘，产生了永久变形。从飞行力学中可知，机翼下反角过小，容易使飞机的横侧稳定性增强，方向稳定性减弱，使飞机出现侧向飘摆现象。

如果飞机遭受损伤后，机翼的 *E* 值减小，则说明机翼下表面的纵向构件可能产生了向上的弯曲变形。因此，应对下表面的纵向构件，尤其是翼梁、机翼与机身的结合部位等进行重点检查，及时查找变形和裂纹部位。

表 6-4 是某型飞机经 600h 飞行后，3 点与 1 点差值的变化情况。3 点和 1 点的标注见图 6-43（b）。从表中可以看出，3 点下沉，使 3 点与 1 点的差值增加。这说明飞机的后机身向下弯曲，产生了塑性变形，同时，后机身还产生了扭转变形（如 1013 号机）。

表 6-4　3 点和 1 点的差值变化情况

飞机号码	1211		0209		0506		1014		1013	
	左	右	左	右	左	右	左	右	左	右
出厂值	62.5	63.5	59.5	59	60.5	60	63.5	63	61	64
实测值	65.5	66	62.5	62.5	61.5	62	65	63	64	62.5

3 点下沉过多，后机身向下弯曲变形严重，增大了平尾偏角，使平尾有效迎角增大，此时作用于平尾上的负升力减小，飞机将会受到附加低头力矩的作用，影响飞机的俯仰平衡。

如果飞机出现尾部擦伤等损伤后，其 3 点下沉，则说明尾部的上、下纵向构件可能产生了变形，因此，应对这些部位进行重点检查。

【练习题】

1. 机翼、尾翼相对机身位置的检查通常采用（　　）的方法进行检查。

A. 装配型架工作卡板　　B. 装配型架等距检验卡板

C. 水平测量　　D. 等距检验样板

2. 操纵面吻合性是指操纵面处于（　　）时相对定翼面及相邻操纵面相互之间的外形和间隙的吻合程度。

A. 上极限位置　　B. 中立位置

C. 下极限位置　　D. 任意位置

3. 水准仪和经纬仪是水平测量用的主要仪器，水准仪用于测定产品的（　　），经纬仪用于测定产品的（　　）。

A. 水平状态、垂直平面内状态　　B. 垂直平面内状态、水平状态

C. 水平状态、水平平面内状态　　D. 垂直状态、垂直平面内状态

4. 飞机在进行水平测量时，对水平状态调整要求，下列描述正确的是（　　）。

A. 飞机要按水平测量图规定的三点支撑状态，调到垂直平面状态

B. 飞机水平测量时，起落架应收上并锁住

C. 应盖上飞机表面所有口盖，所有操纵面可以置于任意位置

D. 水平测量时，严禁在飞机上进行其他工作和放置无关物品

5. 下列不属于水平测量方法的是（　　）。

A. 水平视线测量法　　B. 准线测量法

C. 张线测量法　　D. 垂直视线测量法

【训练任务】

综合技能训练任务 6-1：MA60 飞机水平测量及数据分析

（1）全机对称性要求和测量

项目	要求		测量值
点 1 到点 17 的距离	*A*	16496±15	
点 36 到点 27 的距离	*B*	9140±13	
A 左、右差		<15	
B 左、右差		<10	

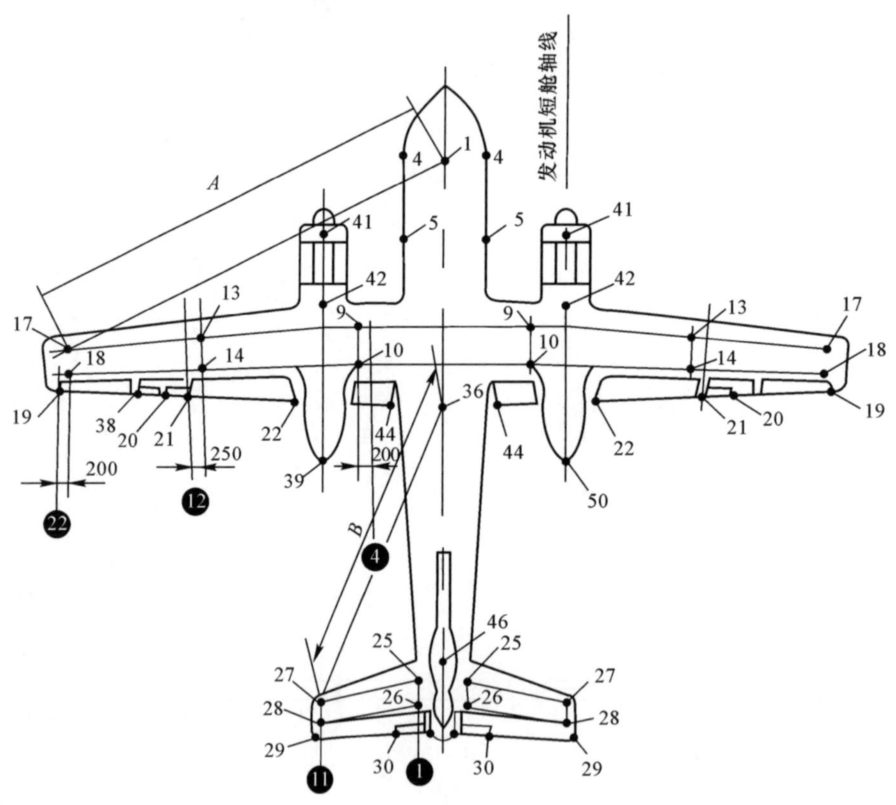

（2）机身测量要求和测量

项目	要求	测量值
点 2 偏离点 1-36 连线	0±1. 5	
点 6 高于点 4	480±0. 5	
点 4 高于点 4 右	0±0. 5	
点 6 左高于点 6 右	0±0. 5	

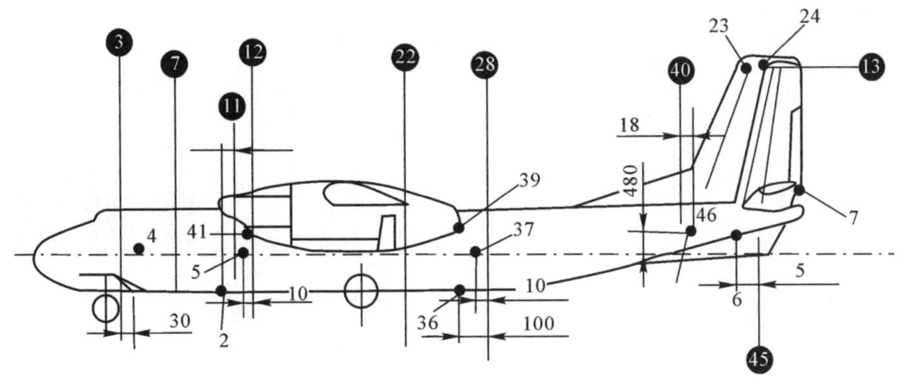

（3）机翼安装角、下反角的对称性要求和测量

项目	测量点	要求/mm	测量值/mm
下反角	点 13 高出点 9	37±7	
	点 13 高出点 17	150±8	
安装角	点 9 高出点 10	68±2. 5	
	点 13 高出点 14	48±3	
	点 17 高出点 18	16±3	
对称性	点 9 左、右差	<0. 5	
	安装角点 17 左、右差	<10	

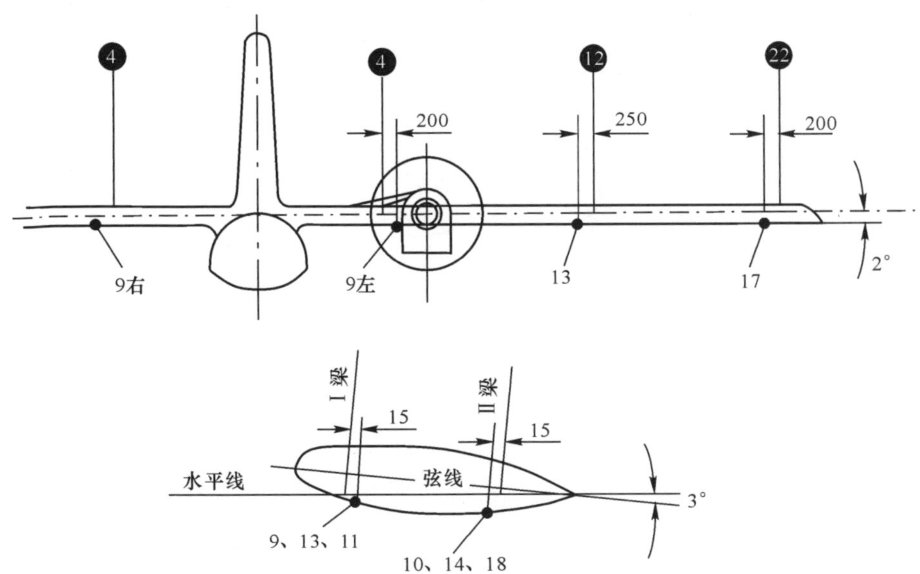

参考文献

［1］航空制造工程手册总编委会．航空制造工程手册-飞机装配［M］．北京：航空工业出版社，2010.

［2］白冰如．飞机铆接装配与机体修理［M］．北京：国防工业出版社，2015.

［3］任仁良，张铁纯．涡轮发动机飞机结构与系统［M］．北京：清华大学出版社，2015.

［4］《职业技能培训 MES 系列教材》编委会．铆装钳工技能［M］．北京：航空工业出版社，2008.

［5］王海宇．飞机装配工艺学［M］．西安：西北工业大学出版社，2012.

［6］王云渤，张关康，冯宗律．飞机装配工艺学［M］．北京：国防工业出版社，1990.

［7］国防科学技术工业委员会．QJ 782A—2005 铆接通用技术要求［S］．北京：中国标准出版社，2005.